高职高专计算机专业“十二五”规划教材

ASP.NET 程序设计与开发

眭碧霞　李春华　张　玮　编著

西安电子科技大学出版社

内 容 简 介

本书采用清晰、简明的图解方式和操作步骤，详细介绍了在 Visual Studio 2005 集成开发环境下，采用 ASP.NET 技术设计、开发网站的方法。

全书共 11 章，前两章介绍了 ASP.NET 的技术特点和 Visual Studio 2005 集成开发环境；第 3 章给出了一个项目案例；第 4～10 章围绕这个项目案例讲述了 ASP.NET 最常用的控件；第 11 章完整地实现了该项目。

本书采用项目教学法将 ASP.NET 的相关知识点融入到项目案例当中，而且在第 3～11 章各章的后面均配有训练任务，使学生可以通过学习—应用—学习的方式来掌握 ASP.NET 的入门知识。对高职高专的学生而言，这是一本很好的 ASP.NET 入门教科书。此外，本书还适合 ASP.NET 2.0 的初学者和了解 ASP.NET 1.0/1.1 的读者参考使用。

★本书配有电子教案，需要的老师可与出版社联系，免费提供。

图书在版编目(CIP)数据

ASP.NET 程序设计与开发 / 眭碧霞，李春华，张玮编著.
—西安：西安电子科技大学出版社，2008.9(2013.2 重印)
高职高专计算机专业“十二五”规划教材
ISBN 978-7-5606-2055-8

Ⅰ.A…　Ⅱ.① 眭…　② 李…　③ 张…　Ⅲ. 主页制作—程序设计—高等学校：技术学校—教材
Ⅳ. TP393.092

中国版本图书馆 CIP 数据核字(2008)第 080673 号

策　　划　臧延新
责任编辑　许青青　臧延新
出版发行　西安电子科技大学出版社(西安市太白南路 2 号)
电　　话　(029)88242885　88201467　　邮　　编　710071
网　　址　www.xduph.com　　电子邮箱　xdupfxb001@163.com
经　　销　新华书店
印刷单位　西安文化彩印厂
版　　次　2008 年 9 月第 1 版　2013 年 2 月第 2 次印刷
开　　本　787 毫米×1092 毫米　1/16　印 张 16.25
字　　数　380 千字
印　　数　4001～6000 册
定　　价　26.00 元
ISBN 978 - 7 - 5606 - 2055 - 8/TP・1062
XDUP 2347001-2

序

进入21世纪以来，高等职业教育呈现出快速发展的形势。高等职业教育的发展，丰富了高等教育的体系结构，突出了高等职业教育的类型特色，顺应了人民群众接受高等教育的强烈需求，为现代化建设培养了大量高素质技能型专门人才，对高等教育大众化作出了重要贡献。目前，高等职业教育在我国社会主义现代化建设事业中发挥着越来越重要的作用。

教育部2006年下发了《关于全面提高高等职业教育教学质量的若干意见》，其中提出了深化教育教学改革，重视内涵建设，促进"工学结合"人才培养模式改革，推进整体办学水平提升，形成结构合理、功能完善、质量优良、特色鲜明的高等职业教育体系的任务要求。

根据新的发展要求，高等职业院校积极与行业企业合作开发课程，根据技术领域和职业岗位群任职要求，参照相关职业资格标准，改革课程体系和教学内容，建立突出职业能力培养的课程标准，规范课程教学的基本要求，提高课程教学质量，不断更新教学内容，而实施具有工学结合特色的教材建设是推进高等职业教育改革发展的重要任务。

为配合教育部实施质量工程，解决当前高职高专精品教材不足的问题，西安电子科技大学出版社与中国高等职业技术教育研究会在前三轮联合策划、组织编写"计算机、通信电子、机电及汽车类专业"系列高职高专教材共160余种的基础上，又联合策划、组织编写了新一轮"计算机、通信、电子类"专业系列高职高专教材共120余种。这些教材的选题是在全国范围内近30所高职高专院校中，对教学计划和课程设置进行充分调研的基础上策划产生的。教材的编写采取在教育部精品专业或示范性专业的高职高专院校中公开招标的形式，以吸收尽可能多的优秀作者参与投标和编写。在此基础上，召开系列教材专家编委会，评审教材编写大纲，并对中标大纲提出修改、完善意见，确定主编、主审人选。该系列教材以满足职业岗位需求为目标，以培养学生的应用技能为着力点，在教材的编写中结合任务驱动、项目导向的教学方式，力求在新颖性、实用性、可读性三个方面有所突破，体现高职高专教材的特点。已出版的第一轮教材共36种，2001年全部出齐，从使用情况看，比较适合高等职业院校的需要，普遍受到各学校的欢迎，一再重印，其中《互联网实用技术与网页制作》在短短两年多的时间里先后重印6次，并获教育部2002年普通高校优秀教材奖。第二轮教材共60余种，在2004年已全部出齐，有的教材出版一年多的时间里就重印4次，反映了市场对优秀专业教材的需求。前两轮教材中有十几种入选国家"十一五"规划教材。第三轮教材2007年8月之前全部出齐。本轮教材预计2008年全部出齐，相信也会成为系列精品教材。

教材建设是高职高专院校教学基本建设的一项重要工作。多年来，高职高专院校十分重视教材建设，组织教师参加教材编写，为高职高专教材从无到有，从有到优、到特而辛勤工作。但高职高专教材的建设起步时间不长，还需要与行业企业合作，通过共同努力，出版一大批符合培养高素质技能型专门人才要求的特色教材。

我们殷切希望广大从事高职高专教育的教师，面向市场，服务需求，为形成具有中国特色和高职教育特点的高职高专教材体系作出积极的贡献。

中国高等职业技术教育研究会会长 [signature]

2007年6月

高职高专计算机专业规划教材
编审专家委员会

前　言

2005 年 11 月，微软公司正式发布了 ASP.NET 2.0 版本，从技术进步的角度来讲，该技术可以说是一项革命性的创新，无论从开发环境、设计思想，还是开发效率和安全性能方面，ASP.NET 都表现出了强大的优势。

随着国家示范性高职院校建设工作的不断深入，越来越多的教材呈现出缺乏高职特色，缺乏规划和标准，体系不清，内容陈旧，没有和先进技术接轨等缺点。高职培养的学生是应用型人才，因而教材的编写应该注重培养学生的实践能力，贯彻“实用为主、必须和够用为度”的教学原则。纵观现有的 ASP.NET 教材，普遍都是关于 ASP.NET 1.x 版本的，而市场上虽然有很多 ASP.NET 2.0 的书，但大多不符合高职学生的学习特点，也不符合国家示范性高职院校教材建设的要求。

常州信息职业技术学院是全国百所国家示范性高职院校建设单位之一，负责编写此书的教学团队所在的软件学院也是国家 35 所软件职业技术学院之一。为了使学生迅速有效地掌握 ASP.NET 2.0 技术，为社会培养大批优秀的 ASP.NET 人才，特撰写此书。

全书共 11 章，前两章介绍了 ASP.NET 的技术特点和 Visual Studio 2005 集成开发环境；第 3 章给出了一个项目案例；第 4～10 章围绕这个项目案例介绍了 ASP.NET 最常用的控件；第 11 章完整地实现了该项目。

本书采用项目教学法将 ASP.NET 的相关知识点融入到项目案例当中，而且在第 3～11 章各章的后面均配有训练任务，使学生可以通过学习—应用—学习的方式来掌握 ASP.NET 的入门知识。对高职高专的学生而言，这是一本很好的 ASP.NET 入门教科书。此外，本书还适合 ASP.NET 2.0 的初学者和了解 ASP.NET 1.0/1.1 的读者参考使用。

全书的编写由眭碧霞、李春华、张玮、闾枫、胡丽英、瞿新南合作完成，是集体智慧的结晶。其中，第 1、2 章由眭碧霞完成；第 3、7、11 章由李春华完成；第 4、5、9 章由张玮完成；第 6 章由瞿新南完成；第 8 章由闾枫完成；第 10 章由胡丽英完成。全书由李春华统稿，由眭碧霞审校。本书在编写过程中得到了曹建庆、田明义、李学刚、於志强、高飞、郭永洪、吴敏君、陈娇、李文全的大力支持和帮助，同时本书的出版还得到了南京大学、东南大学和江苏大学等高校有关教师的大力支持，在此一并致以衷心的感谢。

在本书的编写过程中，编者尽力确保内容的准确性、实用性和可读性。由于时间仓促，加之水平有限，书中不足之处在所难免，恳请读者批评指正。如果对本书有任何问题或建议，请发电子邮件与编者联系：jslch@hotmail.com。

编　者

2008 年 5 月

目　　录

第 1 章　ASP.NET 技术导读

欢迎来到 ASP.NET 2.0 的世界！本章主要学习与 ASP.NET 相关的基础知识，如 ASP.NET 技术发展的历史背景、ASP 与 ASP.NET 的区别与联系、ASP.NET 2.0 的技术特点、C#与 ASP.NET 的联系与区别、.NET 框架等。

学习目标

- 了解 ASP.NET 技术发展的历史背景；
- 了解 ASP 与 ASP.NET 的区别与联系；
- 了解 ASP.NET 2.0 的技术特点；
- 了解 C#与 ASP.NET 的联系与区别；
- 了解.NET 框架。

1.1　ASP.NET 技术发展的历史背景

从 2000 年开始，.NET 技术开始崭露头脚，到 2005 年末推出 .NET 2.0，微软公司为推广 .NET 技术可以说是不遗余力。下面简单回顾一下 .NET 技术发展的历程。

2000 年 6 月，时任微软公司总裁比尔·盖茨先生在一次名为“论坛 2000”的会议上发表演讲，描绘了 .NET 技术的宏伟蓝图。

2002 年 1 月，微软公司发布 .NET Framework 1.0 正式版。与此同时，Visual Studio.NET 2002 也同步发行。

2003 年 4 月 23 日，微软公司推出 .NET Framework 1.1 和 Visual Studio.NET 2003。这些重量级的产品都是 .NET 1.0 的升级版本。

2004 年 6 月，在 TechEd Europe 会议上，微软公司发布 .NET Framework 2.0 Beta1 和 Visual Studio 2005 Beta1，同时，还发布了多个精简版(Express Edition)，其中包括 Visual Web Developer 2005、Visual Basic 2005、Visual C# 2005 和 SQL Server 2005 Express Edition 等。

2005 年 4 月，微软公司发布 Visual Studio 2005 Beta2 测试版。

2005 年 11 月，微软公司发布 Visual Studio 2005 和 SQL Server 2005 正式版。

在 .NET 1.0 发布后，也就是 2002 年及其随后一两年的时间内，.NET 技术一直处在发展初期。虽然微软公司不遗余力地宣传 .NET 技术，但是，使广大开发人员尤其是软件开发商接受 .NET 还需要一个漫长的过程。.NET 1.1 发布后，学习和使用 .NET 技术的热潮开始不断涌现。.NET 2.0 的发布是 .NET 技术走向成熟的标志。尤其是用于 Web 应用程序开发的核心技术，使 ASP.NET 2.0 更是万众瞩目，不断吸引着越来越多的目光。为了使读者对 ASP.NET 2.0 有个初步了解，下面首先介绍 ASP.NET 2.0 的设计目标。

1.2　ASP 与 ASP.NET

ASP 是 Microsoft 公司在 1996 年，随着 IIS3.0 推出的一种主要用于 Web 服务器应用开发的技术，它只能使用脚本语言，主要提供使用 VBScript 或 JavaScript 的服务器端脚本环境，可用来创建和运行动态的、交互的 Web 服务器应用程序。

ASP 的服务器脚本程序嵌入在 HTML 中，由执行引擎(ASP.DLL)对编制好的脚本文件直接解释执行。ASP 支持面向对象的特性，并可扩展 ActiveX Server 组件功能。ASP 的最强大之处是可以轻松地使用 ADO(Active Data Object)组件存取数据库，创建 Web 数据库应用程序。因此，ASP 技术一经推出，便在 Web 应用开发中得到了广泛的应用。

ASP 文件的后缀名为 .asp，一个 ASP 文件相当于一个可执行文件，因此，必须放在 Web 服务器上有可执行权限的目录(默认为 C:\Inetpub\wwwroot)中。当客户端浏览器向 Web 服务器请求调用 ASP 文件时，Web 服务器响应该 HTTP 请求，调用 ASP 执行引擎，解释被申请的 ASP 文件。在解释过程中，当遇到脚本语言(VBScript 或 JavaScript)时，ASP 执行引擎，调用相应的脚本引擎进行解释处理。若脚本中还涉及对数据库的访问，则通过数据库引擎与后台的数据库进行连接，由数据库访问组件实现对数据库的操作，并将执行结果动态生成一个纯 HTML 页面返回 Web 服务器端，在运行于任何平台的浏览器上显示出来。

ASP 与 ASP.NET 技术的比较见表 1-1。

表 1-1　ASP 与 ASP.NET 技术的比较

ASP	ASP.NET
程序代码与页面识别混合在一个页面文件，无法分离	程序代码与页面识别可以完全分离
程序员需要严格区分一个页面文件中客户端脚本程序与服务器端程序，而且二者很难交互	使用 Web 控件，不再区分客户端和服务器端程序，可以直接进行数据交换
仅支持 HTML	支持 HTML、Web Control
解释执行	首次请求时自动编译执行，以后访问时无需编译
支持 COM 组件，但 COM 组件部署困难，需要先注册	支持 COM 组件、类库和 Web Service 组件
程序很难调试和跟踪	用 Visual Studio.NET 可以很方便地调试和跟踪
支持 VBScript、JavaScript 语言	支持 C#、Visual Basic.NET、Jscript.NET
不支持面向对象编程	支持面向对象编程

什么是 ASP.NET？ASP.NET 是一项功能强大的、非常灵活的服务器端技术，可用于创建功能强大的动态 Web 应用程序，如商务网站、在线学习系统、聊天室、论坛等，它是新一代编制企业网络程序的平台，为开发人员提供了一个崭新的网络编程模型。

ASP.NET 是构成 .NET Framework 的技术之一，它可以把该构架看成是用于创建所有Web应用程序的巨大工具箱。当安装ASP.NET时，也要同时安装 .NET Framework(本书要用到 .NET Framework中的一些内容，当然在 .NET Framework中也可以使用ASP的旧版本)。

2002年，Microsoft公司随其 .NET 正式版本.NET Framework 1.0发布了ASP.NET的第一个正式版本ASP.NET 1.0。2003年，Microsoft公司发布了 .NET Framework 1.1正式版本，其中ASP.NET的版本是ASP.NET 1.1。到2005年，Microsoft公司公布了 .NET Framework 2.0正式版本，其中 ASP.NET 的版本是 ASP.NET 2.0。本书学习的仍是目前流行使用的.NET Framework 2.1版本。

1.3 ASP.NET 2.0技术的特点

ASP.NET是建立在公共语言运行库(CLR)基础之上的编程框架，可用于在服务器上生成功能强大的Web应用程序，其突出特点如下所述。

1．执行效率的大幅提高

ASP.NET 把基于通用语言的程序在服务器上运行。不像以前的 ASP 即时解释程序，ASP.NET 将程序在服务器端首次运行时进行编译，这样的执行效果显然比一条一条地解释强很多。

2．强大的工具支持

ASP.NET构架可以用Microsoft公司最新的产品Visual Studio.Net 2005开发环境进行开发，并进行WYSIWYG(What You See Is What You Get，所见即所得)的编辑。

3．强大性和适应性

因为ASP.NET是基于通用语言的编译运行程序，所以其强大性和适应性可以使它运行在几乎所有的平台上。通用语言的基本库、消息机制、数据接口的处理都能无缝地整合到ASP.NET的Web应用中。ASP. NET同时也是Language-Independent语言的独立化，所以，可以选择一种最适合自己的语言来编写程序，现在已经支持的有C#、VB.Net、JScript等。

4．高效的可管理性

ASP.NET 使用一种基于字符的、分级的配置系统，使服务器环境和应用程序的设置更加简单。因为配置信息都保存在简单文本中，所以新的设置不需要启动本地的管理员工具就可以实现。这种被称为“Zero Local Administration”的哲学观念使ASP.NET应用程序的开发更加具体和快捷。一个ASP.NET的应用程序在一台服务器系统中安装时只需要拷贝一些必需的文件，而不需要重新启动系统。

5．多处理器环境的可靠性

ASP.NET已经被设计成为一种可以用于多处理器的开发工具。它在多处理器的环境下，采用特殊的无缝连接技术将很大地提高运行速度。即使现在的ASP.NET应用程序是为一个处理器开发的，但将来多处理器运行时，将不需要做任何改变就能提高性能。

6．自定义性和可扩展性

ASP.NET 在设计时考虑了让网站开发人员可以在自己的代码中定义“plug-in”模块。这与原来的包含关系不同，ASP.NET可以加入自定义的组件。

7. 安全性

基于 Windows 认证技术和应用程序配置，可以保证应用程序是安全可用的。

1.4　C#与 ASP.NET

目前，ASP.NET 支持完全面向对象的 C#、Visual Basic.NET 和 JScript.NET 等语言，其中 C# 是 Microsoft 公司为 .NET 量身定做的最好的编程语言。C# 对于初学者来说是最为简单的，而且它可以完成其他 .NET 语言能够完成的大多数功能。另外，它是随 ASP.NET 免费提供的，当安装 ASP.NET 时，也就得到了 C#。

C# 是由 Microsoft 公司开发的新型的编程语言，由于它是从 C 和 C++ 中派生出来的，所以具有像 C++ 一样强大的功能；同时，由于是 Microsoft 公司的产品，因此它又同 VB 一样简单；对于 Web 开发而言，C# 像 Java，同时具有 Delphi 的一些优点。C# 是一流的面向组件的语言，所有的语言元素都是真正的对象。C# 可开发强壮和可用的软件，所有的 .NET Framework 中的基类库(Base Class Library)都是由 C# 编写的。Visual Basic 对大小写不敏感，而 C# 对大小写敏感。C#具有而 Visual Basic 不具有的特性有指针、移位操作符、内嵌的文档(XML)、重载操作符等。相反，Visual Basic 具有而 C# 不具有的特性是 VB 具有更丰富的语法等。

ASP.NET 被描述为一门技术而不是一种语言，这一点非常重要。该技术通过编程语言访问，所以本书在介绍 C#的时候学习 ASP.NET 的功能，即我们将利用 C# 创建 Web 页面，而利用 ASP.NET 来驱动它。

提示：

ASP.NET 被描述为一门技术而不是一种语言。将 ASP、ASP.NET 以及 C# 三个术语严格区分非常重要，因此在介绍安装和运行 ASP.NET 之前，要明确区分它们的含义。

(1) ASP：用于创建动态 Web 页面的服务器端技术，它只允许使用脚本语言。

(2) ASP.NET：用于创建动态 Web 页面的服务器端技术，它允许使用由.NET 支持的任何一种功能完善的编程语言。

(3) C#：本书选用的语言，用于在 ASP.NET 中编写代码。

1.5　.NET 框架

.NET 框架实际就是 Microsoft.NET 框架。图 1-1 是 Microsoft.NET 框架(即 .NET Framwork)结构图及其与 Visual Studio.NET 之间的关系。

微软公司的 .NET 框架是继承 ActiveX 技术之后，于 2000 年推出的用于构建新一代 Internet 集成服务平台的最新框架，这种集成服务平台允许各种系统环境下的应用程序通过因特网进行通信和共享数据。它以 XML(eXtensible Markup Language，可扩展标记语言)及 SOAP(Simple Object Access Protocol，简单对象存取协议)等作为因特网的通信协议，将各种由不同环境所组成的应用程序及组件整合在一起工作。

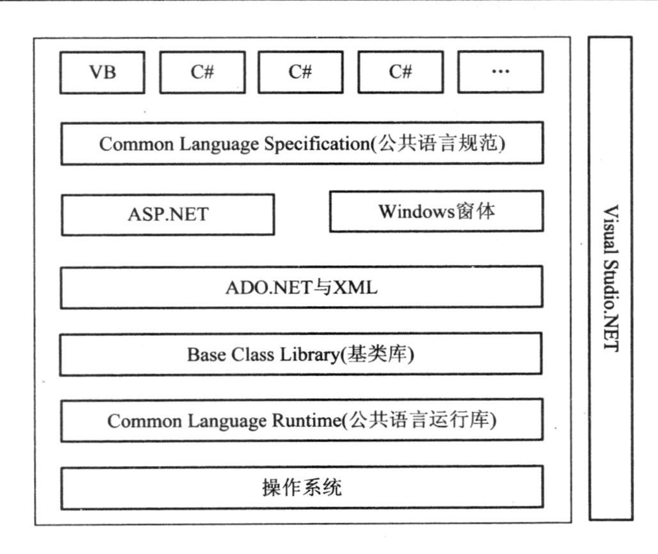

图 1-1　Microsoft.NET 框架结构图及其与 Visual Studio.NET 之间的关系

1.5.1　公共语言运行库

公共语言运行库(Common Language Runtime，CLR)是 .NET 框架的基础，它架构在操作系统的服务上，负责应用程序的实际执行，满足所有应用程序的需求。程序代码的编译、内存管理、线程管理、安全性的控管、类库与可执行文件的缓存管理、不同程序语言的整合等功能都由 CLR 一手包办。

在 .NET 框架之上，无论是采用哪种编程语言编写的程序，都被译成中间语言(MicroSoft Intermediate Language，IL 或 MSIL)，包括对象加载、方法调用、流程控制和逻辑运算等多种基本指令。IL 经过再次编译形成机器码，完成 IL 到机器码编译任务的是 JIT(Just In Time)。这一处理过程如图 1-2 所示。

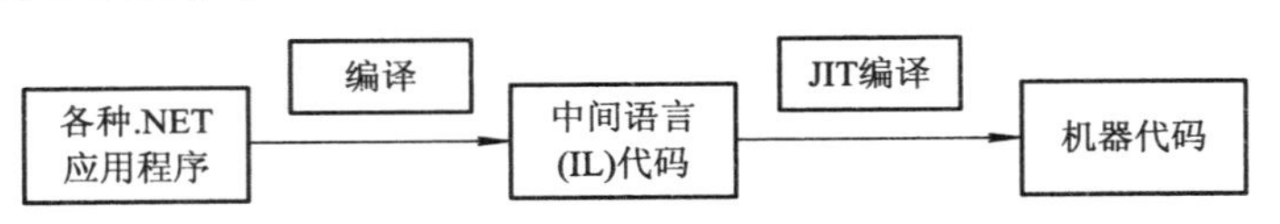

图 1-2　.NET 应用程序的编译过程

1.5.2　基类库

基类库即 Base Class Library(基础类别库)，位于 CLR 之上，包含许多高度可重用的接口和类，可以被任何编程语言所使用。它既是 .NET 应用软件开发的基础类库，也是 .NET 平台本身实现的基础。该类库以命名空间(Namespace)的方式来组织，最顶层的命名空间是 System。命名空间与类库的关系就像文件系统中目录与文件的关系一样。

1.5.3　ADO 与 XML

ADO(ActiveX Data Object)使用记录集(RecordSet)来处理数据，而在 ADO.NET 中则使

用数据集(DataSet)来处理数据。ADO.NET 为 .NET 框架提供统一的数据访问技术，与以前的数据访问技术相比，ADO.NET 主要增加了对 XML 的充分支持、新数据对象的引入、语言无关对象的引入以及使用和 CLR 一致的类型等，利用这些对象可以轻松地完成对数据库的操作。除了使用数据访问技术之外，.NET 还支持对 XML 文档的操作，只要通过 XmlDataDocument 就可以存取(读写)XML 文档，而 XmlDataDocument 与 DataSet 之间可以进行信息转换。ADO.NET 是本书的重点，将在后面章节中详细介绍。

1.5.4 Windows 窗体与 Web 窗体

在 .NET 框架基础上，可以开发的应用程序主要包括 ASP.NET 应用程序和 Windows 窗体应用程序。其中，ASP.NET 应用程序又包含“Web 窗体”和“Web 服务”，此外，ASP.NET 也可以开发 Mobile Web 窗体，也就是用于移动设备(例如手机、掌上电脑 PDA 等)浏览的 Web 应用程序，它们组成了全新的因特网应用程序。可见，ASP.NET 应用程序和 Windows 窗体应用程序是在 .NET 框架下进行程序设计的主要界面技术。

1.5.5 公用语言规范

公用语言规范(Common Language Specification，CLS)定义了一组运行于.NET 框架的语言特性，包括函数(类的方法)调用方式、参数传递方式、异常处理方式等，只要是符合这个规范的程序语言(如 C#、VB、NET 等)，就可以彼此互通信息，组件兼容。

1.6 本书各章安排及主要内容

本书采用项目案例教学设计方法，将 ASP.NET 的知识点分散到一个项目中讲解，全书共 11 章。

第 1 章　ASP.NET 技术导读

本章介绍了 ASP.NET 发展的历史背景、与 ASP 的区别与联系、技术特点以及 .NET 框架等知识。

第 2 章　Visual Studio 2005 集成开发环境简介

本章介绍了 Visual Studio 2005 集成开发环境、网站创建的方式以及该开发环境的各种功能，并按照网页编辑的顺序依次介绍了新建网页、编辑网页、运行网页等相关知识。

第 3 章　一个体验式的 ASP.NET 项目

本章从软件开发的一般步骤出发，首先给出了项目的背景，并将该项目命名为“校园二手物品信息发布平台”，然后对该项目进行了系统分析，着重给出了该项目的四个模块，之后进行了数据库设计，把系统中需要用到的表结构一一列出，最后选择其中一个功能模块进行了实现，实现的效果如图 1-3 和图 1-4 所示。

第 4 章　常用的服务器控件

本章介绍了 ASP.NET 常用的服务器控件。ASP.NET 服务器控件是运行在服务器上的组件，它封装了相应的用户界面和相关功能，可以在 ASP.NET 页面文件和后台代码文件中使用。在 Web 窗体中，可以使用三种类型的服务器控件：HTML 服务器控件、Web 服务器控件和验证控件。本章首先介绍使用服务器控件的基本知识，然后依次分类介绍一些常用的 HTML 和 Web 服务器控件，同时还提供了一些例子，实际演示了各种常用控件的用法。拖放控件的方法如图 1-5 所示，综合示例如图 1-6 所示。

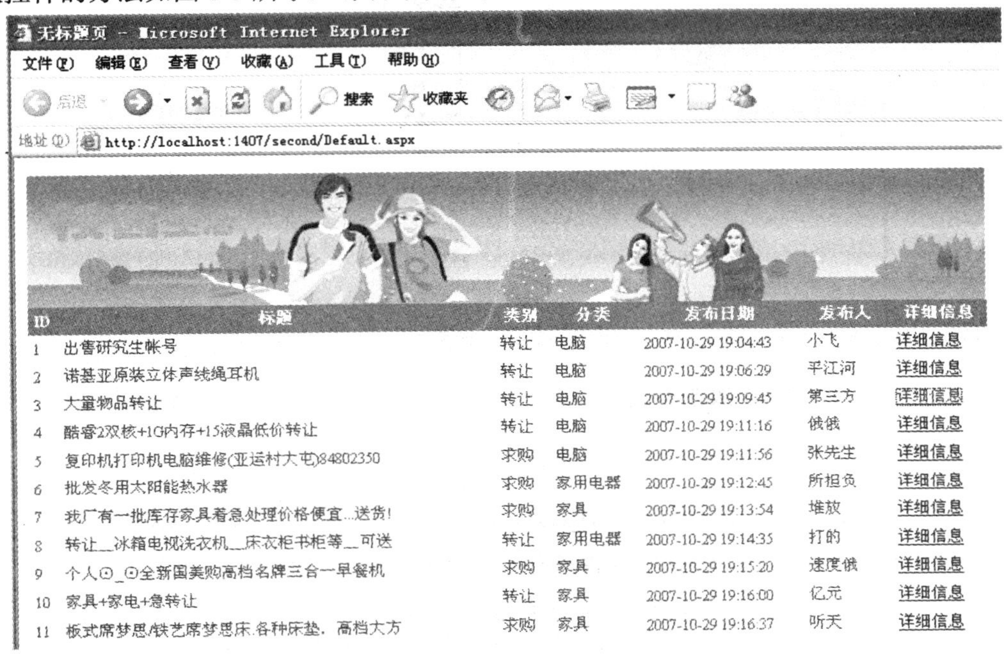

图 1-3　运行得到的效果图

图 1-4　单击详细信息得到的效果图

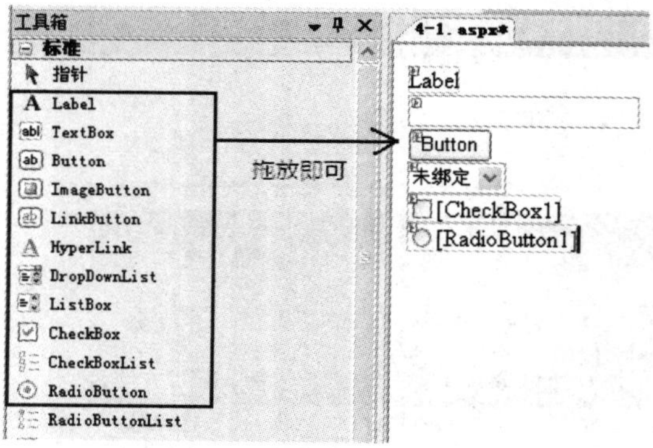

图 1-5　向 Web 页面添加服务器控件

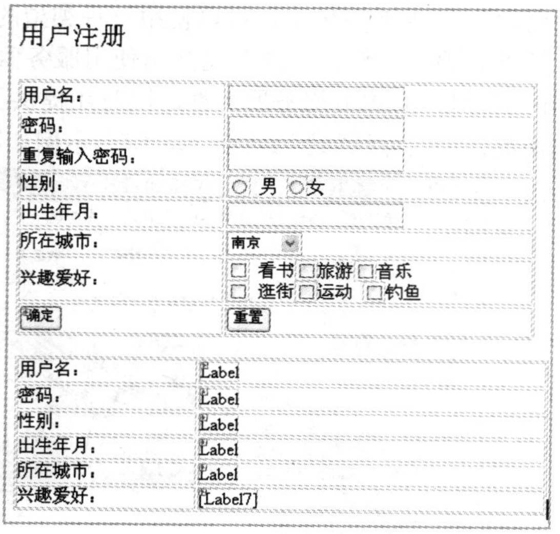

图 1-6　控件布置图

第 5 章　验证控件

本章介绍了常用的六种验证控件，包括 RequiredFieldValidator 控件、CompareValidator 控件、RangeValidator 控件、RegularExpressionValidator 控件、CustomValidator 控件和 ValidationSummary 控件。尽管这些控件的作用不一样，但是其使用方法却有着很多共同点，都需要将属性指向被验证的控件，指定错误发生时的提示语句，其他属性的设置则根据控件的作用不同而有所不同。除了 RequiredFieldValidator 控件外，其他控件都认为空的输入是允许的，因此需要将此控件与其他控件一起指向输入控件，才能避免输入错误。

图 1-7 所示为 ASP.NET 提供的六种验证控件，图 1-8 为本章示例运行效果图。

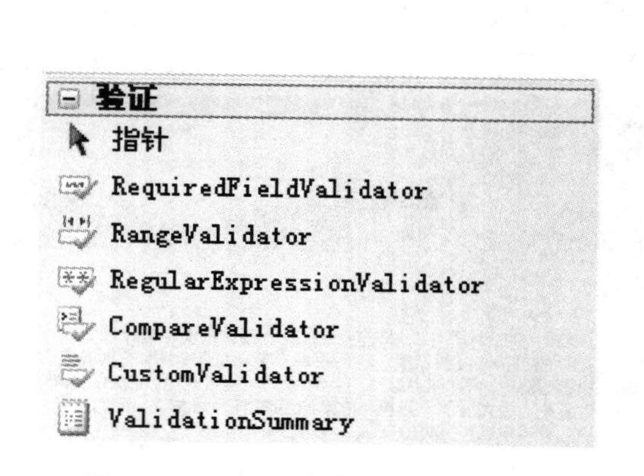

图 1-7　ASP.NET 提供的六种验证控件

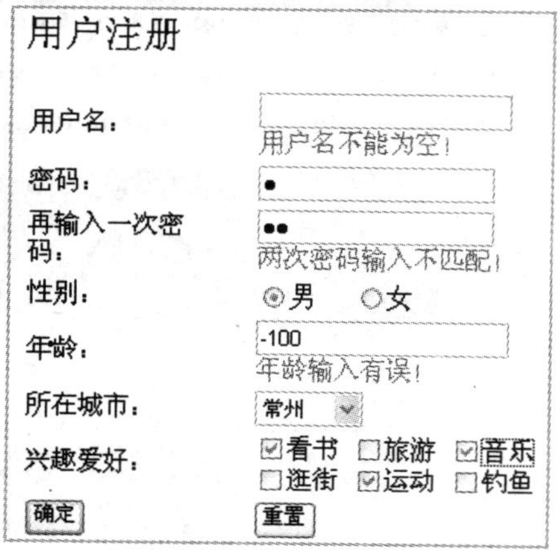

图 1-8　示例运行效果图

第 6 章　ASP.NET 状态管理

本章介绍了 ASP.NET 中状态管理的方案。Web Form 网页是基于 HTTP 的，它们没有状态，为避免信息丢失，状态管理应运而生。状态管理主要包括视图状态、隐藏域、Cookie、查询字符串、应用程序状态、会话状态等。图 1-9 为统计在线人数运行两次的效果图。

图 1-9　统计在线人数运行两次的效果图

第 7 章　SqlDataSource 数据源控件

本章首先详细介绍了 SqlDataSource 数据源控件的使用方法，主要包括如何配置连接字符串、如何设置数据访问方式和如何配置 WHERE 子句；然后介绍了列表控件的数据绑定方式。通过本章的学习，可以了解利用 ASP.NET 2.0 的新的数据处理架构，可以快速创建数据和访问网页，大幅提高开发人员的开发效率。

(1) ASP.NET 2.0 的新的数据处理架构如图 1-10 所示。

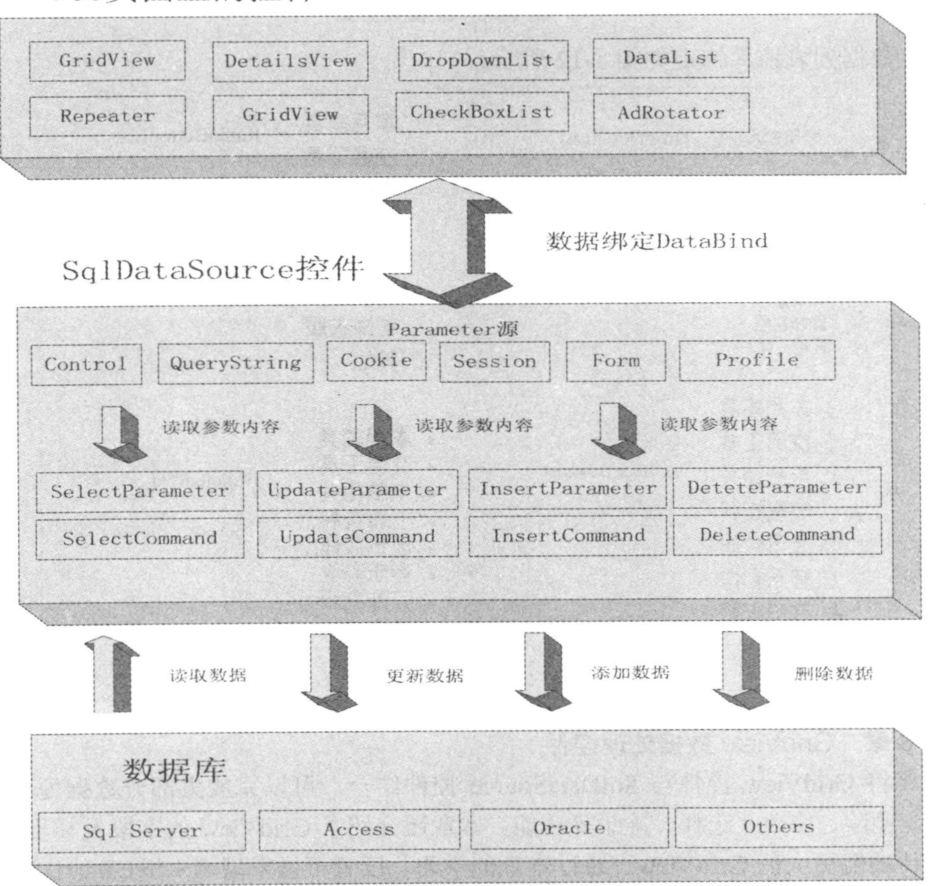

图 1-10　ASP.NET 2.0 的新的数据处理架构

(2) 配置数据源如图 1-11 所示。

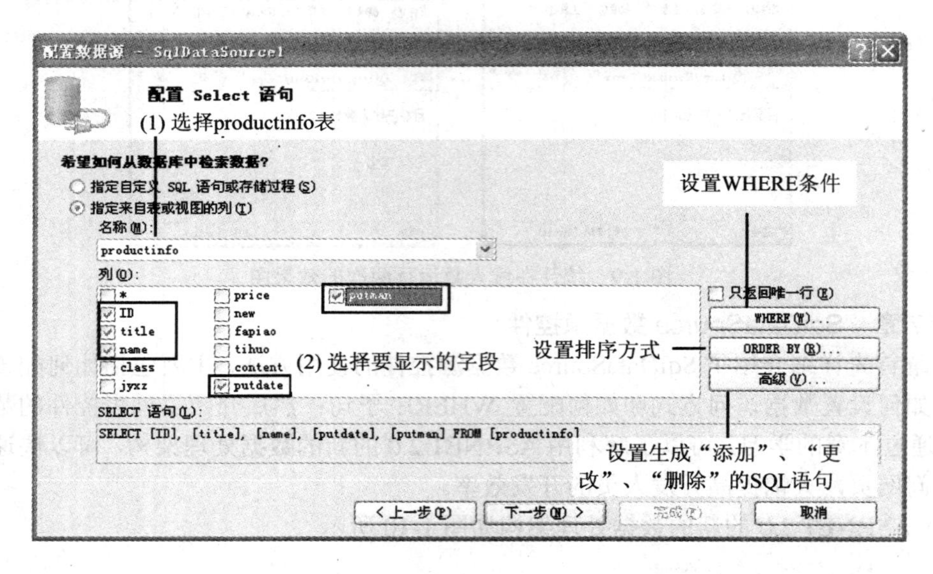

图 1-11　配置数据源

(3) 数据列表控件绑定如图 1-12 所示。

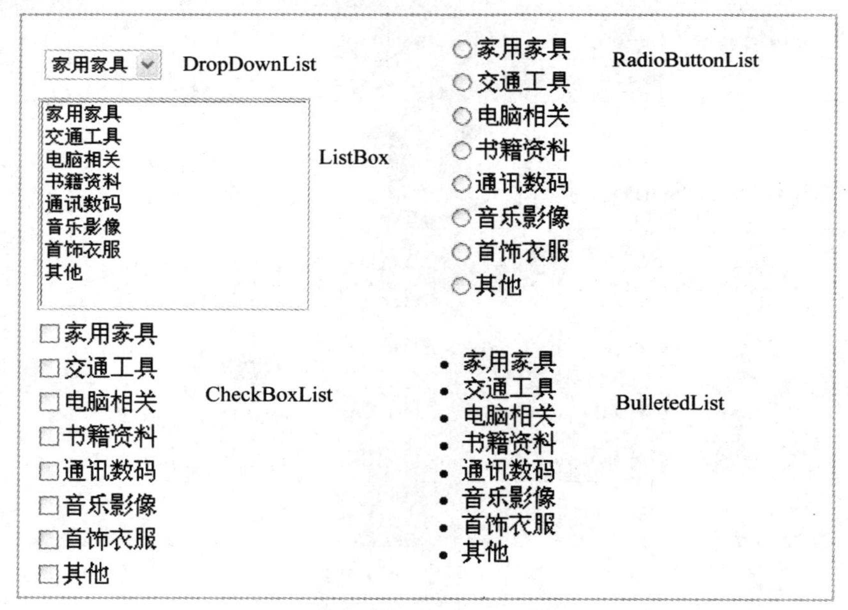

图 1-12　数据列表控件绑定

第 8 章　GridView 数据处理控件

本章将 GridView 控件与 SqlDataSource 控件结合，可以完成大部分数据处理工作，包含新增、删除、修改、选择、排序等功能。本章还介绍了 GridView 的字段及模板字段功能，可以设计功能更大的 GridView。通过本章的学习，读者可以发现 ASP.NET 的优势就是能方便地进行各种数据处理，它是 ASP.NET 技术的核心，也是区别其他技术的特点。

(1) GridView 控件和 SqlDataSource 控件如图 1-13 所示。

ID title name putdate putman
0 abc abc 2007-11-27 0:00:00 abc
1 abc abc 2007-11-27 0:00:00 abc
2 abc abc 2007-11-27 0:00:00 abc
3 abc abc 2007-11-27 0:00:00 abc
4 abc abc 2007-11-27 0:00:00 abc
SqlDataSource - SqlDataSource1
GridView
SqlDataSource

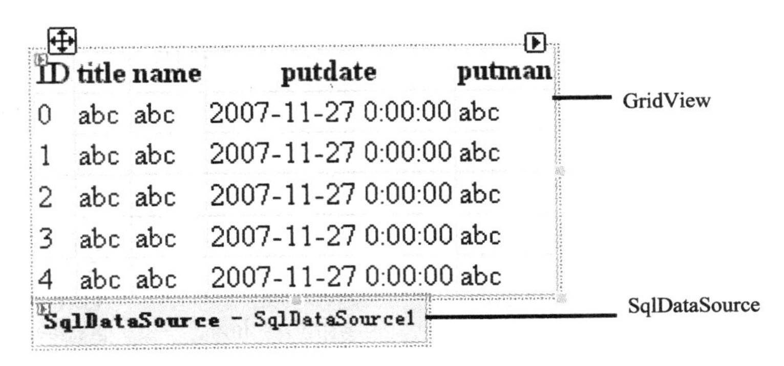

图 1-13 GridView 控件和 SqlDataSource 控件

(2) GridView 任务如图 1-14 所示。

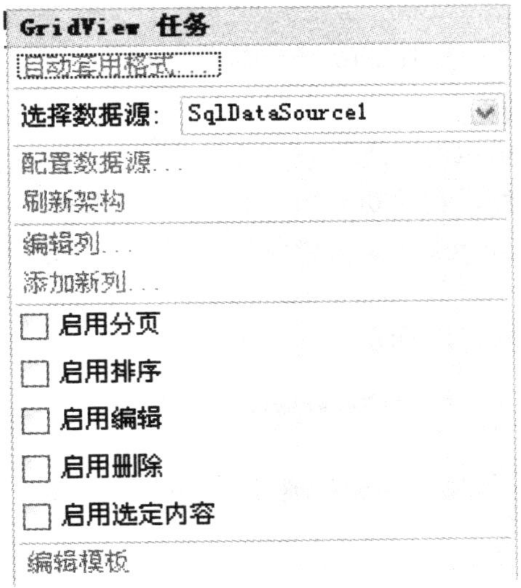

GridView 任务
自动套用格式...
选择数据源: SqlDataSource1
配置数据源...
刷新架构
编辑列...
添加新列...
启用分页
启用排序
启用编辑
启用删除
启用选定内容
编辑模板

图 1-14 GridView 任务

(3) GridView 控件的分页功能如图 1-15 所示。

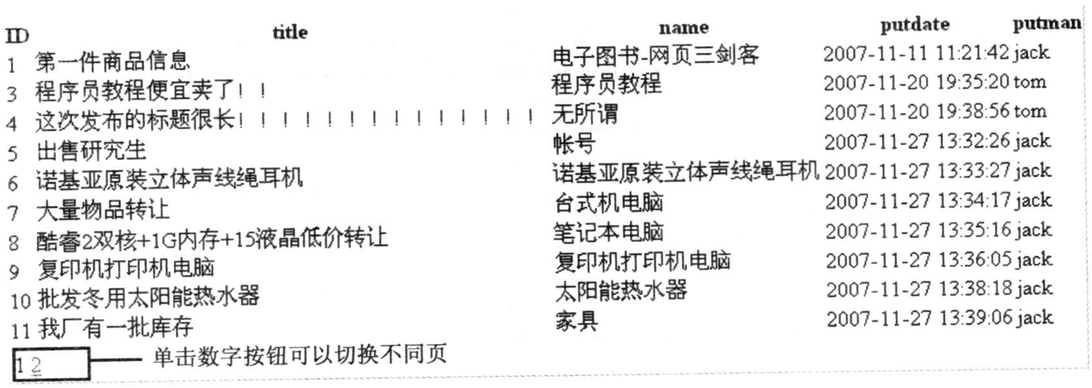

ID title name putdate putman
1 第一件商品信息 电子图书-网页三剑客 2007-11-11 11:21:42 jack
3 程序员教程便宜卖了！！ 程序员教程 2007-11-20 19:35:20 tom
4 这次发布的标题很长！！！！！！！！！！！！！！ 无所谓 2007-11-20 19:38:56 tom
5 出售研究生 帐号 2007-11-27 13:32:26 jack
6 诺基亚原装立体声线绳耳机 诺基亚原装立体声线绳耳机 2007-11-27 13:33:27 jack
7 大量物品转让 台式机电脑 2007-11-27 13:34:17 jack
8 酷睿2双核+1G内存+15液晶低价转让 笔记本电脑 2007-11-27 13:35:16 jack
9 复印机打印机电脑 复印机打印机电脑 2007-11-27 13:36:05 jack
10 批发冬用太阳能热水器 太阳能热水器 2007-11-27 13:38:18 jack
11 我厂有一批库存 家具 2007-11-27 13:39:06 jack
1 2
单击数字按钮可以切换不同页

图 1-15 GridView 控件的分页功能

(4) 本章示例运行效果图如图 1-16 所示。

	ID	标题	name	class	price
编辑 删除 选择	1	第一件商品信息aa	电子图书-网页三剑客	书籍资料	12
更新 取消	3	程序员教程便宜卖了！！	程序员教程	家用家具	34
编辑 删除 选择	4	这次发布的标题很长！！！！！！！！！！！！！！	无所谓	家用家具 交通工具 电脑相关 书籍资料 通讯数码 音乐影像 首饰衣服 其他	56
编辑 删除 选择	5	出售研究生	帐号		100
编辑 删除 选择	6	诺基亚原装立体声线绳耳机	诺基亚原装立体声线绳耳机		70
编辑 删除 选择	7	大量物品转让	台式机电脑		1000
编辑 删除 选择	8	酷睿2双核+1G内存+15液晶低价转让	笔记本电脑	电脑相关	2000
编辑 删除 选择	9	复印机打印机电脑	复印机打印机电脑	电脑相关	2000
编辑 删除 选择	10	批发冬用太阳能热水器	太阳能热水器	家用家具	1580
编辑 删除 选择	11	我厂有一批库存	家具	家用家具	1222

1 2

Label

图 1-16　示例运行效果图

第 9 章　DetailsView 数据处理控件

本章详细介绍了 DetailsView 数据处理控件的使用方法。DetailsView 控件是 ASP.NET 2.0 中另一个常用的数据处理控件，它的功能和 GridView 的功能非常相似，同样具有编辑、删除、分页等功能，区别在于 DetailsView 控件每次仅显示一条记录，而 GridView 每次可以显示多条记录。

(1) DetailsView 控件如图 1-17 所示。

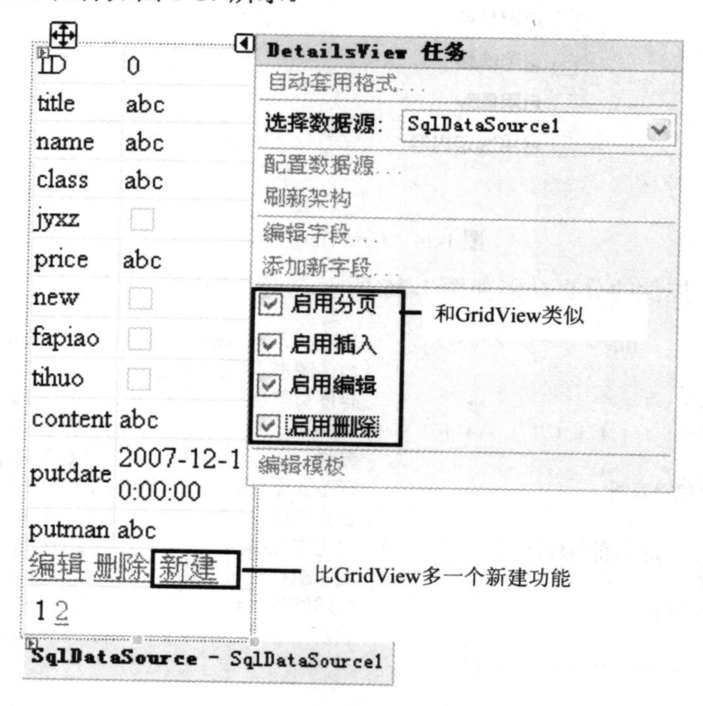

图 1-17　DetailsView 控件

(2) 使用 DetailsView 控件插入一条记录，如图 1-18 所示。

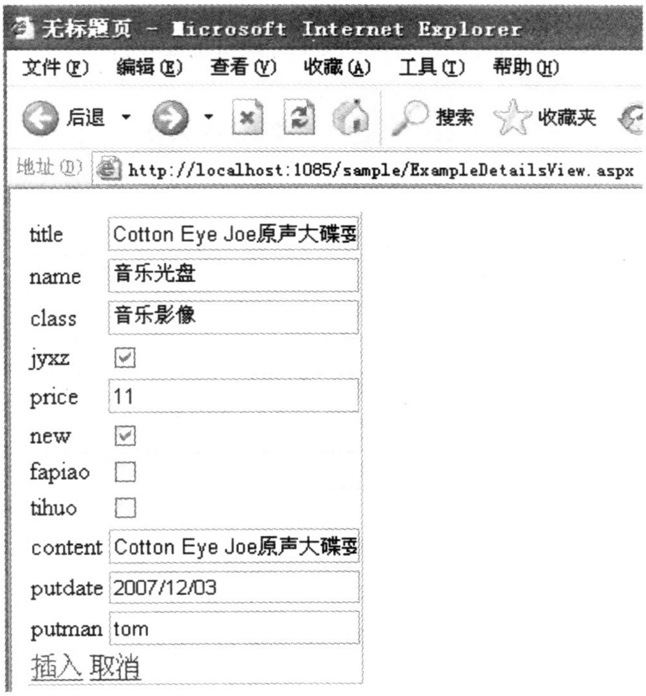

无标题页 - Microsoft Internet Explorer
文件(F) 编辑(E) 查看(V) 收藏(A) 工具(T) 帮助(H)
后退 搜索 收藏夹
地址(D) http://localhost:1085/sample/ExampleDetailsView.aspx
title Cotton Eye Joe原声大碟耍
name 音乐光盘
class 音乐影像
jyxz
price 11
new
fapiao
tihuo
content Cotton Eye Joe原声大碟耍
putdate 2007/12/03
putman tom
插入 取消

图 1-18　使用 DetailsView 控件插入一条记录

(3) 本章示例运行效果图如图 1-19 所示。

物品详细信息 - Microsoft Internet Explorer
文件(F) 编辑(E) 查看(V) 收藏(A) 工具(T) 帮助(H)
后退 搜索 收藏夹
地址(D) http://localhost:1085/sample/infodetails.aspx?ID=15
ID 15
标题 Cotton Eye Joe原声大碟耍卖!
物品名称 音乐光盘
物品类别 音乐影像
交易性质 求购
价格 11
新旧程度 全新
是否提供发票 是
提货方式 送货
详细信息 Cotton Eye Joe原声大碟耍卖，数量有限，要的人尽快联系我!
发布日期 2007-12-3 0:00:00
发布人 tom

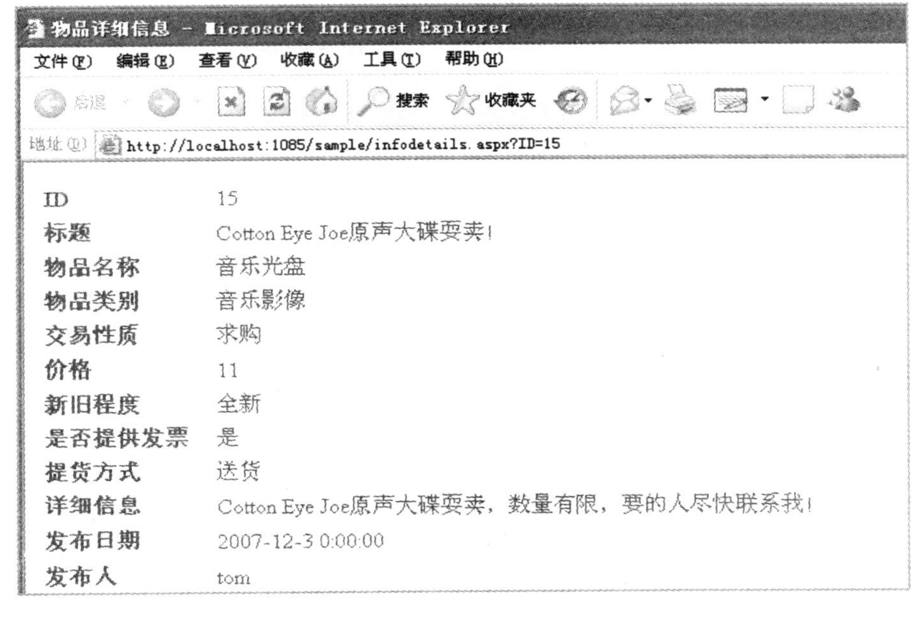

图 1-19　示例运行效果图

第 10 章　创建统一风格的网站

本章介绍了用于网站导航的 ASP.NET 新技术——站点导航技术的基础知识，包括站点地图、SiteMapPath 控件、TreeView 控件和 Menu 控件的基本创建。

(1) SiteMapPath 控件效果图如图 1-20 所示。

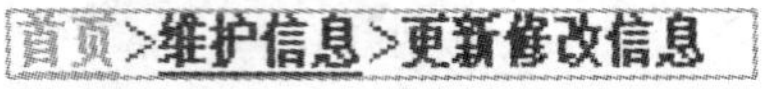

首页>维护信息>更新修改信息

图 1-20　SiteMapPath 控件效果图

(2) TreeView 控件效果图如图 1-21 所示。

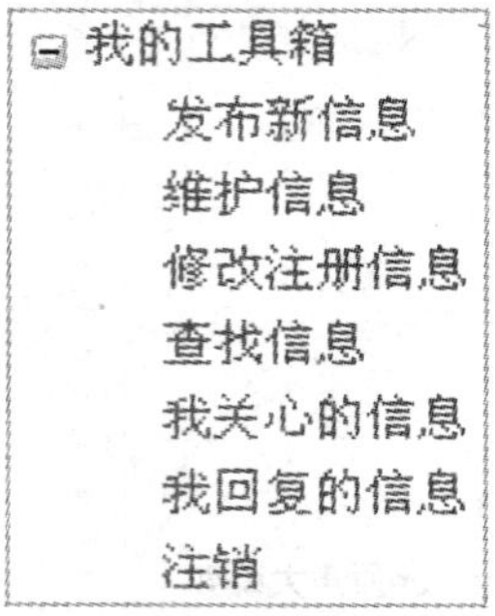

我的工具箱
发布新信息
维护信息
修改注册信息
查找信息
我关心的信息
我回复的信息
注销

图 1-21　TreeView 控件效果图

(3) Menu 控件效果图如图 1-22 所示。

首页
注册
查看详细信息
修改密码
发布信息
维护信息
更新修改信息
查找信息
修改选中的信息

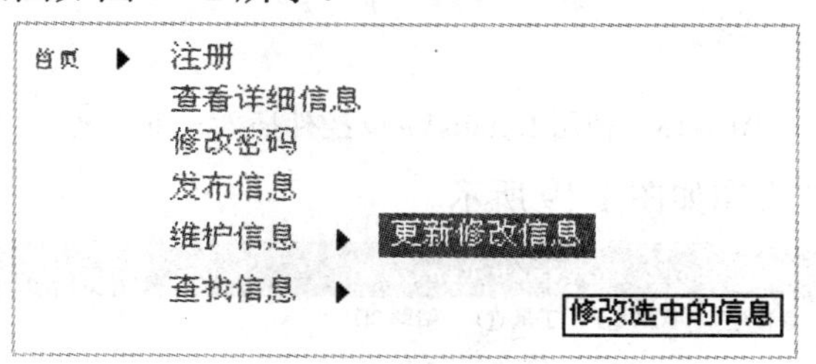

图 1-22　Menu 控件效果图

(4) 母版页设计效果图如图 1-23 所示。

Default2.aspx
4-3.aspx.cs
4-3result.aspx
这是我的第一个母版页
Content - Content1 (自定义)
ASP.NET程序设计与开发

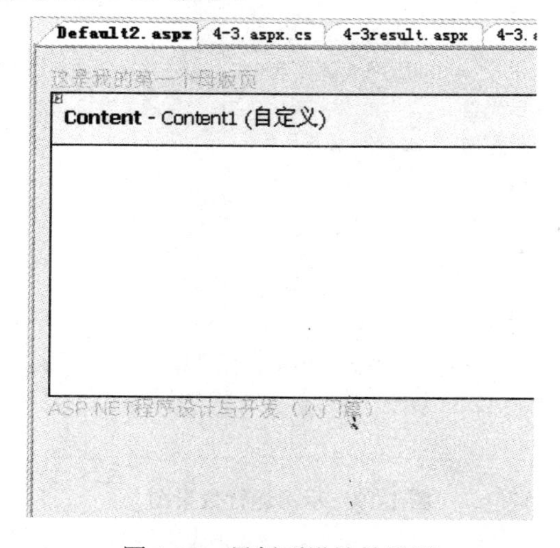

图 1-23　母版页设计效果图

第 11 章　一个完整的 ASP.NET 项目

在第 3 章，我们提出了“校园二手物品信息发布平台”这样一个软件项目，通过第 4～10 章的学习，我们对利用 ASP.NET 开发动态网页有了比较深入的了解，本章利用前面各章所学的知识，对该软件项目进行完善，使之能够实现 3.2 节中所提出的各项功能。

本章首先给出了该项目的功能模块图，并根据功能模块图给数据库增加了四个存储过程，然后给出了系统每个页面的实现，最后演示了运行效果。图 1-24 为其中某一个页面的运行效果图。

图 1-24　页面运行效果图

本 章 小 结

本章介绍了 ASP.NET 的基本概念以及 ASP.NET 2.0 的众多新功能，并且概要介绍了本书各章的内容。通过本章的介绍，读者可以体会到 ASP.NET 2.0 强大的新功能，并对全书各章的安排有比较清楚的了解。

思 考 与 练 习

1. 网页通常分为哪两类？有何区别？
2. 什么是 ASP.NET？ASP.NET 技术有哪些新特点？
3. 为什么 ASP.NET 页面要编译两次？为什么第一次显示 ASP.NET 页面要花几秒的时间，而以后的浏览仅需几毫秒？

第 2 章 Visual Studio 2005 集成开发环境简介

对于开发人员来讲，开发一个 Web 站点需要一个好的开发工具，所谓“工欲善其事，必先利其器”，学习 ASP.NET 技术首先需要对它的 IDE 集成开发环境做一个详细的了解。Visual Studio 2005 网页设计的 IDE 集成开发环境增加了许多功能来协助创建网站。本章首先介绍了如何在 Visual Studio 2005 中新建、打开网站，然后介绍了 Visual Studio 2005 集成开发环境中常用的几种窗口，接着按照网页编辑的顺序依次介绍了新建网页、编辑网页、运行网页等相关知识。通过本章的学习，读者可以对 Visual Studio 2005 有一个比较清楚的认识，为以后的学习打下基础。

学习目标

- 掌握新建网站的步骤和方法；
- 掌握打开已有网站的步骤和方法；
- 了解 Visual Studio 2005 的常用窗口；
- 了解编辑网页的步骤和基本概念；
- 掌握控件的定位方式。

Visual Studio 2005 集成开发环境作为实现 ASP.NET 技术的 IDE 集成开发环境，在各个方面给予 ASP.NET 技术支持，提供了许多功能来协助创建网站。如果能充分利用这些功能，那么必将大幅度提高网页的开发效率。

首先需要安装 Visual Studio 2005。Visual Studio 2005 的安装方式非常简单，按照向导提示安装即可，安装时请记住选择全部的功能。如果没有光盘，则也可以下载安装 Visual Web Develop 2005 Express。

2.1 使用文件系统新建网站

在 Visual Studio 2005 开发环境下新建一个 ASP.NET 网站的方法共有四种，它们分别是文件系统、IIS、FTP 和 HTTP。

1．文件系统

文件系统是指使用 Visual Studio 2005 内置的网站服务器。在 ASP.NET 1.x 版本中，开发网站必须要配合 IIS(Internet Information Service)环境，当 IIS 由于某些原因(如 IIS 存在某些安全漏洞)无法配置成功时，就会导致网站开发工作无法进行，而利用 Visual Studio 2005 内置的网站服务器可以将网站创建在任何地方，开发时完全不需要 IIS，这对于网站的开发而言是非常方便的。实际上，在开发网站时，只要能调试就可以了，等网站开发完毕以后，再部署到 Web 服务器上，这是比较常用的方法。

2. IIS

当然也可以使用本地 IIS 当作网站服务器，这是为习惯使用 Visual Studio 2003 的开发人员设计的。

3. FTP

在实际应用或者团队开发中，通常有正式的 Web 服务器，这台服务器可能放在机房，如果需要创建网站，则必须通过远程控制软件(如 Windows 远程控制、VNC)来创建网站，或者亲自到该服务器上创建网站，然后再把开发好的代码复制到 Web 服务器上，这种方式比较麻烦。在 Visual Studio 2005 开发环境下，我们可以选择 FTP 方式来创建网站，只要能连接上 FTP 服务器并且拥有上传、下载的权限，就可以修改、存储、运行网页。这一点对于团队协作开发更为重要。

4. HTTP

HTTP 也称为 Remote 方式，这种方式与 FTP 方式类似，只不过两者使用的协议不一样，它们都需要远程 Web 服务器的支持才可以创建。

下面以文件系统方式为例，介绍创建新网站的方法。

(1) 选择“文件”|“新建”|“网站”命令，如图 2-1 所示，或者点击“起始页”|“创建”|“网站”命令，如图 2-2 所示。

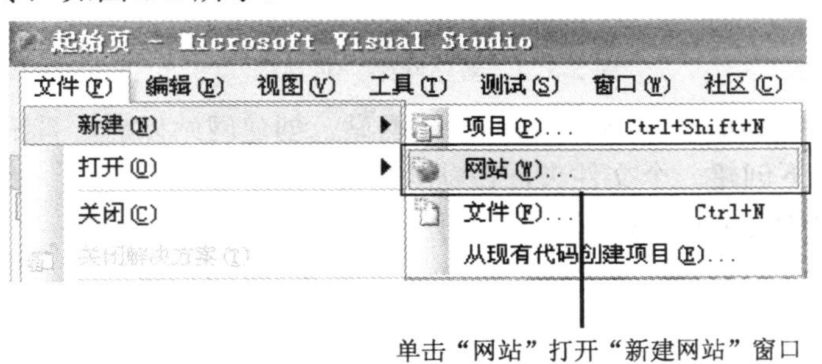

图 2-1 打开新建网站窗口 1

图 2-2 打开新建网站窗口 2

(2) 选择网站的目录。

(3) 系统将出现“新建网站”对话框，如图 2-3 所示。

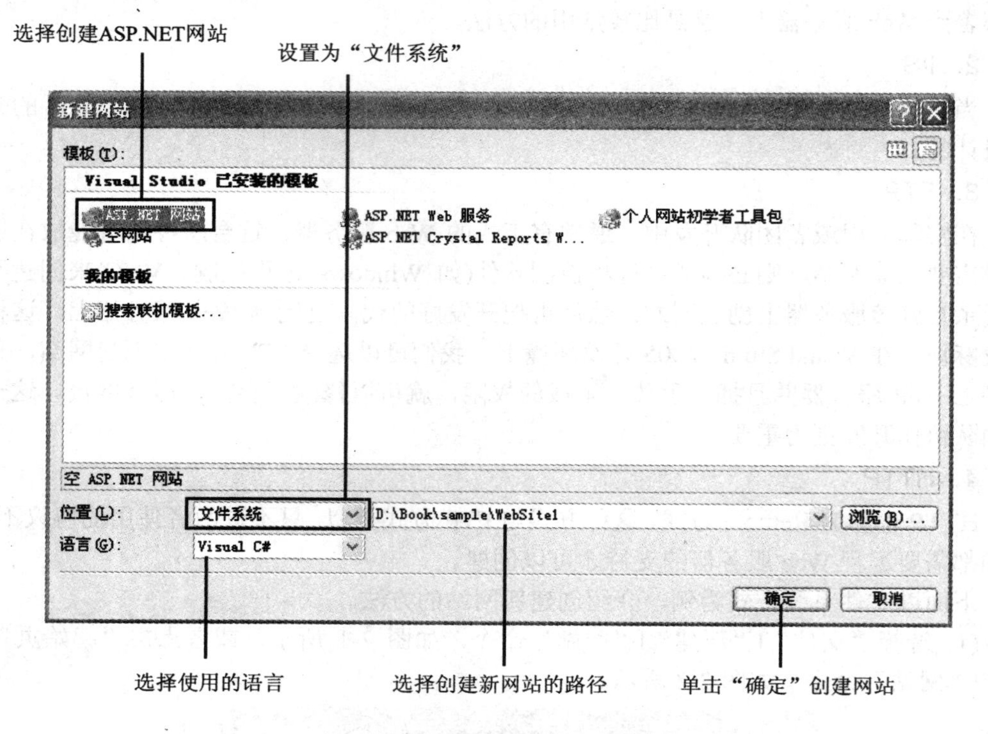

图 2-3 “新建网站”对话框

(4) 单击“确定”按钮，系统就会自动创建网站。创建网站以后，系统会自动在第二步选择在 WebSite 路径下创建一个文件夹，在默认情况下，该文件夹包含一个 App_Data 子文件夹和一个默认网页 Default.aspx，如图 2-4 所示。

图 2-4 成功新建网站

2.2 打开网站

如果需要打开已经创建的网站，则可以按下列步骤进行。

(1) 选择“文件”|“打开”|“网站”命令(见图 2-5)，或者点击“起始页”|“打开”|“网站”命令，如图 2-6 所示。

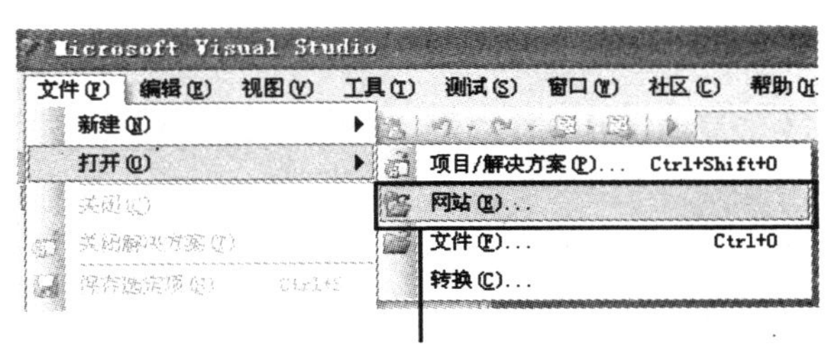

图 2-5　打开网站窗口 1

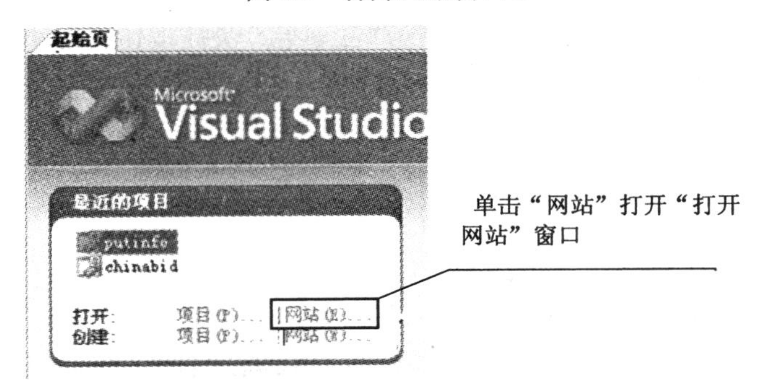

图 2-6　打开网站窗口 2

(2) 在“打开网站”的对话框中，选择一种打开网站的方式，这里以打开“文件系统”的网站为例，选择网站所在的文件夹，点击“打开”，如图 2-7 所示。

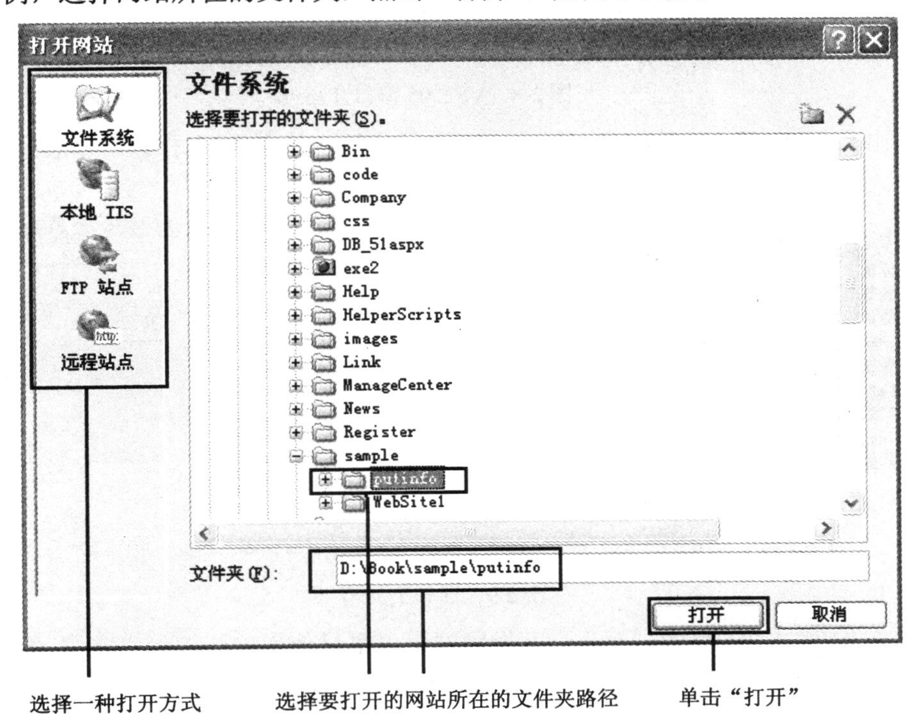

图 2-7　选择网站目录

2.3　Visual Studio 2005 常用窗口简介

Visual Studio 2005(简称 VS2005)开发环境是由很多窗口构成的，在工具栏上有打开这些窗口的快捷按钮，下面只介绍常用的几个窗口的使用方法。

2.3.1　工具箱窗口

(1) 选择“视图”|“工具箱”命令，或单击“工具箱”快捷按钮，也可直接按“Ctrl+Alt+X”键打开工具箱，如图 2-8 所示。

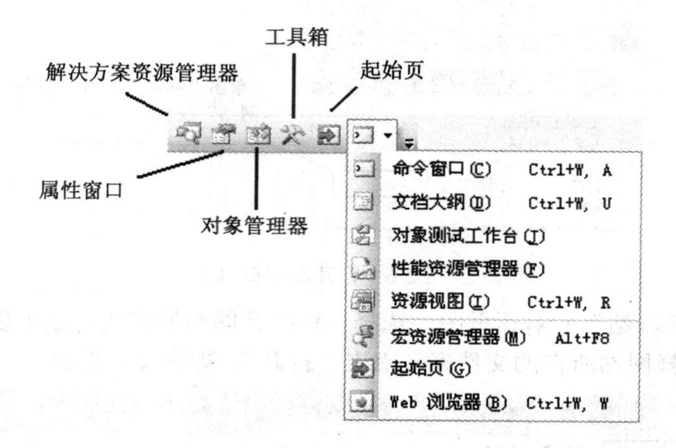

图 2-8　VS2005 窗口介绍

(2) 由于 ASP.NET 控件太多，因此按组进行分类，单击“+”按钮可以展开，如图 2-9 所示。

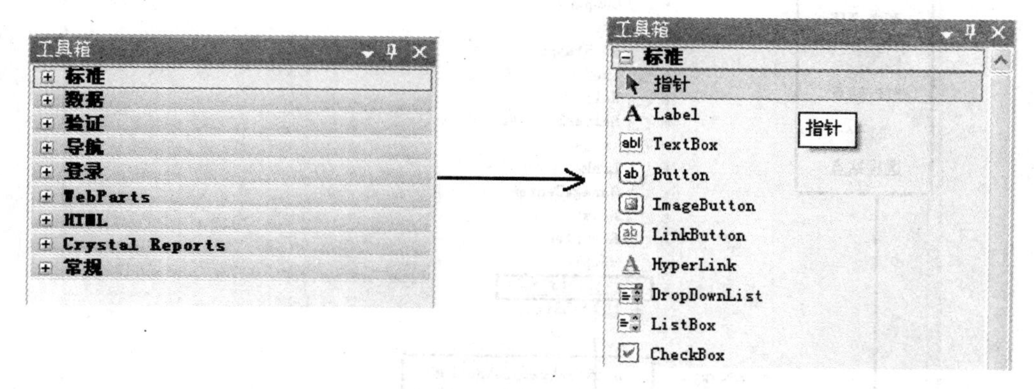

图 2-9　展开工具箱

工具箱控件的功能很多，而我们开发网站可以尽量使用这些控件来完成，以保证网站的安全性、可靠性和高效性。在后续章节中，我们将详细介绍常用控件的使用方法。表 2-1 是工具箱的功能说明。

表 2-1　工具箱的功能说明

工　具　箱	说　　明	重 要 程 度
标准	标准控件	非常重要
数据	与数据相关的控件	极重要
验证	数据验证控件	非常重要
导航	网站导航控件	重要
登录	与安全登录相关的控件	重要
WebParts	与 Web 部件相关的控件	重要
Crystal Reports	与水晶报表相关的控件	重要
HTML	HTML 控件	重要

在以上所列的控件中，数据工具箱可以称为 ASP.NET 的精华部分。除以上列出的常用工具箱以外，ASP.NET 还有很多没有列出来的控件，甚至允许用户导入第三方的控件。用户导入第三方控件的步骤如下：

(1) 选择“工具”|“选择工具箱项”，如图 2-10 所示。

(2) 打开“选择工具箱项”对话框，在需要添加的控件前打钩，就会在当前的工具箱列表中添加相应的控件。如果选择“浏览”按钮，则还可以导入任何以 .dll、.ocx、.exe 为后缀名的第三方控件，如图 2-11 所示。

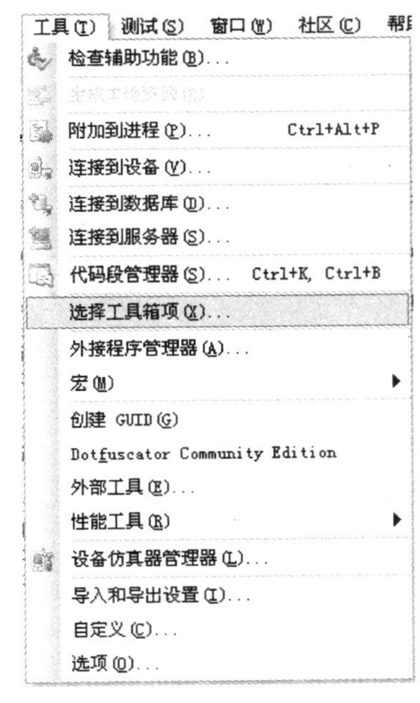

图 2-10　选中“选择工具箱项”

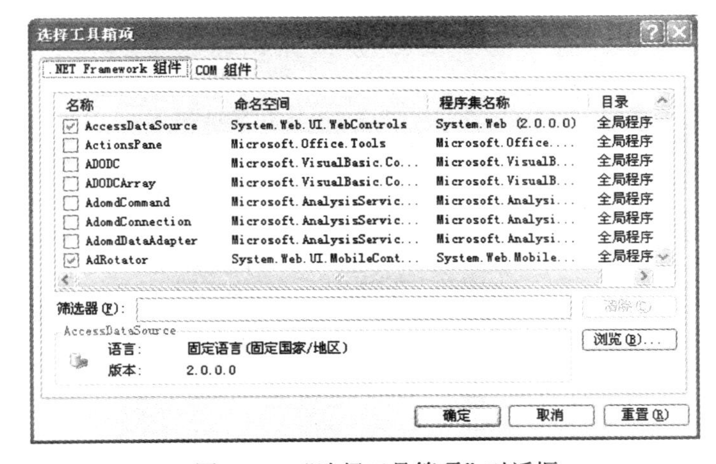

图 2-11　“选择工具箱项”对话框

2.3.2　解决方案资源管理器窗口

(1) 选择“视图”|“解决方案资源管理器”，如图 2-12 所示，或单击“解决方案资源管理器”快捷按钮，也可按“Ctrl+W, S”键(该操作为先按 Ctrl 键，再同时按下 W 和 S 键，下同)。

(2) 打开“解决方案资源管理器”，如图 2-13 所示。

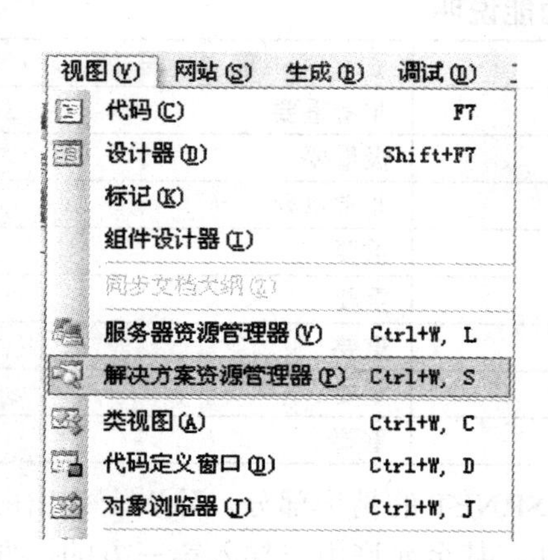

图 2-12 打开“解决方案资源管理器”

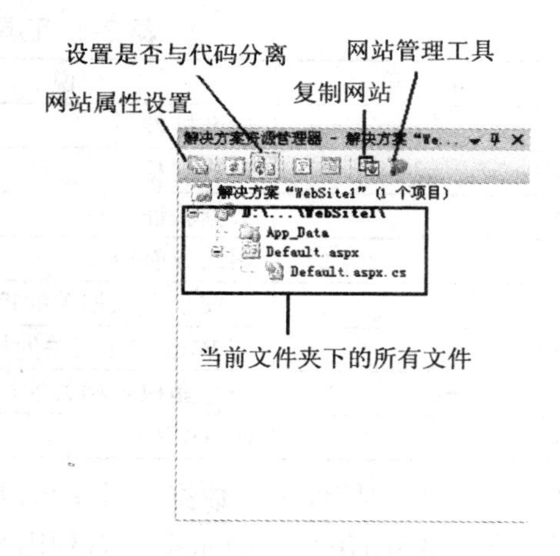

图 2-13 “解决方案资源管理器”窗口

(3) 在“解决方案资源管理器”上单击右键，弹出右键菜单，如图 2-14 所示。相关功能将在后续章节中讲解。

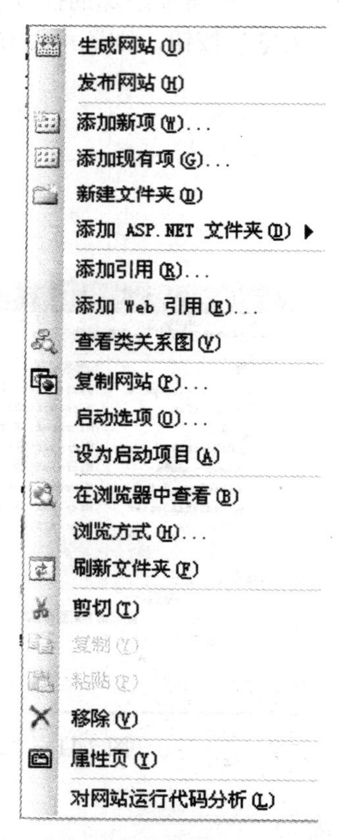

图 2-14 在“解决方案资源管理器”上打开右键菜单

2.3.3 属性窗口

(1) 选择“视图”|“属性”窗口，或单击“属性”窗口快捷按钮，也可按“Ctrl+W, P”键。

(2) 打开“属性”窗口，该窗口的下拉菜单在页面无法选择相应控件时可以起到很好的作用，许多人习惯用鼠标在页面上选中控件，然后设置属性，当有的控件无法用鼠标在页面上选择时，可以采用该方式选择，如图 2-15 所示。

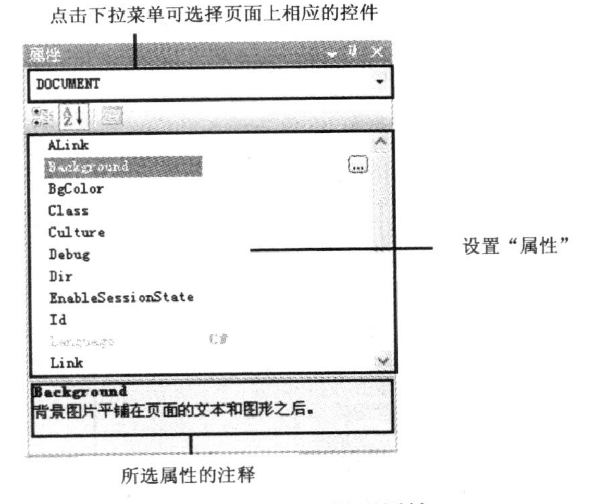

图 2-15　设置属性

2.3.4　页面编辑窗口

页面编辑窗口是开发人员使用最频繁的窗口之一，ASP.NET 2.0 提供了两种编辑网页的模式，即设计模式和源模式。在设计模式下，我们可以将工具箱内的控件通过拖曳的方式直接放到页面上去，然后通过点击控件设置其属性；在源模式下，我们可以直接通过写 HTML 代码的方式完成网页的编辑工作，这是一种纯代码的方式。一般在开发过程中，我们都会使用设计模式，除非需要手动添加代码时才在源模式下操作。这两种编辑模式本质上是一样的，但是如果在源模式下编写的 HTML 语句有错误，则将无法切换到设计模式，如图 2-16 所示。

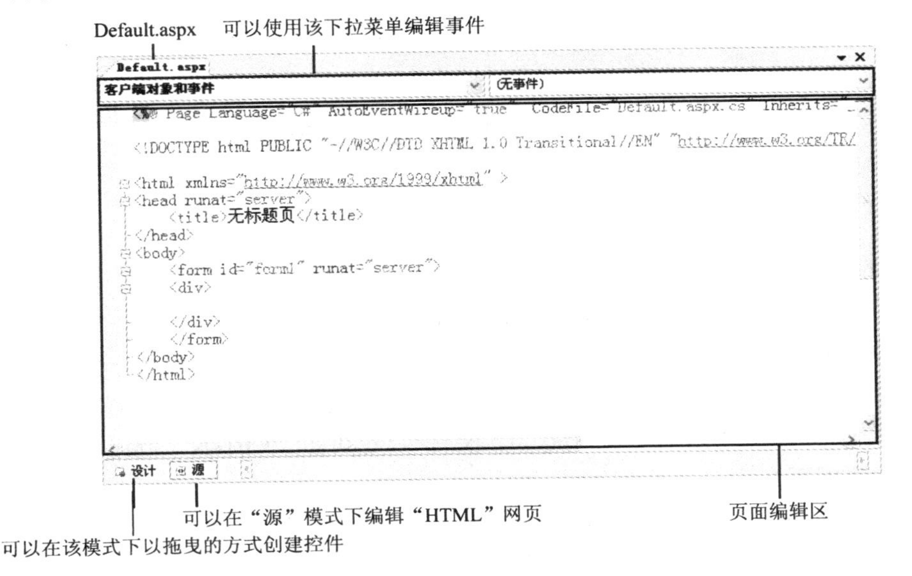

图 2-16　源模式编辑窗口

2.3.5　服务器资源管理器窗口

选择“视图”|“服务器资源管理器”，或单击“服务器资源管理器”快捷按钮，也可按“Ctrl+W，L”键。打开“服务器资源管理器”窗口，如图 2-17 所示。该窗口主要用来实现与数据连接相关的功能，在第 7 章中将作具体介绍。

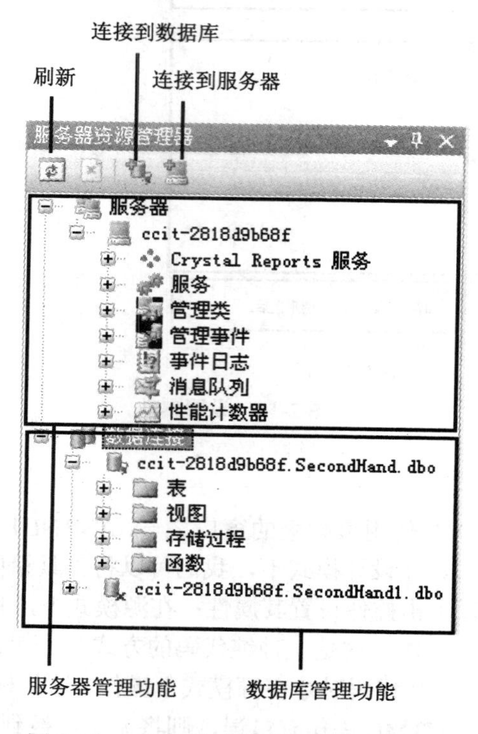

图 2-17　“服务器资源管理器”窗口

2.4　添加新网页

前面的章节已经介绍了如何新建并打开一个网站，一个网站的页面往往不止一页，本节将讲述如何向已存在的网站中添加新的页面。

1．添加新的网页

在“解决方案资源管理器”窗口中右击网站文件夹，从弹出的右键菜单中选择“添加新项”命令，或选择“文件”|“新建”|“文件”，也可按“Ctrl+N”键添加新的网页。

2．设置网页

在打开“添加新项”窗口中，我们可以发现有很多文件类型，后面将陆续介绍这些文件类型的用途和使用方法，在这里选择“Web 窗体”，如图 2-18 所示。

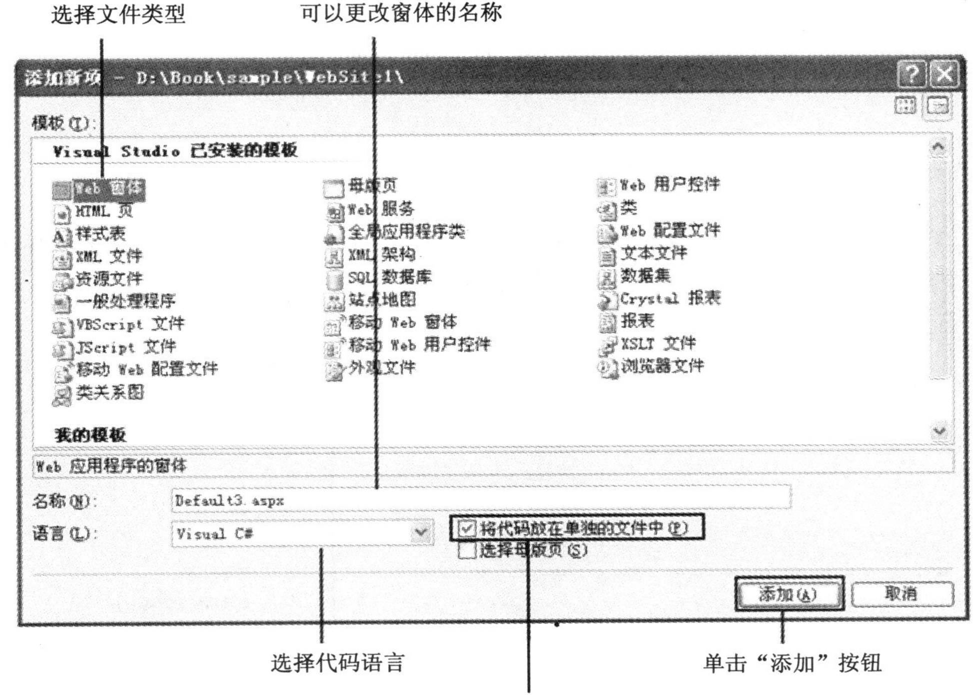

图 2-18　添加新的 Web 窗体

3. 打开新创建的网页

创建新的网页后，可以在“解决方案资源管理器”中发现该网页，这时网页编辑窗口已经把当前页面显示在窗口中，并默认为源模式。如图 2-19 所示，单击“+”，我们可以看到，该页面分为两个部分：一部分是以“.aspx”为后缀名的页面设计部分，另一部分是以“.aspx.cs”为后缀名的页面代码部分。这是因为我们在前面创建网页的时候选择了“将代码放在单独的文件中”这个选项，如图 2-18 所示。

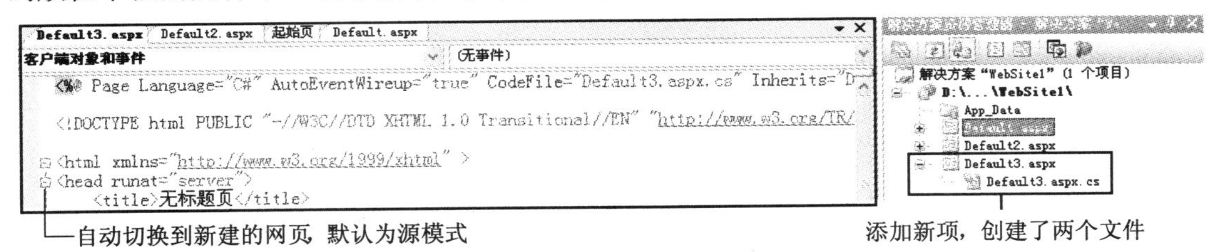

图 2-19　添加代码与界面分离模式

ASP.NET 使用页面设计与代码相分离的模式，极大地方便了网页的制作。一般来讲，网页制作包括界面设计和编写代码实现业务流程两个部分，在 ASP.NET 中，我们可以把精力集中在编写代码实现业务流程上，而界面设计和代码美化可以交给美工处理。使用这种分离模式，可以使得美工和程序员很好地合作完成网页制作，而不必像以前那样必须等界面设计好后才可以编写代码。

2.5 编辑页面

将页面编辑窗口切换到“设计模式”，可以将工具箱上的控件拖曳到设计窗口，快速创建控件，一般步骤如下：

(1) 可以将工具箱上的控件拖曳到设计窗口，快速创建控件。例如，拖曳 Label、TextBox、Button 控件到 Default3.aspx 设计窗口，如图 2-20 所示。

(2) 右击控件，从弹出的快捷菜单中选择“属性”命令，如图 2-21 所示。

图 2-20　拖曳控件至设计窗口

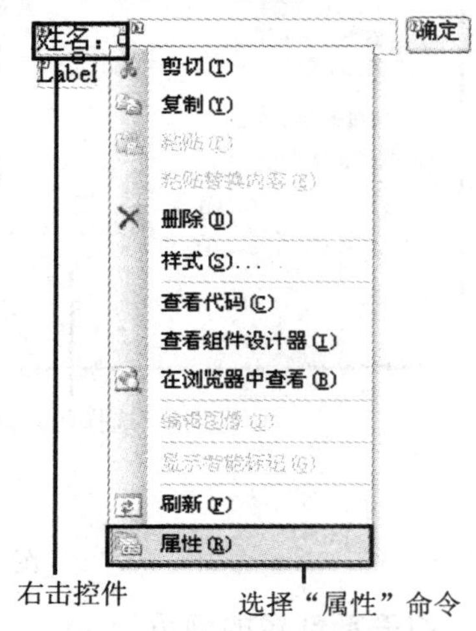

图 2-21　选择“属性”命令

(3) 修改 Label、Button 的 Text“属性”窗口。在“属性”窗口可设置控件属性，例如，修改 Label 控件的 Text 属性为“姓名：”；修改 Button 控件的 Text 属性为“确定”，如图 2-22 所示。

(4) 存储网页修改内容。修改后的页面如图 2-23 所示，单击“保存”按钮，存储网页修改内容。

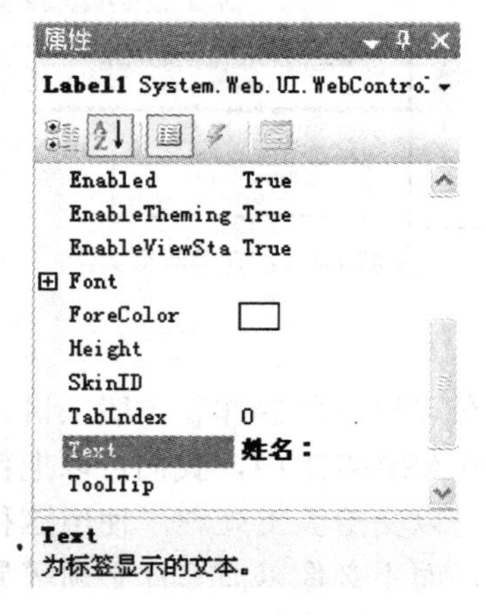

图 2-22　Label 控件的 Text 属性窗口

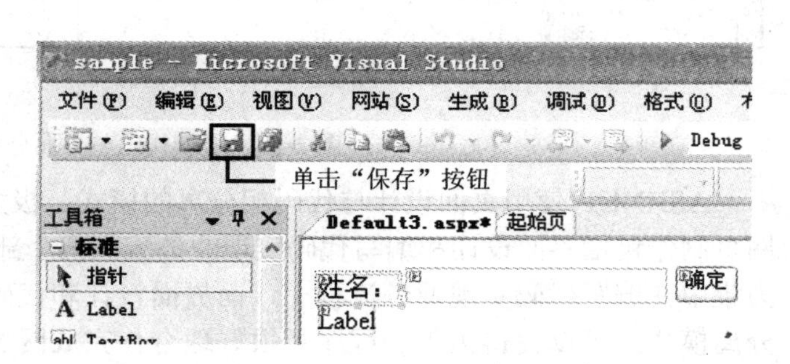

图 2-23　保存网页修改内容

2.6　运 行 网 页

前面已创建了 Welcome.aspx 网页，下面介绍如何运行网页。这里介绍两种运行网页的方法。

(1) 在 IE 浏览器中运行网页。

(2) 在“文件”窗口运行网页。

2.6.1　在 IE 浏览器中运行网页

(1) 选择“调试”|“启动调试”命令或按下 F5 键运行网页。首先必须单击要运行的网页，可以直接单击“文件”窗口上方的标签，或在“解决方案资源管理器”窗口单击要运行的网页，然后选择“调试”|“启动调试”命令，或按 F5 键，如图 2-24 所示。

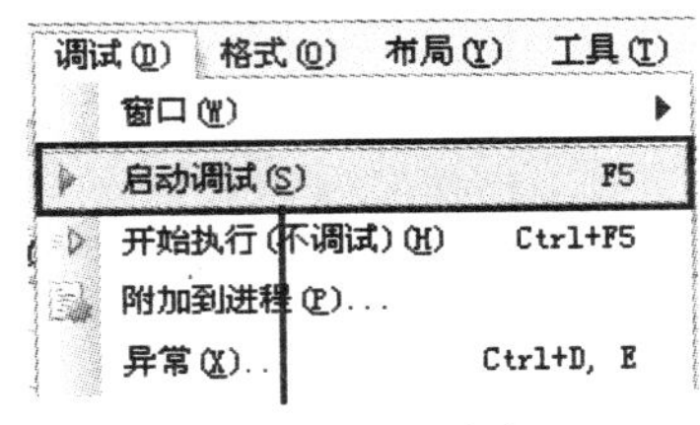

选择“启动调试”命令
或者按 F5 键

图 2-24　在 IE 浏览器中运行网页

(2) 设置调试功能。当第一次运行时，系统会询问是否在 Web.config 中加入调试功能，如图 2-25 所示，单击“确定”按钮即可。

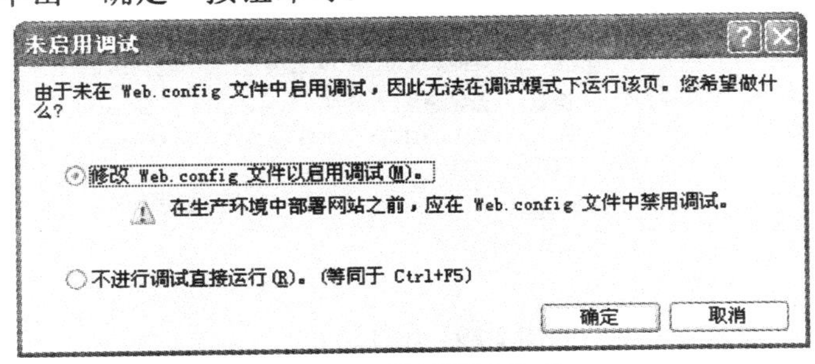

图 2-25　设置调试选项

(3) 运行后的结果如图 2-26 所示。

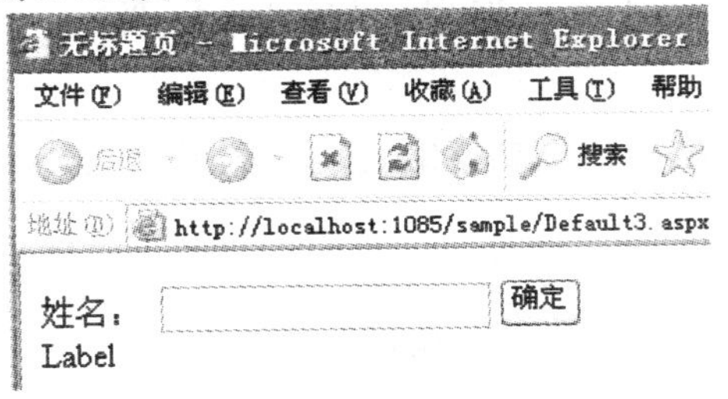

图 2-26　运行后的结果

2.6.2　在“文件”窗口运行网页

在“文件”窗口运行网页的好处是不用切换至 IE 浏览器即可运行。

(1) 右击“解决方案资源管理器”窗口中所要运行的文件。例如，右击 Welcome.aspx，从弹出的菜单中选择“浏览方式”命令，如图 2-27 所示。

(2) 在“浏览方式”对话框中选择“内部 Web 浏览器”选项，单击“浏览”按钮，如图 2-28 所示。

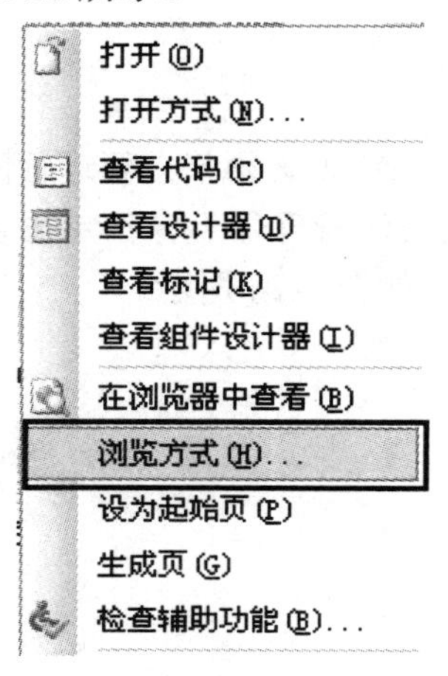

图 2-27　选择“浏览方式”命令

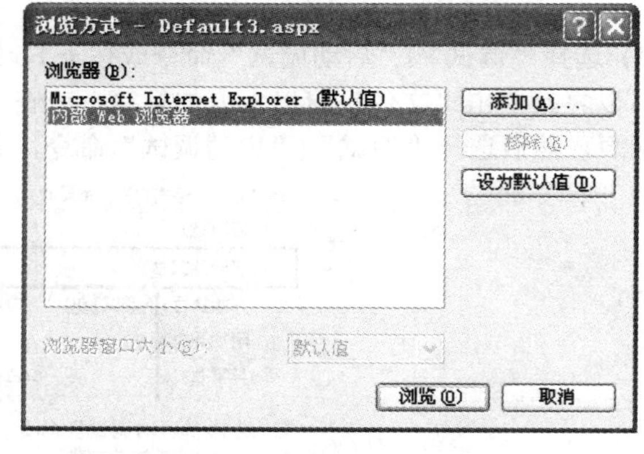

图 2-28　“浏览方式”对话框

(3) 运行后的结果显示在“文件”窗口中，如图 2-29 所示。

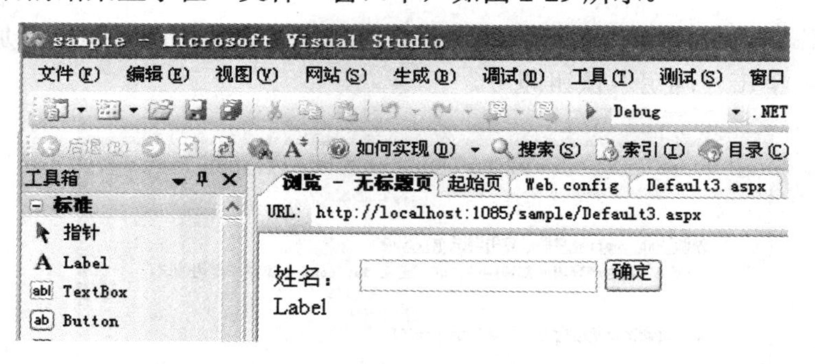

图 2-29　运行结果

2.7　编辑 ASPX 代码

ASPX 代码也属于 HTML 语法。HTML 是标记式的语法，标记式语法的特点是每个标记都有头尾，而且采用缩进式。

曾经有许多程序员喜欢使用纯文本编辑软件，但是必须头尾对应，可以说是相当麻烦的。Visual Studio 2005 提供了便利的功能协助编辑 HTML 语法文件，可显示缩进、选择标记等功能。

2.7.1　显示光标所在标记的层次

VS2005 提供了方便的功能，可显示目前键盘光标标记的层次。当在编辑 HTML 代码时经常发现找不到标记的头尾对应，此功能可帮助找到。当单击 Label 标记，使光标移至 Label 标记时，Label 头尾标记<Label></Label>会变成粗体字，而且“导航”标记会显示当前的层次为<html>/<body>/<form>/<div>/<Label>，如图 2-30 所示。

```
起始页 | Web.config | Default3.aspx
客户端对象和事件                                  (无事件)
<%@ Page Language="C#" AutoEventWireup="true" CodeFile="Default3.aspx.cs" Inhe

<!DOCTYPE html PUBLIC "-//W3C//DTD XHTML 1.0 Transitional//EN" "http://www.w3.

<html xmlns="http://www.w3.org/1999/xhtml" >
<head runat="server">
    <title>无标题页</title>
</head>
<body>
    <form id="form1" runat="server">
    <div>
        <asp:Label ID="Label1" runat="server" Text="姓名: "></asp:Label>
        <asp:TextBox ID="TextBox1" runat="server"></asp:TextBox>
        <asp:Button ID="Button1" runat="server" Text="确定" />
        <br />
        <asp:Label ID="Label2" runat="server" Text="Label"></asp:Label></div>
    </form>
</body>
</html>
```

图 2-30　显示 Label 标记的头尾对应与层次

2.7.2　选择标记

Visual Studio 2005 提供了标记选择功能，可方便编辑、复制与删除。例如，要选择<Label>标记，只需要在标记导航栏单击<asp:Label#Label>图标，就可以选择整个<Label>标记，如图 2-31 所示。

```
起始页 | Web.config | Default3.aspx
客户端对象和事件                                  (无事件)
<%@ Page Language="C#" AutoEventWireup="true" CodeFile="Default3.aspx.cs" Inheri

<!DOCTYPE html PUBLIC "-//W3C//DTD XHTML 1.0 Transitional//EN" "http://www.w3.or

<html xmlns="http://www.w3.org/1999/xhtml" >
<head runat="server">
    <title>无标题页</title>
</head>
<body>
    <form id="form1" runat="server">
    <div>
        <asp:Label ID="Label1" runat="server" Text="姓名: "></asp:Label>
        <asp:TextBox ID="TextBox1" runat="server"></asp:TextBox>
        <asp:Button ID="Button1" runat="server" Text="确定" />
        <br />
        <asp:Label ID="Label2" runat="server" Text="Label"></asp:Label></div>
    </form>
</body>
</html>
```

图 2-31　选择<Label>标记

也可以选择整个<div>标记的内容。只需单击标记导航栏中的<div>图标，就可以选择整个<div>标记，如图 2-32 所示。

```
起始页 / Web.config / Default3.aspx*
客户端对象和事件                    (无事件)
<%@ Page Language="C#" AutoEventWireup="true" CodeFile="Default3.aspx.cs" I

<!DOCTYPE html PUBLIC "-//W3C//DTD XHTML 1.0 Transitional//EN" "http://www.

<html xmlns="http://www.w3.org/1999/xhtml" >
<head runat="server">
    <title>无标题页</title>
</head>
<body>
    <form id="form1" runat="server">
    <div>
        <asp:Label ID="Label1" runat="server" Text="姓名: "></asp:Label>
        <asp:TextBox ID="TextBox1" runat="server"></asp:TextBox>
        <asp:Button ID="Button1" runat="server" Text="确定" />
        <br />
        <asp:Label ID="Label2" runat="server" Text="Label"></asp:Label>
    </div>
    </form>
</body>
</html>
```

图 2-32　选择<div>标记

2.7.3　选择标记与选择标记内容

在选择标记时，还可以根据需要选择标记内容，即选择标记的内容，不含标记本身，或选择标记，即选择整个标记，包括标记本身。

(1) 显示“选择标记”与“选择标记内容”菜单的方法如图 2-33 所示。

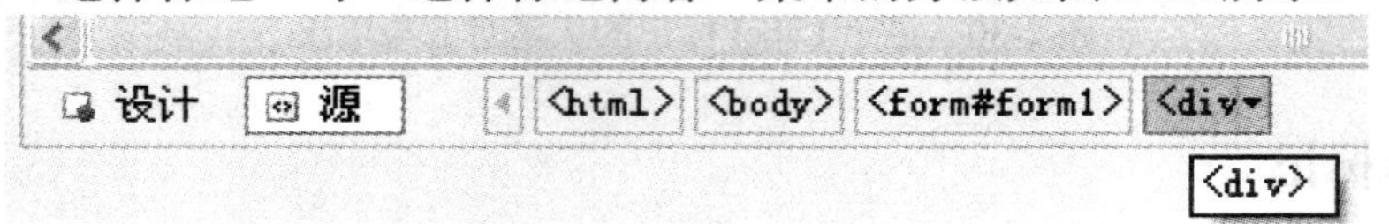

图 2-33　显示菜单

(2) 当选择“选择标记”时，包含<div></div>，如图 2-34 所示。

图 2-34　选择“选择标记”时，包含<div></div>

当选择“选择标记内容”命令时，并不包含<div></div>，如图 2-35 所示。

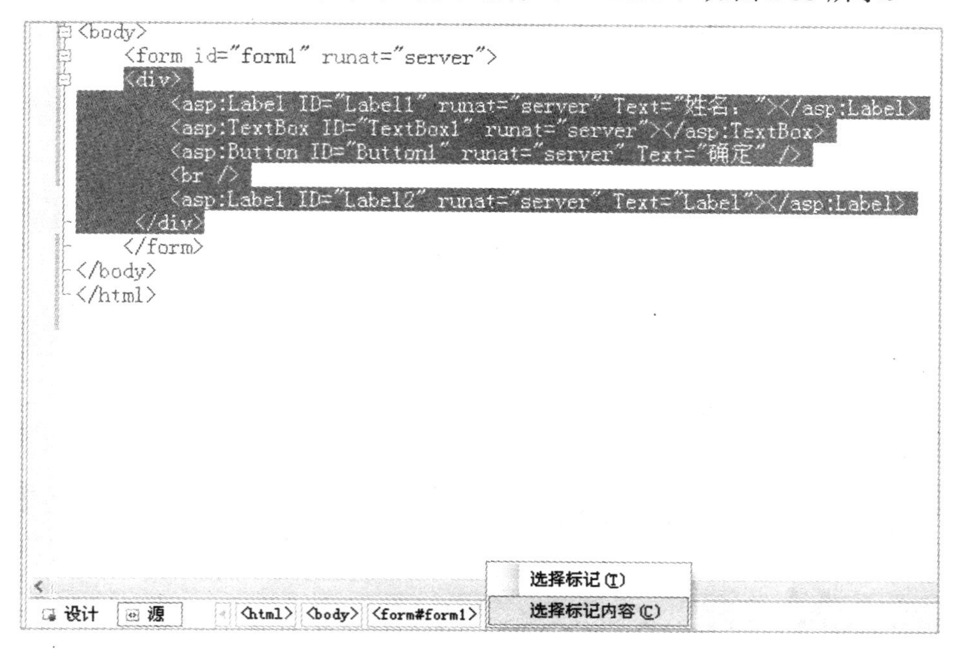

图 2-35　选择“选择标记内容”命令时，并不包含<div></div>

2.8　添加事件代码

可以针对某个事件为控件添加事件代码。事件代码可以使用 VB 或 C#的代码。

1．创建事件代码

创建控件事件的方法有两种，下面分别进行介绍。

方法 1：这是最简单的方法，双击所要创建事件的控件即可创建 Click 事件，如图 2-36 所示。

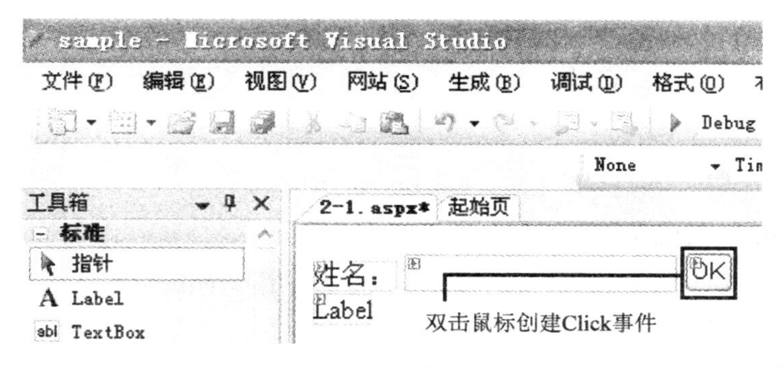

图 2-36　创建控件事件的方法

方法 2：方法 1 通常只能创建 Click 事件，假设要创建其他更多的事件，必须在控件“属性”窗口创建事件。图 2-37 所示为利用 Button1 的“属性”窗口创建事件。

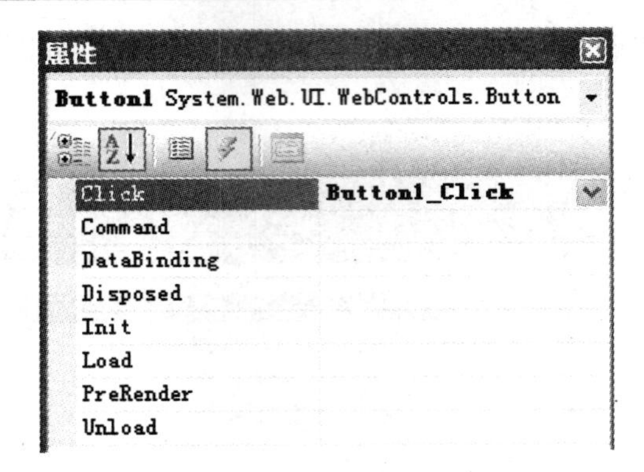

图 2-37 利用“属性”窗口创建事件

2. 创建 Button1_Click 事件

创建 Button1_Click 事件，如图 2-38 所示。

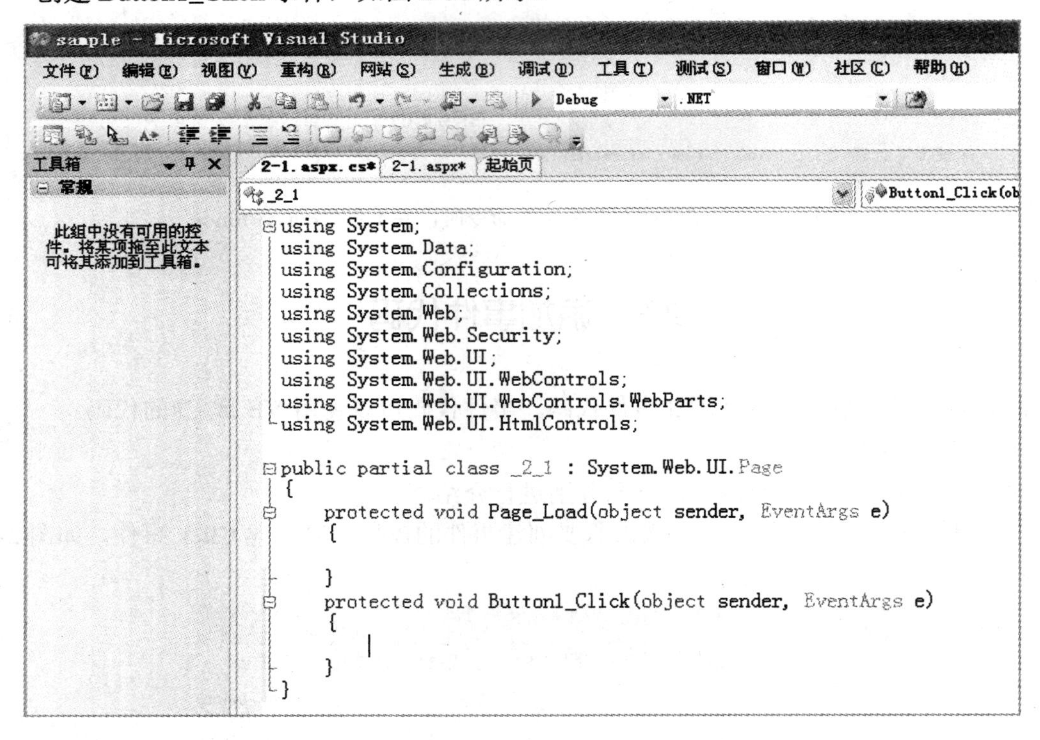

图 2-38 创建 Button1_Click 事件

3. 输入 Button1_Click 事件代码

输入 Button1_Click 事件代码，此代码的功能是当用户单击按钮时，在用户输入的文字前加上 Welcome，并显示在 Label2 上。代码如下：

```
protected void Button1_Click(object sender, EventArgs e)
{
    Label2.Text="Welcome"+TextBox1.Text;
}
```

4. 按下 F5 键运行代码

按下 F5 键运行代码后的窗口如图 2-39 所示。示例中在 TextBox 内输入“唐建东”，然后单击“确定”按钮，将显示“Welcome 唐建东”。

图 2-39　运行代码后的窗口

2.9　控件的定位方式

每个控件都可以设置定位方式，定位方式可决定控件的显示方式。控件的定位方式有以下几种：

(1) Static(静态)：即 NotSet(未设置)。这是默认值，当浏览器显示网页时，会根据网页标签顺序显示。

(2) Relative(相对)：即相对于原来该控件的位置。

(3) Absolute(绝对)：可设置相对于 Body 的任意坐标。

Visual Studio 2005 的默认值为 NotSet，即 Static 模式，这与 Visual Studio 2003 不同，Visual Studio 2003 默认为 Absolute。单击选中控件，然后选择“布局”|“位置”命令，用来设置定位方式，如图 2-40 所示。

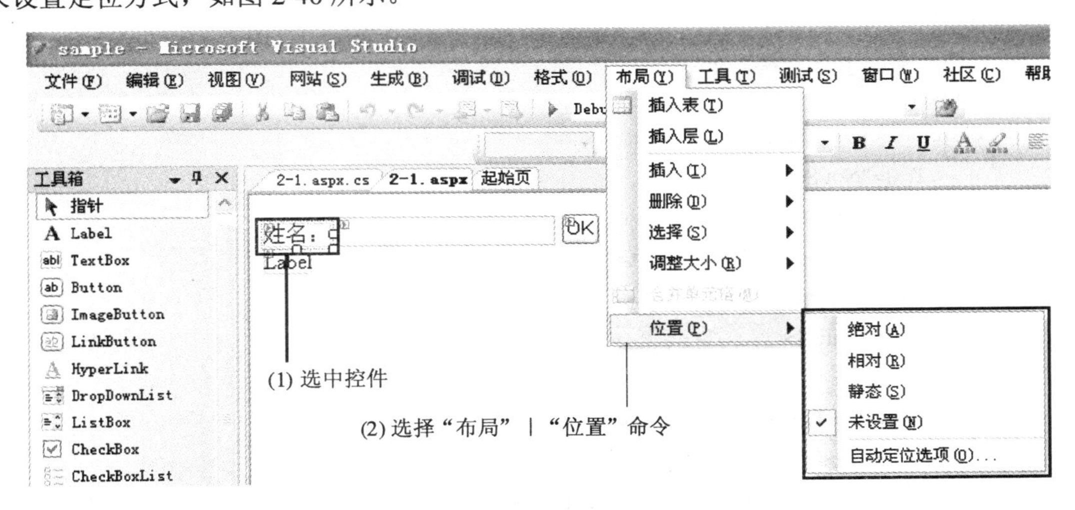

图 2-40　设置定位方式

2.9.1　Position.aspx 范例程序

为了示范定位方式，于是创建了 Position.aspx，如图 2-41 所示。

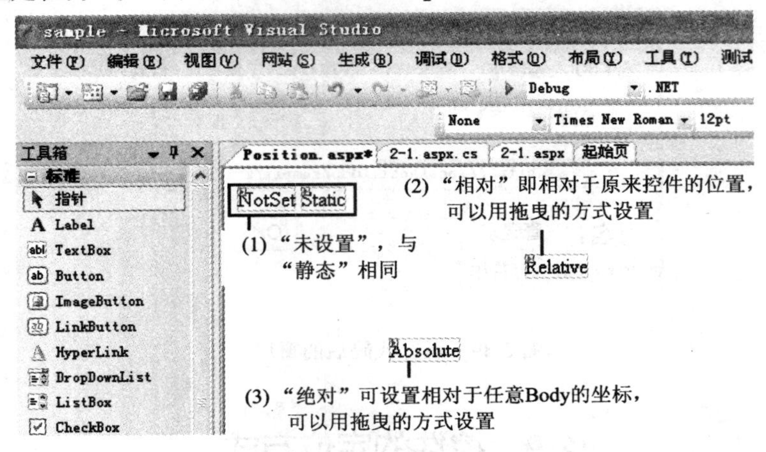

图 2-41　用 Position.aspx 来示范定位

Position.aspx 程序代码如下，请特别注意 Style 的属性设置，后面会有说明。

```
<%@Page Laguage="VB"AutoEventWireup="false" CodeFile="Position.aspx.cs"Inherits=
                "Position_aspx"%>
<!DOCTYPE      html PUBLIC "-//W3C//DTD XHTML 1.1//EN"
http://www.w3.org/TR/xhtml11/DTDxhtml11.dtd>
<html xmlns="http://www.w3.org/1999/xhtml">
<head runat="server">
<title>Untitled Page</title>
</head>
<body>
<form id="form1"runat="server">
<div>
<asp:Label ID="Label_NotSet"Rimat="server"
    Text="Not Set">
    </asp:Label.>
<asp:Label ID="Label_Static"Rimat="server"
    Style="Position:static"
    Text="Static">
</asp:Label>
<asp:Label ID="Label_Relative"Rimat="server"
    Style="Position:relative;top:70px;left:131px"
    Text="Relative"Width="67px"Height="21px">
</asp:Label>
```

```
<asp:Label ID="Label_Absoulte"Rimat="server"
    Style="Position:absolute;z-index:22;left:148px;
    Top:172px"
    Text="Absolute">
</asp:Label>
```

2.9.2 定位方式说明

1. Absoulte 绝对寻址说明

例如，Label_Absolute 控件相对于 Body 向下位移了 168 像素，向右位移了 144 像素。

当设置了 Label_Absolute 控件的定位方式为绝对，并且拖曳控件定位后，系统修改控件的 Style 属性，Style="Position:absolute;z-index:22;left:148px;top:172px" 代表设置控件为绝对寻址方式，并且向下位移了 172 像素，向右位移了 148 像素，如图 2-42 所示。

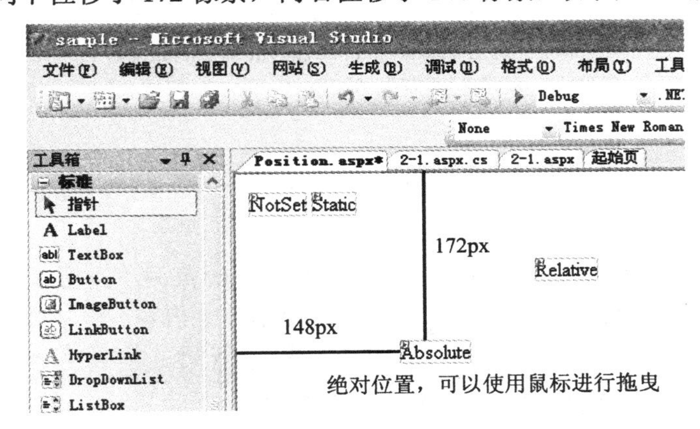

图 2-42 Label_Absolute 控件

2. Relative 相对定位方式说明

例如，Label_Relative 控件原来的位置应排在 Label_Static 后面，但向下位移了 70 像素，向右位移了 131 像素，如图 2-43 所示。

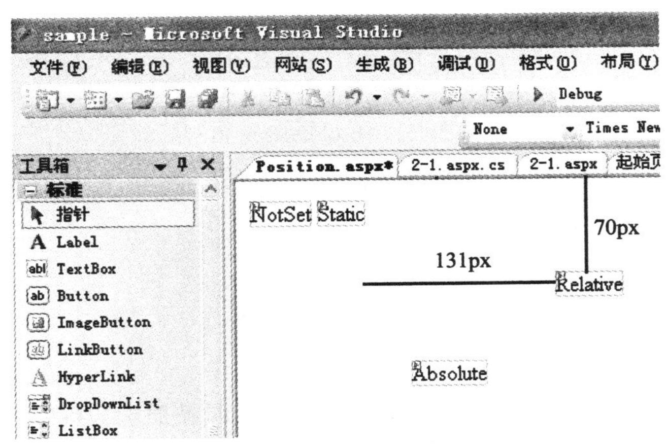

图 2-43 Label_Relative 控件

当设置了 Label_Relative 控件的定位方式为相对，并且拖曳控件至定位后，系统会修改控件的 Style 属性，Style="position:relative;top:80px;left:112px" 代表设置控件为相对定位方式，并且向下位移了 80 像素，向右位移了 112 像素。

至于使用哪一种定位方式，则要根据个人习惯与网页应用而定，使用 NotSet，即 Static 模式比较符合一般 HTML 网页设计的习惯。控件按照顺序显示，只能拖曳来改变控件的先后排列顺序，当前运行网页的浏览器会自动判断分辨率、窗口大小等来决定如何显示。

(1) NotSet.aspx 范例。图 2-44 所示为 NotSet.aspx 范例，3 个 Label 设置为 NotSet 定位方式。当窗口大小无法完全显示时，第 3 个 Label 控件会自动显示在下一行。

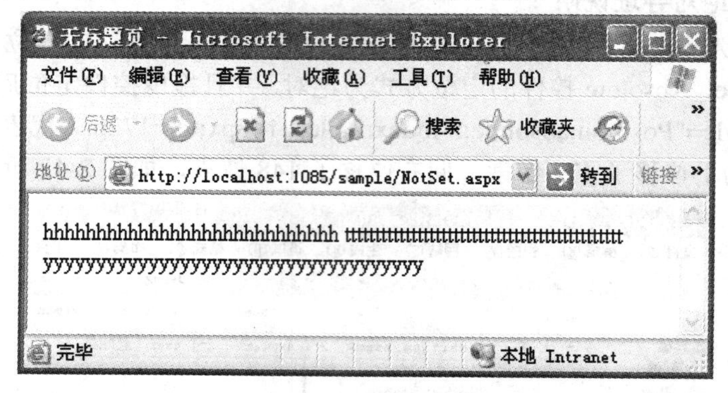

图 2-44 NotSet.aspx 范例

(2) Absolute.aspx 范例。图 2-45 所示为 Absolute.aspx 范例，当窗口大小无法完全显示时，第 3 个 Label 控件仍然会自动显示，不过只能显示部分内容。

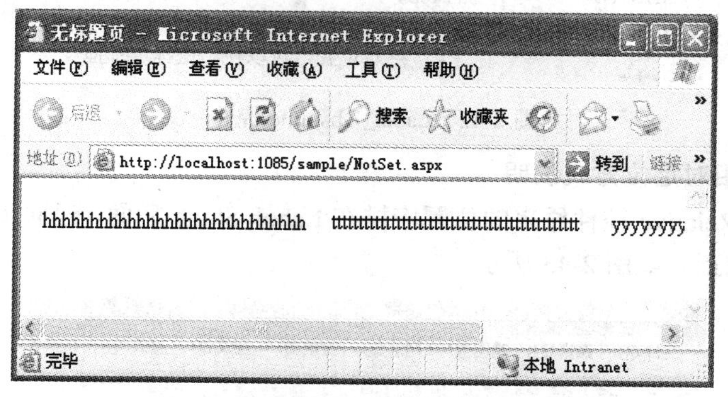

图 2-45 Absolute.aspx 范例

“相对”(Relative)可以说是融合了上述两种方式：一方面控件会按照前后顺序显示，另一方面显示时会加上设置的位移。

本章小结

本章介绍了 Visual Studio 2005 集成开发环境，并且按照一般网站开发的次序介绍了在 Visual Studio 2005 中是如何开发网页的。通过示例，我们可以发现 Visual Studio 2005 控件丰富，功能强大，可以帮助用户快速开发网站。当然，必须多加练习，才能熟能生巧，使网站开发事半功倍。

思考与练习

1. 思考 Visual Studio 2005 的集成开发环境创建网站的方式，并且学习创建网站。
2. Visual Studio 2005 开发环境中如何切换不同的文件?
3. Visual Studio 2005 开发网页的一般步骤是什么？
4. 网页中的控件有哪些定位方式？
5. 实际创建一个文件系统网站。
6. 用两种建立虚拟目录的方法实际创建本地 IIS 网站。

第 3 章 一个体验式的 ASP. NET 项目

很多读者从学习软件以来，还未编写过一个完整的软件。现有的教材在编写思路上，只是考虑在局部范围内按照由浅入深的规律来安排，忽视了软件项目的整体性特点。如果不能亲自完成一个软件，读者很难从整体上把握知识的要点。为此，我们特意准备了一个非常简单的 ASP.NET 项目，通过这个项目，读者可以了解一般软件项目的开发流程。这样，不仅使读者有了成功的体验感，更增加了他们对 ASP.NET 的兴趣。本章以一个实际案例为背景，让读者与软件项目零接触，读者只需按照步骤操作，即可完成该软件项目。

本章首先给出了项目的背景，并将该项目命名为“校园二手物品信息发布平台”；然后对该项目进行了系统分析，着重给出了该项目的四个模块；之后进行了数据库设计，把系统中需要用到的表结构一一列出；最后选择其中一个功能模块进行了实现。

学习目标

- 理解软件开发的一般流程；
- 理解 SqlDataSource 控件的使用；
- 理解 GridView 控件和 DetailsView 控件的初步使用。

3.1 项目背景

高校学生在每年毕业的时候都会将大量的物品卖给废品收购站，其中有很多有价值的书本、小电器或者日用品等。特别是把有些书当废纸卖，一本书只能卖到 1、2 元的价格，远远低于图书本身的应用价值。为了方便学生随时清理自己不需要的物品，避免资源浪费，给大家提供一个交流二手物品信息的平台，本章将给出一个软件项目实例，名为“校园二手物品信息发布平台”。

3.2 系统分析

由项目背景描述可知，本项目的主要功能是：注册用户可以在网上发布信息，非注册用户只能浏览信息，而不能发布信息。围绕此功能，可以把该平台划分为以下几个模块。

1. 用户注册模块

该模块实现新用户的注册，并为注册的用户分配权限。权限主要分为两类：一类为管理员，主要是审核新注册用户的合法性，删除非法注册用户，删除反动、过期的信息等，管理员用户不能注册；另一类是普通用户，可以发布信息，修改自己的信息，查看自己发布的信息和删除自己发布的信息。

2．用户登录模块

该模块实现用户的登录，登录的用户可根据其权限值加载功能菜单，可以根据菜单实现相应的功能；没有登录的用户只能浏览信息而不能发布信息。

3．信息发布与维护模块

该模块可以发布新信息，也可以维护自己已经发布的信息，包括添加新信息、删除信息、修改信息等功能，这部分是项目的核心功能之一。

4．信息查询模块

该模块可以根据各种条件进行查询，如根据物品的分类查询，根据标题查询，根据物品名称查询等，这一部分功能要求具有可以使用条件组合进行查询的特点，并且查询的效率要比较高。

3.3 数据库设计

在设计系统之前，首先应该清楚系统的功能目标以及所用到的数据库。下面介绍校园二手物品信息发布平台的数据库需求分析以及数据库和各个表的详细设计。

3.3.1 数据库需求分析

根据上面归纳出的系统所要实现的功能要求和实现目标，可以列出系统的各个组成部分的数据项和数据结构。

本书采用的是 SQL Server 2000 数据库，所用到的数据库的名字为 second，在数据库中所用到的表有四个。下面是这四个表的名字和功能。

(1) users：用来存储注册用户的信息。

(2) userrole：用来存储不同权限用户的功能列表。

(3) info：用来存储发布的信息。

(4) Catalogs：用来存储二手物品的分类。

3.3.2 数据库的详细设计

根据数据库需求分析得到的结果，我们创建了四个表的结构，如表 3-1～表 3-4 所示。

表 3-1　注册用户信息表[users]

列　名	数据类型	主键	默认值	是否可空	说　明
ID	标识列(自增)	√		×	序号
username	char(20)			×	用户名
pwd	nchar(100)			×	密码
realname	char(20)			×	真实姓名
number	char(20)			×	学号
class	char(20)			×	班级
usertype	int			×	用户权限

表 3-2　用户权限表[userrole]

列　名	数据类型	主键	默认值	是否可空	说　明
ID	标识列(自增)	√		×	序号
rolename	char(50)			√	权限名称
roleurl	char(100)			√	权限 URL
usertype	int			√	用户权限

表 3-3　发布信息表[info]

列　名	数据类型	主键	默认值	是否可空	说　明
ID	标识列(自增)	√		×	序号
title	nchar(100)			×	标题
content	nvarchar(1000)			×	内容
kind	char(10)			×	类别
class	nchar(50)			×	商品分类
infodate	datetime			×	发布时间
man	char(20)			×	发布用户

表 3-4　物品种类表[Catalogs]

列　名	数据类型	主键	默认值	是否可空	说　明
ID	标识列(自增)	√		×	序号
class	nchar(20)	√		×	类别名称

3.4　系统实现

由于该软件项目涉及到的知识点很多，因此在我们未学习 ASP.NET 之前实现全部功能显然是不可能的。作为一个体验式的项目，我们给出了一个浏览物品信息的实现方法，其他功能将在学习完本书的第 4～10 章后，在第 11 章中完整实现。读者只需要按照本示例的操作步骤即可实现。

3.4.1　创建发布信息(info)表

(1) 打开 SQL Server 企业管理器，创建数据库 second，如图 3-1 所示。

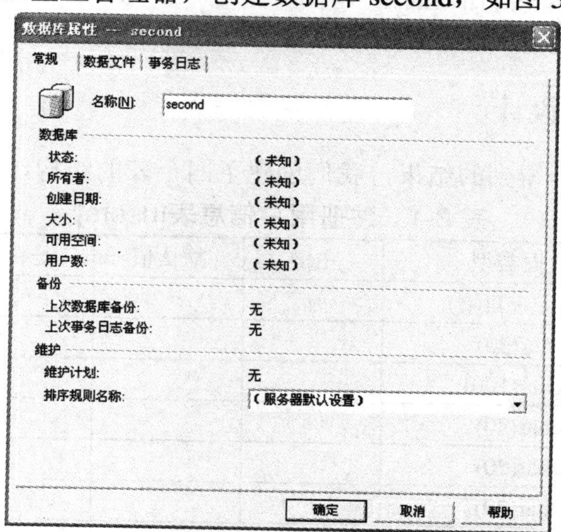

图 3-1　新建数据库 second

(2) 新建发布信息表 info，如图 3-2 所示。

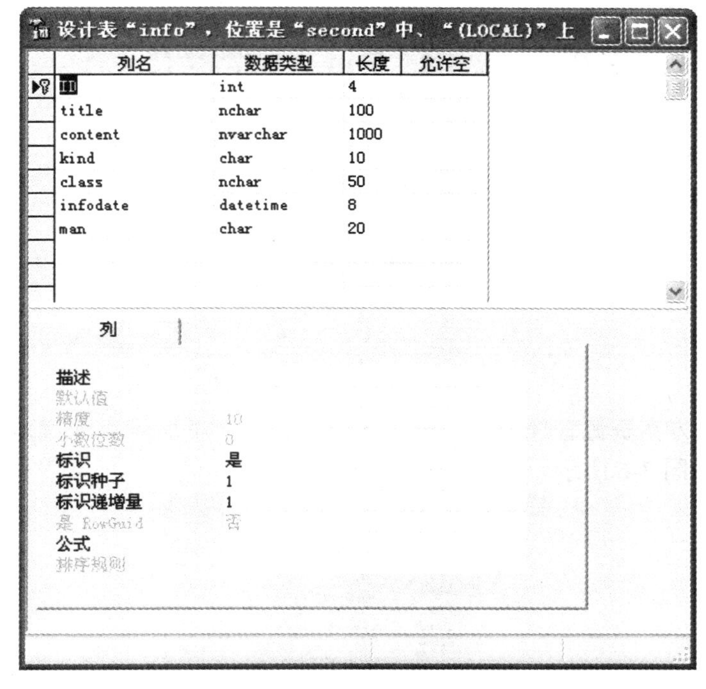

图 3-2　新建表 info

(3) 向 info 表添加若干数据，如图 3-3 所示。

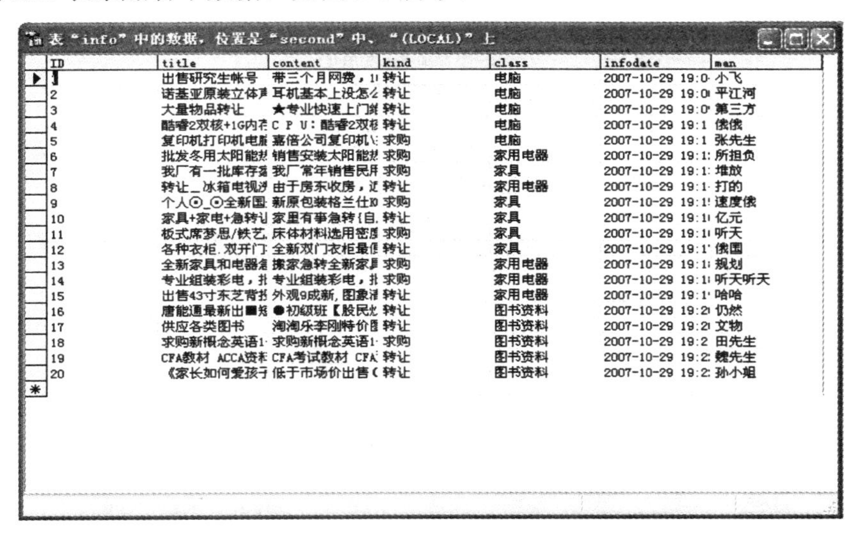

ID	title	content	kind	class	infodate	man
1	出售研究生帐号	带三个月网费，1	转让	电脑	2007-10-29 19:0	小飞
2	诺基亚原装立体	耳机基本上没怎	转让	电脑	2007-10-29 19:0	平江河
3	大量物品转让	★专业快速上门	转让	电脑	2007-10-29 19:0	第三方
4	酷睿2双核+1G内	C P U：酷睿2双	转让	电脑	2007-10-29 19:1	俄俄
5	复印机打印机电	嘉倍公司复印机	求购	电脑	2007-10-29 19:1	张先生
6	批发冬用太阳能	销售安装太阳能	求购	家用电器	2007-10-29 19:1	所担负
7	我厂有一批库存	我厂常年销售民	求购	家具	2007-10-29 19:1	堆放
8	转让_冰箱电视	由于房东收房，7	转让	家用电器	2007-10-29 19:1	打的
9	个人⊙_⊙全新国	新原包装格兰仕	求购	家具	2007-10-29 19:1	速度俄
10	家具+家电+急转	家里有事急转{自.	转让	家具	2007-10-29 19:1	亿元
11	板式席梦思/铁艺.	床体材料选用密	求购	家具	2007-10-29 19:1	听天
12	各种衣柜. 双开门	全新双门衣柜最	转让	家具	2007-10-29 19:1	俄国
13	全新家具和电器	搬家急转全新家	求购	家用电器	2007-10-29 19:1	规划
14	专业组装彩电，扌	专业组装彩电，扌	求购	家用电器	2007-10-29 19:1	听天听天
15	出售43寸东芝背	外观9成新，图象	转让	家用电器	2007-10-29 19:1	哈哈
16	唐能通最新出■	●初级班【股民	转让	图书资料	2007-10-29 19:2	仍然
17	供应各类图书	淘淘乐李刚特价	转让	图书资料	2007-10-29 19:2	文物
18	求购新概念英语1	求购新概念英语1	求购	图书资料	2007-10-29 19:2	田先生
19	CFA教材 ACCA资	CFA考试教材 CFA	转让	图书资料	2007-10-29 19:2	魏先生
20	《家长如何爱孩子	低于市场价出售	转让	图书资料	2007-10-29 19:2	孙小姐

图 3-3　向 info 表添加数据

3.4.2　Web.config 文件配置

(1) 打开 VS.NET 2005，新建一个网站 second，如图 3-4 所示。

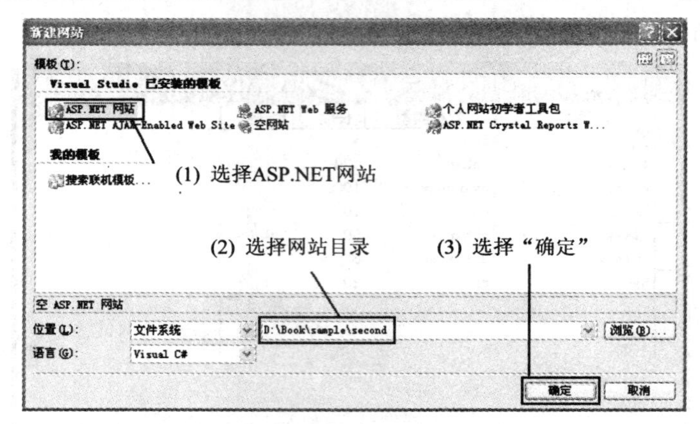

图 3-4　创建新网站 second

(2) 在“解决方案资源管理器”上单击右键，选择“添加新项”，添加一个 Web.config 文件，如图 3-5 和图 3-6 所示。

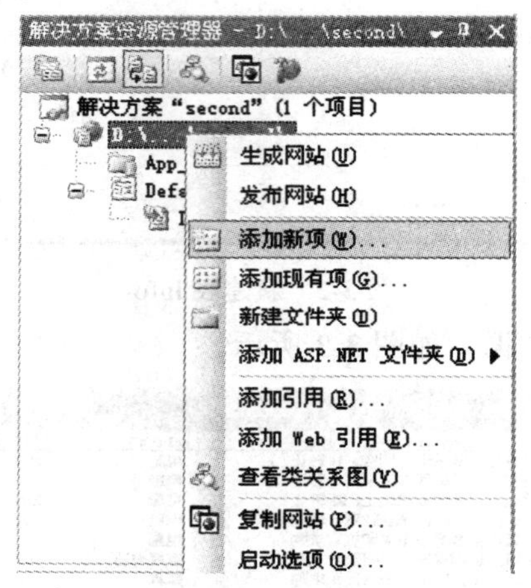

图 3-5　添加新项

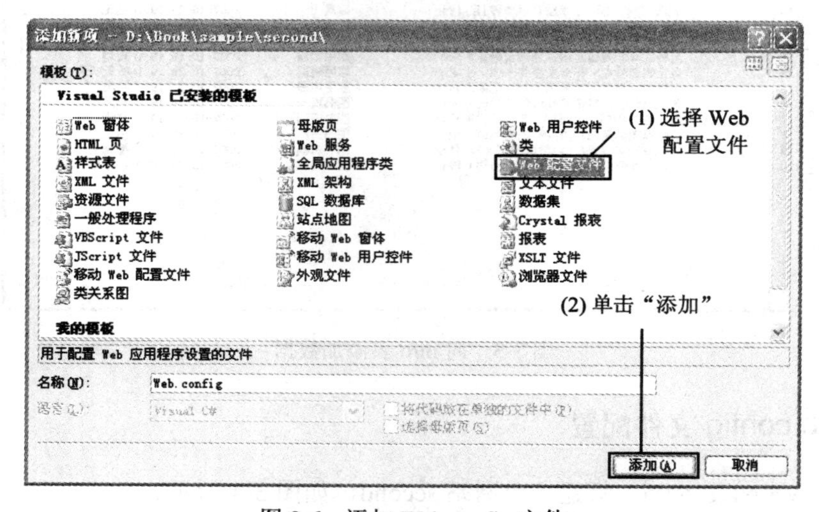

图 3-6　添加 Web.config 文件

(3) 在打开的 Web.config 文件中添加以下代码：

```
<connectionStrings>
  <add name="second"
       connectionString="server=localhost;Initial Catalog=second;Integrated Security=true;"
       providerName="System.Data.SqlClient"/>
</connectionStrings>
```

删除文件中的“<connectionStrings/>”，得到如图 3-7 所示的文件结构。

```
Web.config*  Default.aspx  起始页
<?xml version="1.0" encoding="utf-8"?>
<!--
    注意：除了手动编辑此文件以外，您还可以使用
    Web 管理工具来配置应用程序的设置。可以使用 Visual Studio 中的
     “网站”->“Asp.Net 配置”选项。
    设置和注释的完整列表在
    machine.config.comments 中，该文件通常位于
    \Windows\Microsoft.Net\Framework\v2.x\Config 中
-->
<configuration>
    <appSettings/>
  <connectionStrings>
    <add name="second"
         connectionString="server=localhost;Initial Catalog=second;Integrated Security=true;"
         providerName="System.Data.SqlClient"/>
  </connectionStrings>

    <system.web>
```

图 3-7　配置好的 Web.config 文件

3.4.3　信息列表(Default.aspx)页面的实现

(1) 打开 Default.aspx，并切换到设计视图，选择菜单栏的“布局”，点击“插入表”选项，如图 3-8 所示。

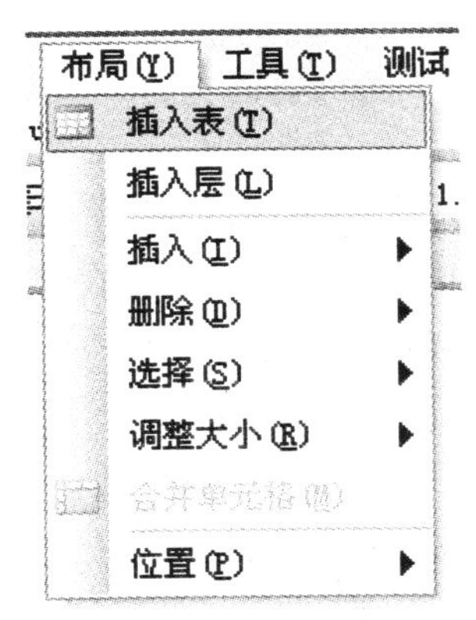

图 3-8　插入表

(2) 在“插入表”对话框中选择“模板”的默认布局，如图 3-9 所示。

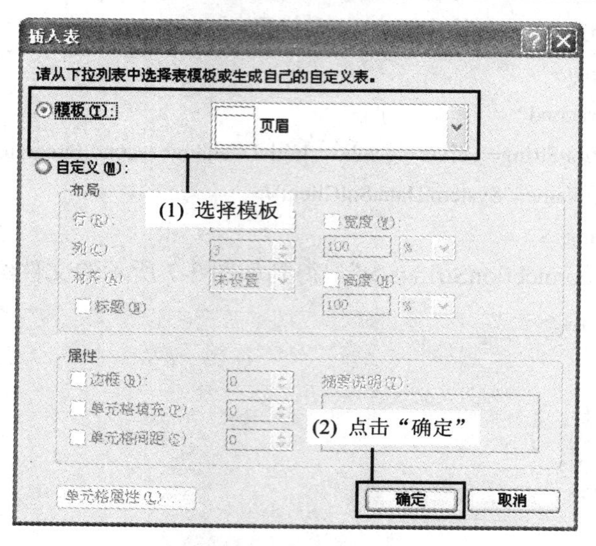

图 3-9　插入布局表的方法

(3) 在“解决方案资源管理器”上单击右键，选择“新建文件夹”，如图 3-10 所示，把文件夹命名为 img。

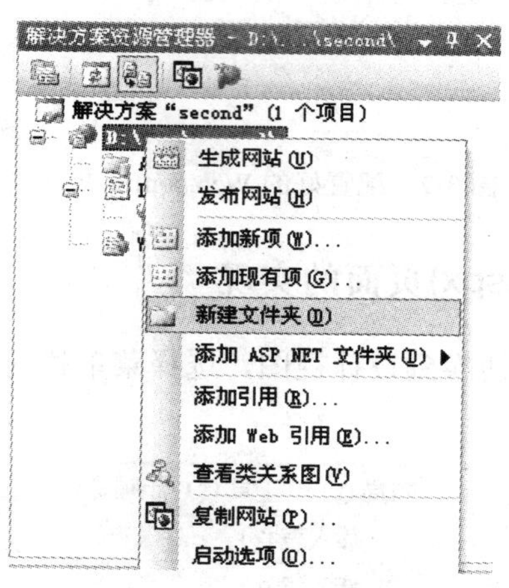

图 3-10　新建文件夹

(4) 在“img”文件夹上单击右键，选择“添加现有项”，选择标题图片所在的位置后单击“添加”，将标题文件存放在新创建的“img”文件夹下，如图 3-11 和图 3-12 所示。

图 3-11　增加一个名为 img 的文件夹

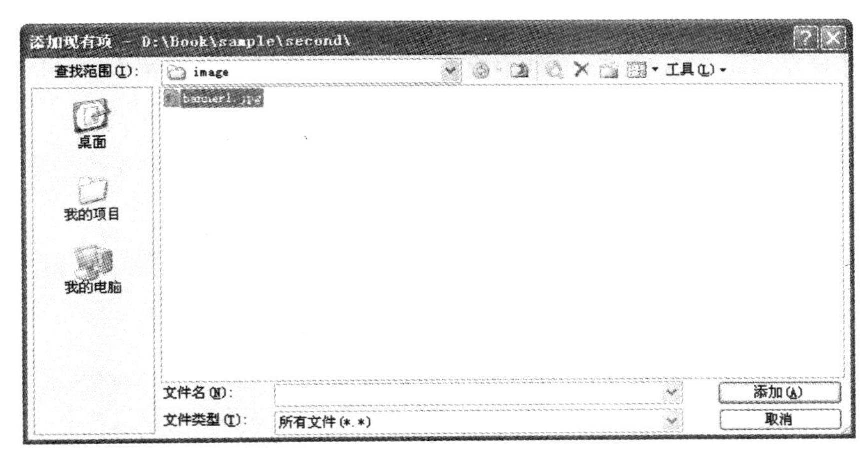

图 3-12　找到 banner1.jpg 图片

(5) 用鼠标左键选中图片“banner1.jpg”，直接拖放到布局表上面的一个单元格，并调整表格大小，使图片正好占用整个单元格，如图 3-13 所示。

图 3-13　在页面上插入图片

(6) 在“工具箱”中选择“数据”节点下的“SqlDataSource”控件，并将之拖放至 Default.aspx 设计窗口中，如图 3-14 所示。。

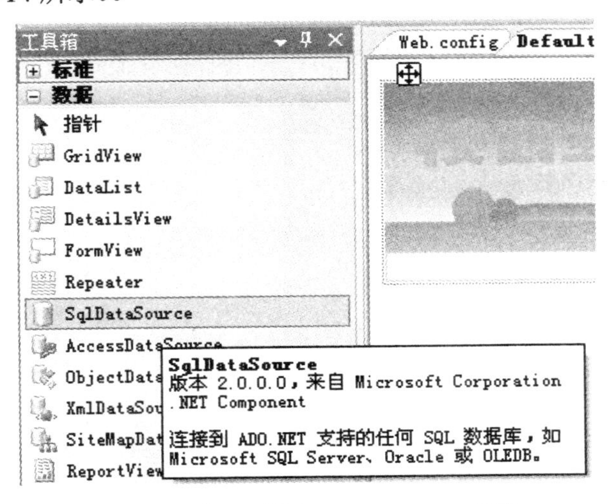

图 3-14　向页面添加 SqlDataSource 控件

(7) 点击“SqlDataSource”控件的“配置数据源”，打开“配置数据源”向导，如图 3-15 所示，首先选择在前面 Web.config 文件中配置的数据源名称，然后单击“下一步”，如图 3-16 所示。

图 3-15　配置数据源的设置

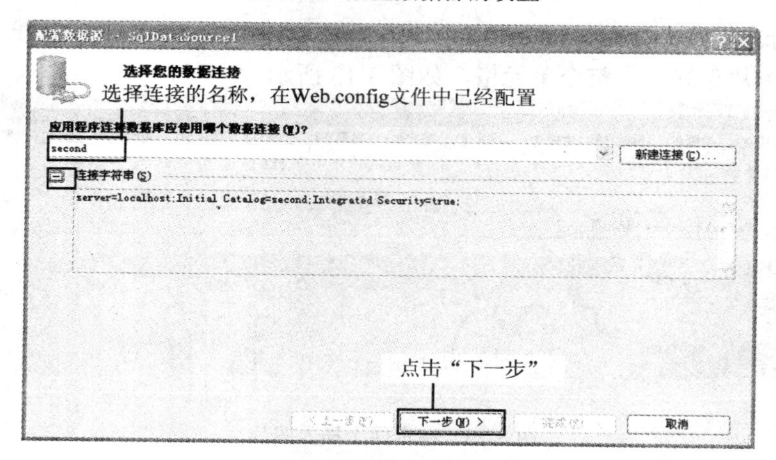

图 3-16　选择连接的名称

(8) 选择 info 表，并在*前面的方框中打钩，然后点击“下一步”，如图 3-17 所示。

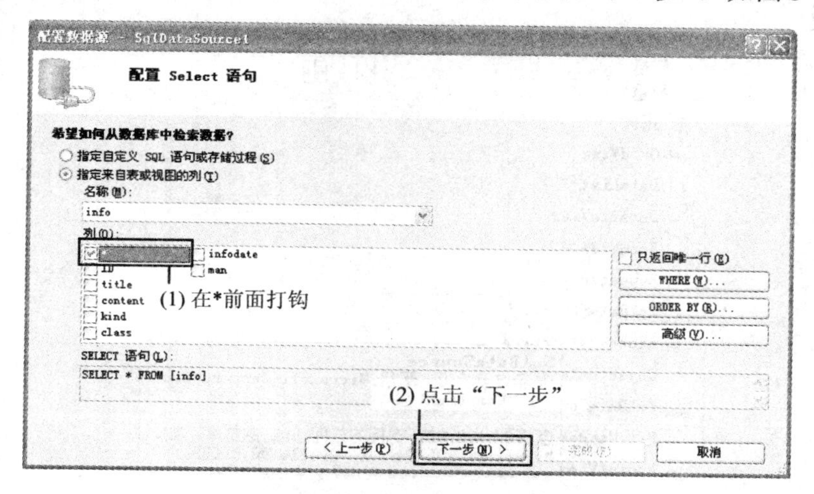

图 3-17　配置 Select 语句

(9) 点击“测试查询”按钮，查看数据是否能得到，并且查看是否符合要求，如图 3-18 所示。

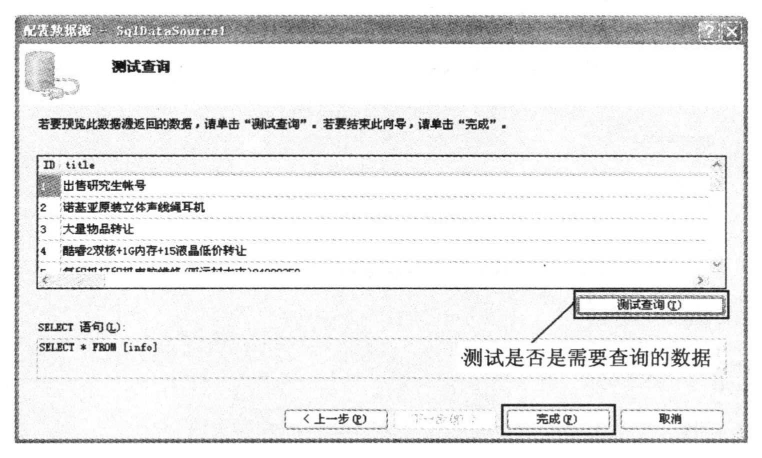

图 3-18　测试查询

(10) 在“工具箱”中选择“数据”节点下的“GridView”控件，并将之拖放至 Default.aspx 设计窗口中，将其插入到布局表格的第二个单元格中，如图 3-19 所示。

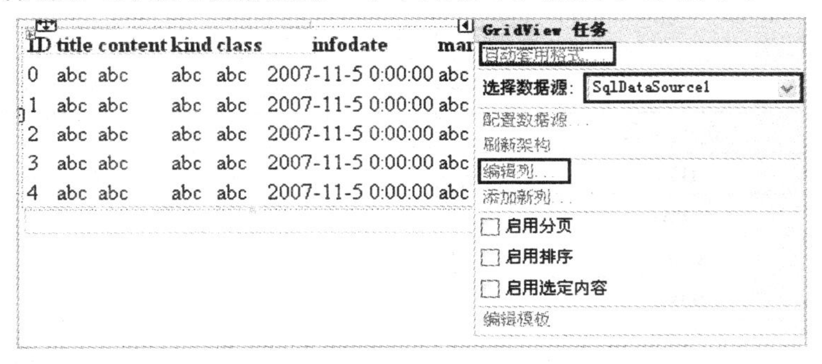

图 3-19　向页面中添加 GridView 控件

(11) 在 GridView1 的右边有个三角箭头，单击三角箭头展开“GridView 任务”菜单。选择数据源“SqlDataSource1”，并点击“自动套用格式”进行设置，如图 3-20 所示。

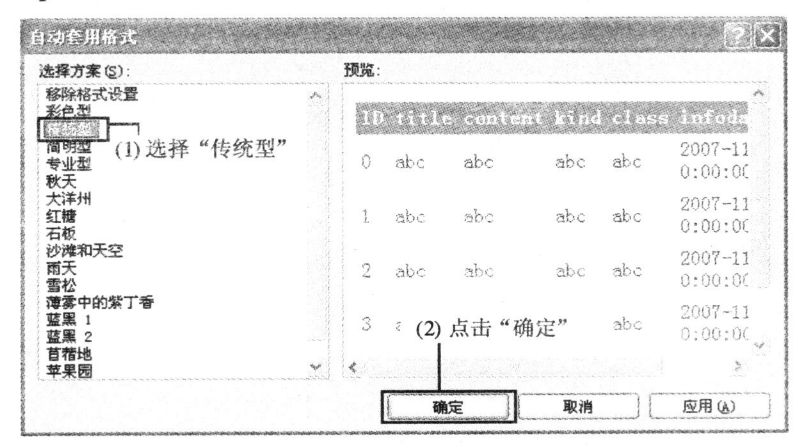

图 3-20　自动套用格式设置

(12) 在“GridView 任务”菜单中点击“编辑列”按钮，设置各个字段的属性，如图 3-21 所示。在“选定的字段”列表框中选择“content”，并将其删除，其他各个字段需要修改的名字如表 3-5 所示。

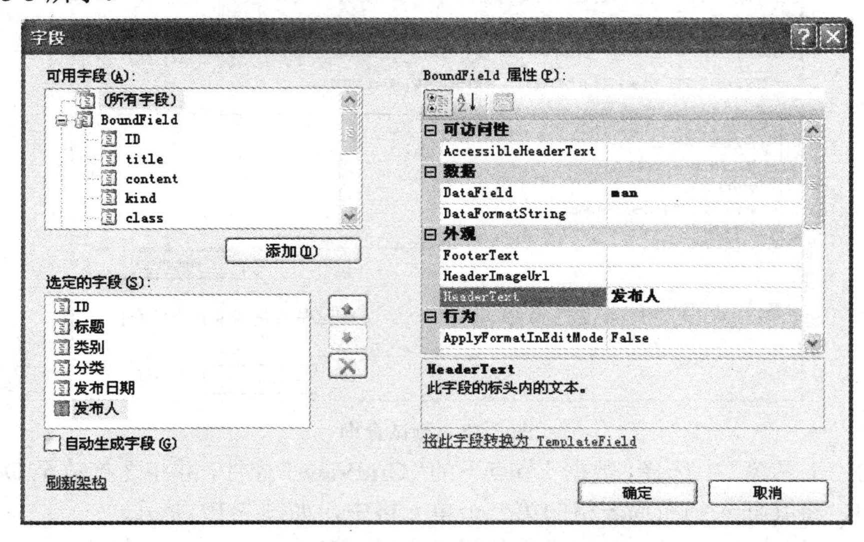

图 3-21　编辑字段属性

表 3-5　字段属性设置

选定的字段	HeaderText
ID	ID
title	标题
kind	类别
class	分类
infodate	发布日期
man	发布人

(13) 用鼠标将“GridView1”宽度拖放到和“banner1.jpg”宽度一致，如图 3-22 所示，并将属性窗口中的“Font”中的“Size”属性选择为 Small，如图 3-23 所示。然后按“F5”键，得到如图 3-24 所示的结果，首页制作完成。

图 3-22　调整 GridView 控件的外观

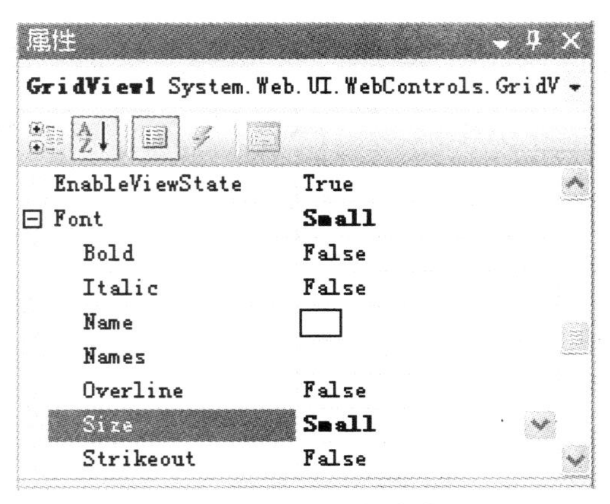

图 3-23 GridView1 的字体设置

图 3-24 Default.aspx 页面的运行效果

3.4.4 物品详细信息(infodetails.aspx)页面的实现

为了能够查看每条信息的详细情况，我们还需为每个标题制作一个查看详细信息的页面，并将其命名为 infodetails.aspx。

(1) 选择 Default.aspx 页面上的 GridView1 控件，单击右边的三角展开菜单，选择“编辑列”，添加一个新列，命名为“详细信息”。在数据属性中，将 DataNavigateUrlFields 属性设为“ID”，将 DataNavigateUrlFormat 属性设为“infodetails.aspx?ID={0}”，如图 3-25 所示。

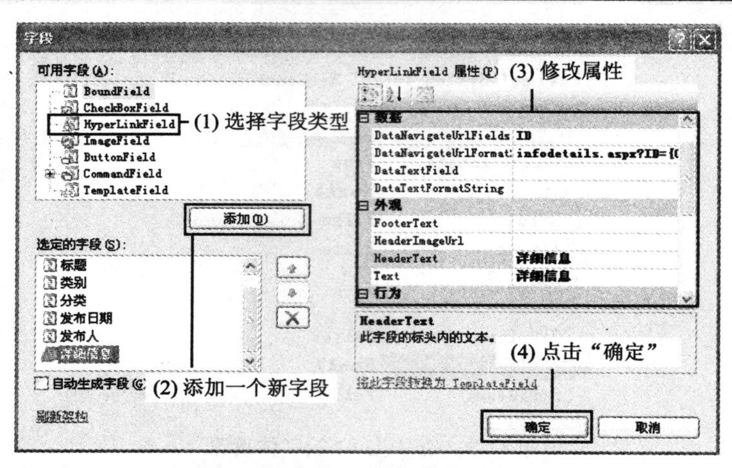

图 3-25　添加“详细信息”字段

(2) 在“解决方案资源管理器”上单击右键，选择“添加新项”，增加一个 Web 窗体，命名为 infodetails.aspx，如图 3-26 和图 3-27 所示。

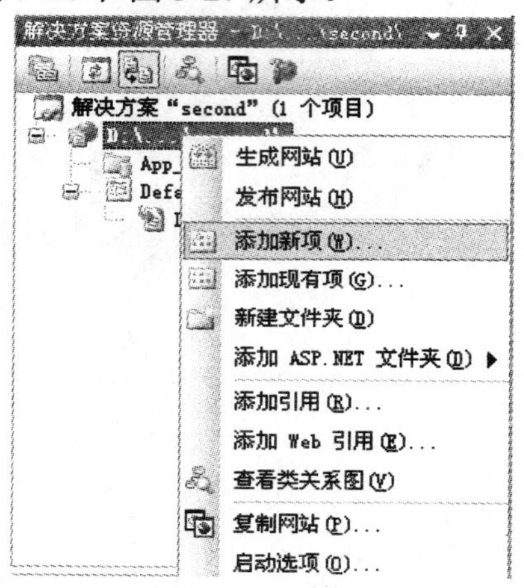

图 3-26　添加新项

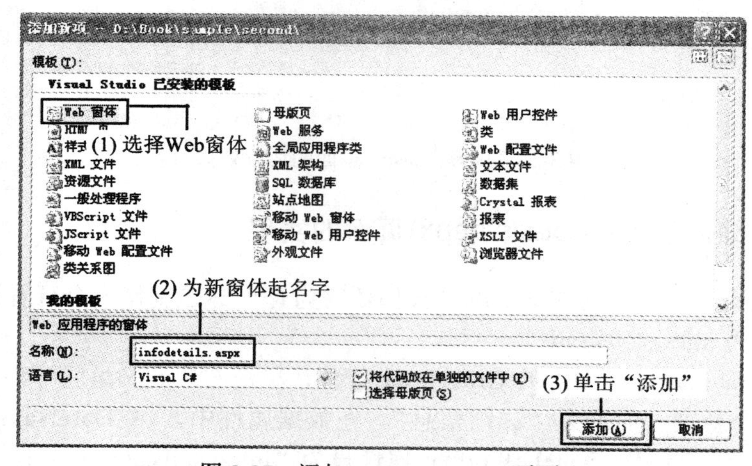

图 3-27　添加 infodetails.aspx 页面

(3) 打开 infodetails.aspx，并切换到设计视图，选择菜单栏的“布局”，单击“插入表”选项，如图 3-28 所示。

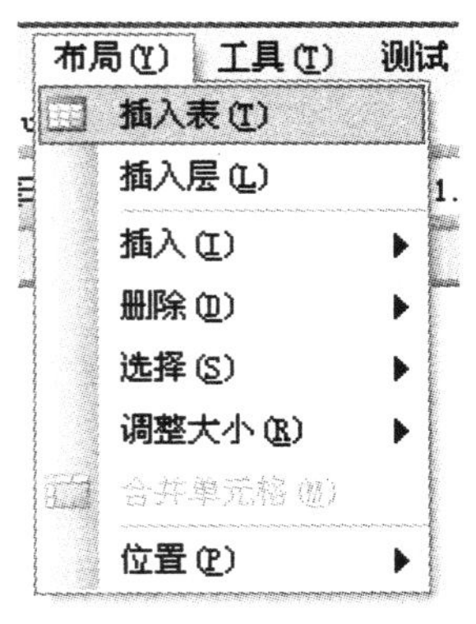

图 3-28　插入表

(4) 在“插入表”对话框中选择“模板”的默认布局，如图 3-29 所示。

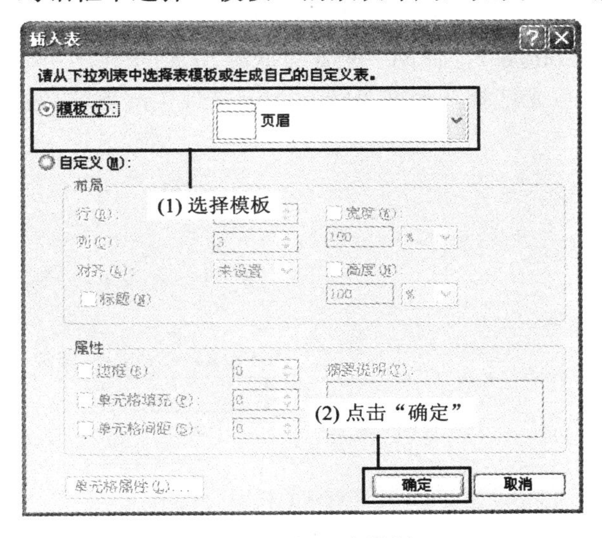

图 3-29　插入表模板

(5) 用鼠标左键选中图片“banner1.jpg”，直接拖放到布局表上面的一个单元格，并调整表格大小，使图片正好占满整个单元格，如图 3-30 所示。

图 3-30　向 infodetails.aspx 页面中插入图片

(6) 在“工具箱”中选择“数据”节点下的“SqlDataSource”控件，并将之拖放至 Default.aspx 设计窗口中，如图 3-31 所示。

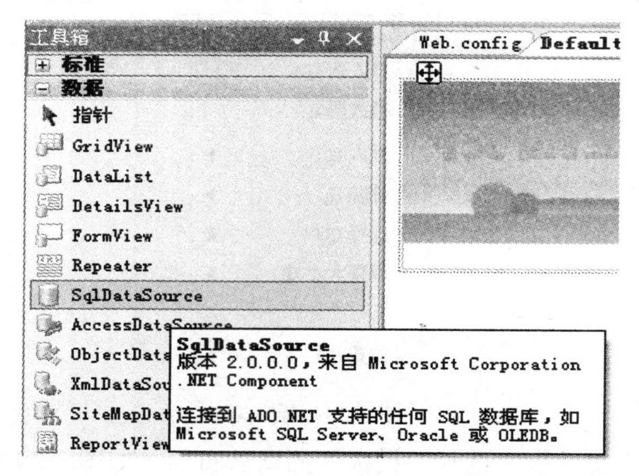

图 3-31　选择 SqlDataSource 控件

(7) 点击“SqlDataSource”控件的“配置数据源”(如图 3-32 所示)，打开“配置数据源”向导，如图 3-33 所示，首先选择在前面 Web.config 文件中配置的数据源名称，然后单击“下一步”。

图 3-32　配置数据源的设置

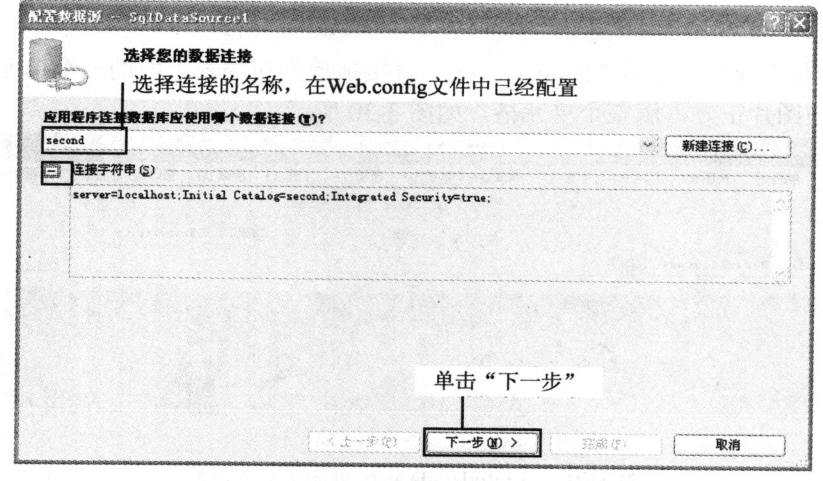

图 3-33　选择连接的名称

(8) 选择 info 表，并在*前面的方框中打钩，然后点击“WHERE”按钮，设置查询条件语句(如图 3-34 和图 3-35 所示)。设置完毕后，回到配置 Select 语句窗口，单击“下一步”。

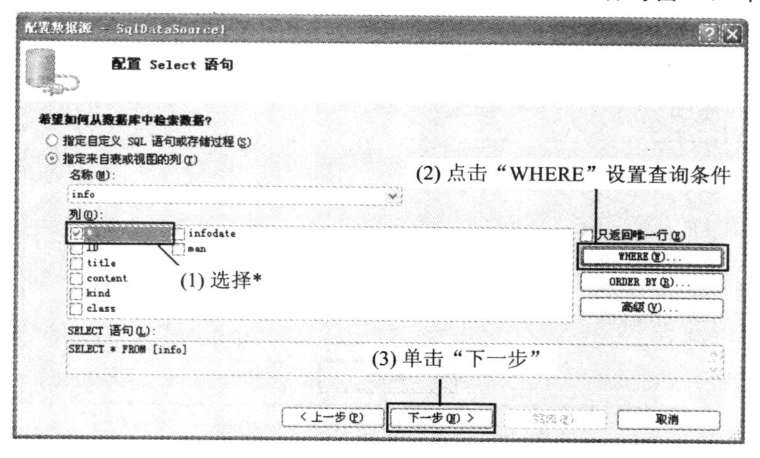

图 3-34　配置 Select 语句

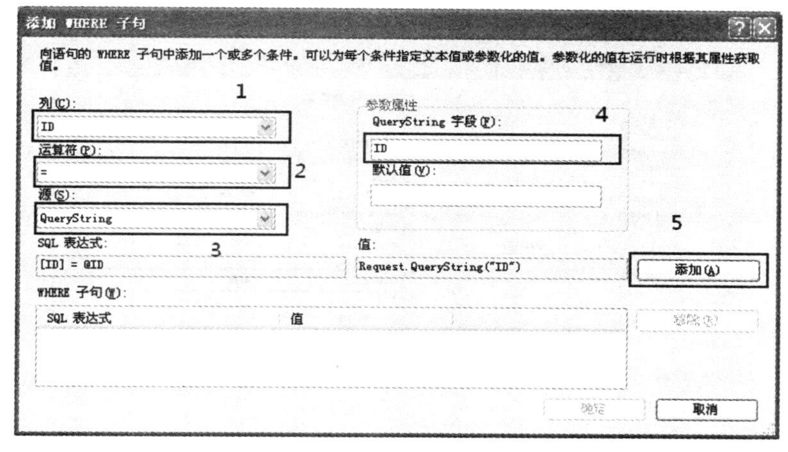

图 3-35　配置 WHERE 语句

(9) 配置数据源完毕后，在“工具箱”中选择“数据”节点下的 DetailsView1 控件，并将之拖放至 Default.aspx 设计窗口中，将其插入到布局表格的第二个单元格内，如图 3-36 所示。

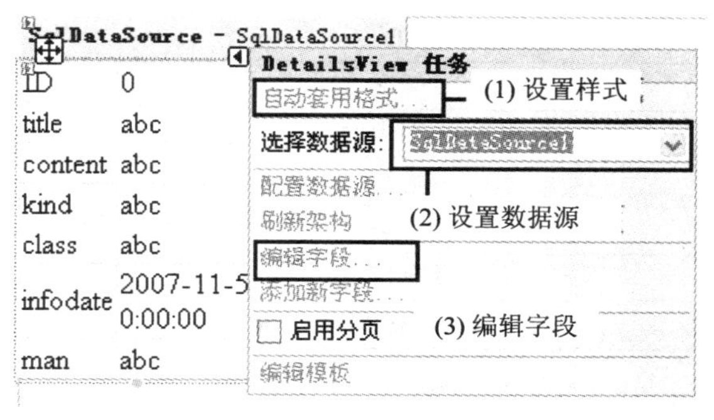

图 3-36　编辑 DetailsView 控件

(10) 在 DetailsView1 的右边有个三角箭头，单击三角箭头展开“DetailsView 任务”菜单。选择数据源“SqlDataSource1”，并点击“自动套用格式”进行设置，如图 3-37 所示。

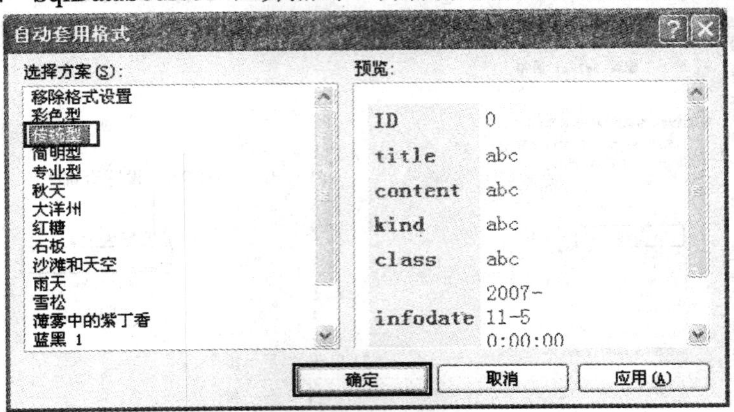

图 3-37　“自动套用格式”设置

(11) 在图 3-36 中点击“编辑字段”按钮，设置各个字段的属性，如图 3-38 所示，各个字段需要修改的属性如表 3-6 所示。

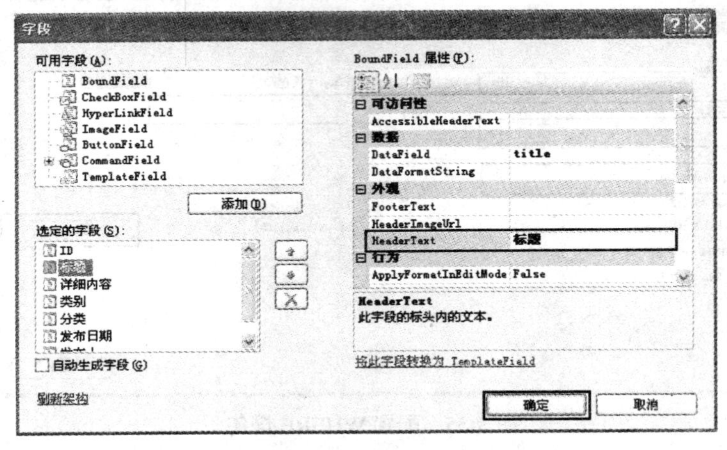

图 3-38　编辑字段设置

表 3-6　各字段的属性设置

选定的字段	HeaderText	ItemStyle.Wrap
ID	ID	False
title	标题	False
content	详细内容	False
kind	类别	False
class	分类	False
infodate	发布日期	False
man	发布人	False

(12) 用鼠标将“DetailsView1”宽度拖放到和“banner1.jpg”宽度一致，如图 3-39 所示，并将属性窗口中“Font”中的“Size”属性选择为 Small，如图 3-40 所示。

图 3-39　拖放 DetailsView1 的宽度与图片宽度一致

图 3-40　设置 DetailsView 控件的字体大小

3.5　系 统 运 行

在“解决方案资源管理器”中选择 Default.aspx，单击右键，选择“设为起始页”，然后按“F5”键，得到如图 3-41 和图 3-42 所示的结果，至此 infodetails 页面制作完成。

ID	标题	类别	分类	发布日期	发布人	详细信息
1	出售研究生帐号	转让	电脑	2007-10-29 19:04:43	小飞	详细信息
2	诺基亚原装立体声线绳耳机	转让	电脑	2007-10-29 19:06:29	平江河	详细信息
3	大量物品转让	转让	电脑	2007-10-29 19:09:45	第三方	详细信息
4	酷睿2双核+1G内存+15液晶低价转让	转让	电脑	2007-10-29 19:11:16	俄俄	详细信息
5	复印机打印机电脑维修(亚运村大屯)84802350	求购	电脑	2007-10-29 19:11:56	张先生	详细信息
6	批发冬用太阳能热水器	求购	家用电器	2007-10-29 19:12:45	所租负	详细信息
7	我厂有一批库存家具着急处理价格便宜...送货!	求购	家具	2007-10-29 19:13:54	堆放	详细信息
8	转让__冰箱电视洗衣机__床衣柜书柜等__可送	转让	家用电器	2007-10-29 19:14:35	打的	详细信息
9	个人⊙_⊙全新国美购高档名牌三合一早餐机	求购	家具	2007-10-29 19:15:20	速度饿	详细信息
10	家具+家电+急转让	转让	家具	2007-10-29 19:16:00	亿元	详细信息
11	板式席梦思/铁艺席梦思床.各种床垫、高档大方	求购	家具	2007-10-29 19:16:37	听天	详细信息

图 3-41　运行得到的效果图

图 3-42　单击详细信息得到的效果图

到此为止，一个简单的网站就已经做好了，这个网站只提供了浏览信息的功能。细心的读者会发现，这个软件项目离实际使用的目标还有一段距离，比如如何区分注册用户和非注册用户，如何发布信息，如何管理用户等许多问题都还没有解决。在后面的章节中，我们将开始学习 ASP.NET 提供的解决办法，相信大家在学完所有的内容后，可以做出一个比较完整的网站。

本章小结

本章通过一个实际的案例为读者讲述了使用 ASP.NET 技术创建一个网站的一般方法。首先提出了一个“校园二手物品信息发布平台”的软件，然后通过系统分析和数据库设计勾勒出该软件项目的大体轮廓，最后通过一步步的描述实现了其中浏览二手物品信息的功能。本章采用详细的演示方式让读者充分体验了 ASP.NET 技术独特的魅力。我们可以发现，在实现过程中，几乎没有编写一行 C#代码，便完成了功能。在以后的学习中，读者还可发现 ASP.NET 技术更为灵活的功能。

训练任务

根据附录 I 和附录 II 的有关要求，完成以下训练任务。

标题	浏览工程招标信息
编号	3-1
要求	根据附录 I 的要求，利用 Visual Studio 2005 集成开发环境模仿本章示例的实现步骤，实现工程招标信息的浏览。
思考	1. 请描述软件开发的一般流程。 2. SqlDataSource 控件有什么特点？ 3. GridView 控件和 DetailsView 控件有什么共同点和区别？
描述	附录 II 中给出的 Article 表结构是本训练任务完成必须涉及到的表，该表的作用与本章给出的 info 表类似，读者可模仿完成。

第 4 章　常用的服务器控件

本章主要介绍了 ASP.NET 常用的服务器控件。ASP.NET 服务器控件是运行在服务器上的组件，它封装了相应的用户界面和相关功能，可以在 ASP.NET 页面文件和后台代码文件中使用。在 Web 窗体中，可以使用三种类型的服务器控件：HTML 服务器控件、Web 服务器控件和验证控件。本章首先介绍使用服务器控件的基本知识，然后依次分类介绍一些常用的 HTML 和 Web 服务器控件，验证控件将在另外的章节中介绍，同时还提供了一些例子，实际演示了各种常用控件的用法。

学习目标

- 掌握常用 Web 服务器控件的使用方法；
- 掌握常用 HTML 服务器控件的使用方法；
- 掌握 HTML 和 Web 服务器控件的转换方法。

项目任务

在校园二手物品信息发布平台中，我们规定只有注册的用户才能发布二手物品信息，未注册的用户只能浏览信息而不能发布信息，这就要求我们为二手信息发布平台制作“用户注册”页面。本章将利用常用服务器控件创建“用户注册”页面。

4.1　服务器控件的基本概念

在创建 Web 窗体时，可以使用下列 3 种类型的控件。

(1) Web 服务器控件：这种控件只能在服务器端使用，但是具有比 HTML 服务控件更多的特性，是 ASP.NET 中用得最多的一类服务器控件。

(2) HTML 服务器控件：这种控件和 HTML 中的各个元素一一对应，其用法类似于 HTML 的对象模型，并且可以同时在客户端和服务器端使用，可以把 HTML 服务器控件转换为 Web 服务器控件。

提示：客户端控件和服务器端控件的区别如下所述。

服务器控件的代码在服务器端解释执行，生成根据用户的浏览器而定的 HTML 元素。客户端控件由客户端浏览器解释执行，服务器端控件是由 Runat 属性指示的，它的值总是“Server”。通过添加 Runat 属性，一般的 HTML 控件可以被很方便地转换到服务器端运行，我们可以通过 id 属性中指定的名字引用程序中的控件，并通过编程的方式设置属性和获得值，因此，服务器端处理方式有较大的灵活性。

当然，这种灵活性是有一定代价的。每种服务器端控件都会消耗服务器上的资源。另外，除非控件、网页或应用程序明确地禁止 ViewState(请参阅第 6 章)，控件的状态包含在 ViewState 的隐藏域中，并在每次回送中都会被传递，这会引起严重的性能下降。在这方面的一个很好的例子是网页上控件表格的应用，如果不需要在代码中引用表格中的元素，则使用无需进行服务器端处理的 HTML 表格。我们仍然可以在 HTML 表格单元中放置服务器控件，并在代码中引用服务器控件。如果需要引用任意的表格元素，例如指定的单元，则整个表格必须是服务器控件。

(3) 验证控件：这种控件主要用来与其他控件配合使用，以验证用户的输入。

4.2　服务器控件的生命周期

每个服务器控件都有其生命周期，通过了解服务器控件的生命周期，我们可以根据其触发的事件，添加合适的代码，以起到不同的效果。表 4-1 显示了服务器控件的生命周期。

表 4-1　服务器控件的生命周期

生命周期	需要采取的操作	触发的事件或被调用的方法
初始化	初始化一些设置或变量	Init 事件(或 OnInit 方法)
载入视图状态	在这个阶段完成后，可以使用控件的 ViewState 属性	空
处理送回的数据	处理表单数据并且相应地更新控件的属性	空
Load	在这个阶段，控件已经被完全加载到内存中，可以执行具体的操作，比如查询数据库等	Load 事件(或 OnLoad 方法)
PreRender	在输出控件之前执行一些更新操作	PreRender 事件(或 OnPreRender 方法)
保存状态	控件的 ViewState 属性被保存到一个隐藏的字段中	空
Render	在屏幕上输出控件	Render 方法
Dispose	释放资源	Dispose 方法

4.3　向 Web 页面添加服务器控件

可以在 Web 窗体设计器中使用“工具箱”面板向窗体页面中添加服务器控件。在“工具箱”面板中包含有两个页面：标准和 HTML，这两个页面中的控件都可以添加到 Web 窗体页面中。要把相应的控件添加到 Web 窗体页面中，首先必须切换到窗体页面的设计视图，然后双击“工具箱”面板中的一个控件或者直接把控件从“工具箱”面板中拖放到窗体页面中，如图 4-1 所示。

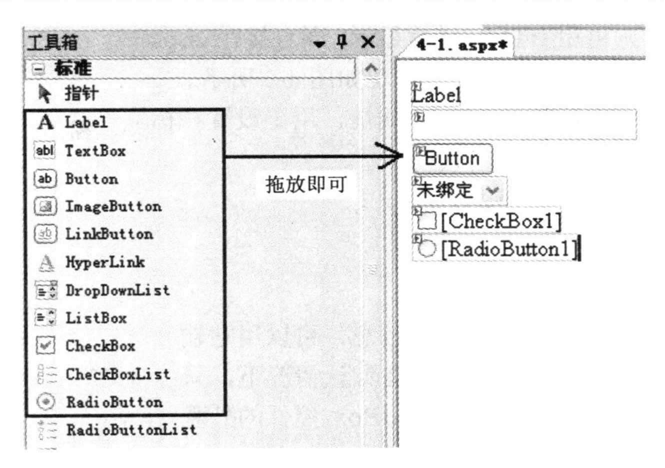

图 4-1　向 Web 页面添加服务器控件

因为 HTML 服务器控件既可以在服务器端使用，又可以在客户端使用，而且在默认情况下，新添加到页面中的 HTML 控件将在客户端使用，所以要在服务器端使用它，需要把它的 Runat 属性设置为 Server。首先在 Web 窗体设计器中选中该 HTML 控件，然后从快捷菜单中选择“作为服务器控件运行”命令，即把它转换成服务器控件。使用该命令后，Web 窗体设计器就会在 HTML 控件的声明中添加 Runat="server"属性，如图 4-2 所示。

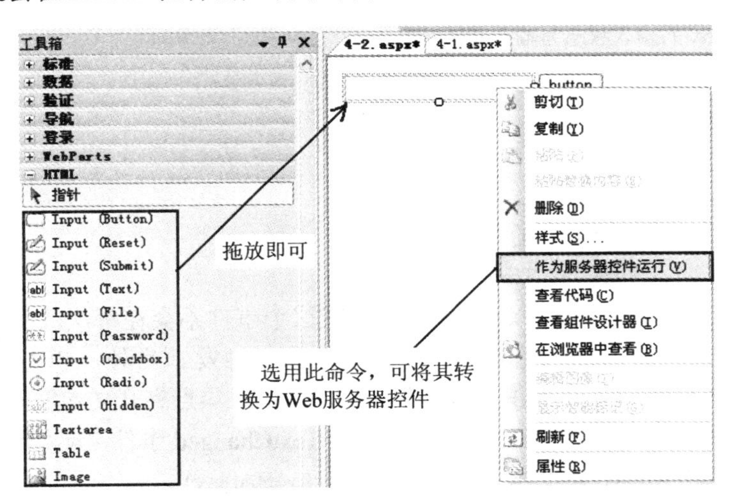

图 4-2　HTML 服务器控件转换为 Web 服务器控件

4.4　常用的 Web 服务器控件

4.4.1　Label 控件

Label(标签)控件主要用来在 Web 页面上显示静态文本。使用 Label 控件的好处是可以在运行时使用代码改变它的显示文本和前、背景色等属性。如果只想显示静态文本并且不想在运行时改变它，则可用 HTML 进行显示，即直接在 .aspx 文件中输入显示的内容。Label 控件的外观如图 4-3 所示。

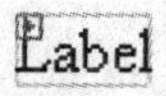

图 4-3　Label 控件的外观

Label 控件最常用的属性就是 Text 属性，用于设置在标签控件中显示的文本，例如下面的代码：

```
Label1.Text="ASP.NET 程序设计与开发";
```

4.4.2　TextBox 控件

TextBox(文本框)控件主要用来输入信息，可以用它输入单行或多行文本，也可以输入密码。在默认情况下，只能使用 TextBox 控件输入单行文本。TextBox 控件的外观如图 4-4 所示。

图 4-4　TextBox 控件的外观

要想使文本框控件能够输入多行文本，可以把它的 TextMode 属性设置为 MultiLine，并且适当地设置它的 Width/Height 属性值或 Columns/Row 属性值，以确定控件显示的宽度和行数。另外，文本框控件的 Wrap 属性可以使文本框控件自动换行。要想用文本框控件输入密码，则需要把它的 TextMode 属性设置为 Password。在单行输入时，可以使用 Text 属性来获取或设置文本框控件的内容，也可以使用 MaxLength 属性来指定最多能输入的字符数。例如下面的代码：

```
//设置 TextBox 的输入状态为输入密码
TextBox1.TextMode = TextBoxMode.Password;
//允许在 TextBox 中换行
TextBox1.Wrap = true;
//获取 TextBox 中的文本内容
//Trim 方法用以删除文本前后的空白部分
string content = TextBox1.Text.Trim();
```

文本框控件最常用的事件是 TextChanged，但是这个事件不会在每次改变文本框的内容时马上触发，而是当提交 Web 窗体时才会在服务器上触发。另外，也可以通过把它的 AutoPostBack 属性设置为 True 来改变这种触发方式。当输入焦点离开文本框控件时就会触发 TextChanged 事件。例如下面的代码为文本框控件的 TextChanged 事件声明处理方法。

```
protected void TextBox1_TextChanged(object sender, EventArgs e)
{
    //在 Label 控件中显示从 TextBox 中获取的值
    Label1.Text = TextBox1.Text.Trim();
}
```

4.4.3　Button 控件

Button 控件将在 Web 页面上显示一个标准的下压按钮(Push Button)，这个按钮是一个提交按钮，即单击它时会导致页面被发送到服务器端，如图 4-5 所示。

图 4-5　Button 控件的外观

Button 控件主要包含 4 个常用的属性：Text 属性(用于设置在按钮控件上显示文本)、CommandName 属性(用于设置该按钮控件所对应的命令名称)、CommandArgument 属性(用于设置按钮控件的命令参数)以及 CausesValidation 属性(用于设置当单击按钮提交页面时是否触发验证操作)。

可以使用 Button 控件创建两种类型的按钮：提交(submit)按钮和命令(command)按钮。其中，提交按钮没有命令名；命令按钮具有一个相关联的命令名以及与该命令相关的参数，可以在运行时根据命令名执行相应的操作。单击命令按钮时，不仅会触发 Click 事件，也会触发 Command 事件。通过使用命令按钮，可以在 Web 页面中添加多个按钮，每个按钮对应一种特定的操作并且使用同一个事件处理方法。Button 控件常用的事件为 Click 事件，如下面的代码所示，当单击 Button 按钮时，将把 TextBox 中的内容显示在 Label 控件中。

```
protected void Button1_Click(object sender, EventArgs e)
{
    //在 Label 控件中显示从 TextBox 中获取的值
    Label1.Text = TextBox1.Text.Trim();
}
```

4.4.4　LinkButton 控件

LinkButton(链接按钮)控件在页面上显示为一个超链接，单击它时指向指定链接地址，它的事件定义过程如下面代码所示。LinkButton 控件的外观如图 4-6 所示。

图 4-6　LinkButton 控件的外观

```
<asp:LinkButton ID="LinkButton1" runat="server">LinkButton</asp:LinkButton>
protected void LinkButton1_Click(object sender, EventArgs e)
{

}
```

链接按钮控件与按钮控件(Button)具有相同的属性、方法和事件。可以像按钮控件一样设置链接按钮控件的 Text、CommandName、CommandArgument 等属性，并且它也可以触发 Click 和 Command 事件。

4.4.5　Image 控件

Image(图像)控件用来在 Web 页面上显示图像，并且可以在代码中改变它的属性。图像控件最主要的属性就是 ImageURL，用来设置在图像控件中显示的图像的地址，如图 4-7 所示。

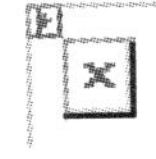

图 4-7　Image 控件的外观

单击“属性”窗口中 ImageURL 属性旁边的按钮将会显示“选择图像”对话框，如图 4-8 所示。可以在这个对话框中选择一个图像，可以使用多个图像格式，比如 .gif、.jpg、.bmp 等。其中，“文件夹内容”列表框用来显示图像文件列表，选择完毕后单击“确定”按钮，关闭对话框并设置好 ImageURL 属性。

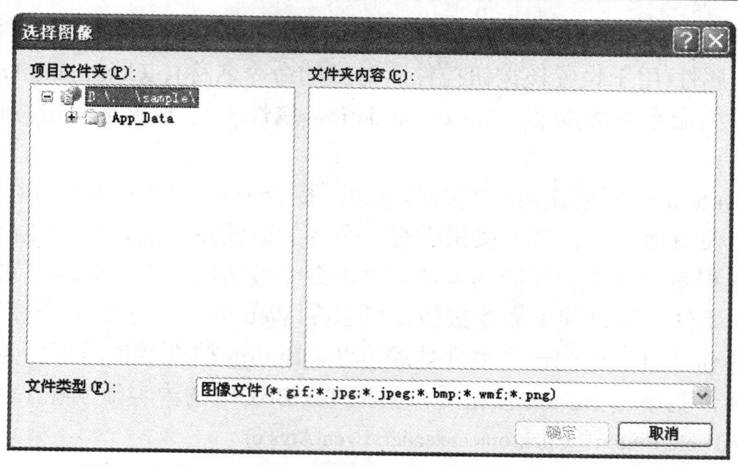

图 4-8　单击 ImageURL 属性打开“选择图像”对话框

另外，还可以通过 Height 和 Width 属性设置图像控件的大小，通过 ImageAlign 属性设置图像的对齐方式，通过 AlternateText 属性设置当无法显示图像时所显示的替代文本或工具显示。通常不对图像控件进行事件处理。

4.4.6　HyperLink 控件

HyperLink(超级链接)控件用来在 Web 页面中创建超级链接，然后就可以使用这个超级链接在页面之间进行导航。使用超级链接控件的好处就是可以在运行时使用代码改变它的属性，如图 4-9 所示。

HyperLink

图 4-9　HyperLink 控件的外观

可以在超级链接控件中显示文字或图像，方法是通过它的 Text 属性和 ImageURL 属性来设置。在 Text 属性中可以使用 HTML 语言中的标签，如<b>等。ImageURL 属性的设置与图像控件的 ImageURL 属性的设置一样。

提示：应同时指定 Text 属性和 ImageURL 属性。在超级链接控件中将显示 ImageURL 属性指定的图像，而 Text 属性指定的文本将作为图像的提示显示。

超级链接控件的 NavigateURL 属性用来设置该超级链接的目标页面，并且它的 Target 属性用来设置显示链接页面的目录框架，可以为它指定 5 个值，如表 4-2 所示。

表 4-2　超级链接控件的 Target 属性

Target 属性值	含　义
_blank	在新窗口中显示
_parent	在父框架中显示
_search	在查询框架中显示
_self	在当前框架中显示
_top	在顶级窗口中显示

超级链接控件不会触发事件，但是可以在其他控件的事件处理方法中改变超级链接控件的属性。例如下面的代码所示：

```
public void Button1_Click(Object Sender,System.EventArgs e)
{
    HyperLink1.Text="首页";
    HyperLink1.NavigateUrl="http://www.sina.com.cn";
}
```

4.4.7 DropDownList 控件

DropDownList(下拉列表)控件用来在 Web 页面中创建一个下拉列表框，可以单击这个下拉列表框右边的箭头按钮显示一个列表，然后从中选择一项，如图 4-10 所示。

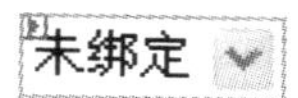

图 4-10　DropDownList 控件的外观

提示： 只能从下拉列表控件中选择一项，即该控件不允许多重选择。

可以像其他 Web 服务器控件一样改变下拉列表控件的外观，例如可以通过 Height 和 Width 属性改变它的大小。

下拉列表框中的项都保存在它的 Items 属性中，可以使用“属性”窗口设置这个属性。在“属性”窗口中，单击下拉列表的 Items 属性旁边的按钮打开“ListItem 集合编辑器”对话框，如图 4-11 所示。

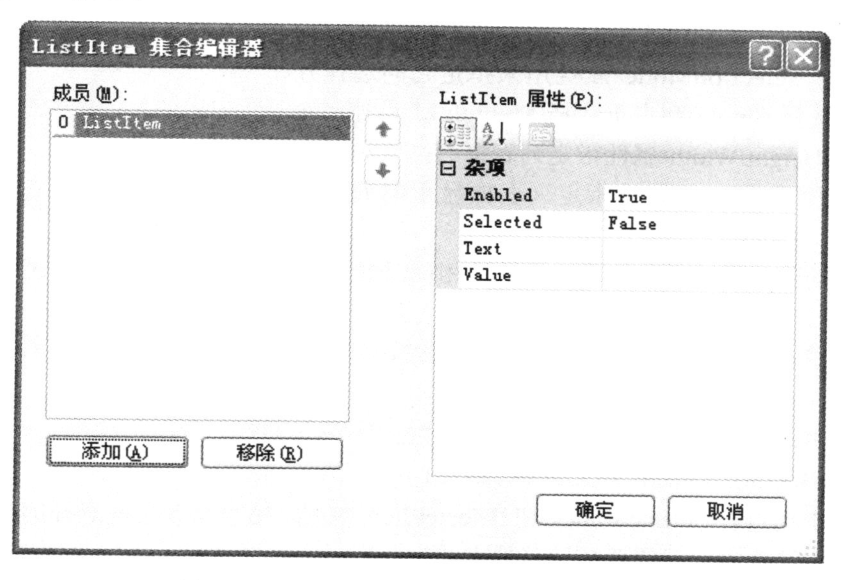

图 4-11　使用“ListItem 集合编辑器”添加项

在图 4-11 所示的对话框中，单击“添加”按钮向列表框中添加一个新项，此时在对话框的右边将显示该项的属性。每个列表项都包含 4 个属性：Enabled(用来设置该项是否可用)、Selected(用来设置该项是否处于选中状态)、Text(用来设置列表项的标题)和 Value(用来设置列表项的值)。对话框中的“移除”按钮用来删除在“成员”列表框中当前选中的项。添加完列表项之后，单击“确定”按钮，关闭该对话框并把列表项添加到下拉列表框中。

也可以用代码向下拉列表框控件中添加列表项，例如下面的代码所示：

```
//括号里的两个引号，前面的一个值表示下拉菜单显示的值
//对应 DropDownList1.SelectedItem.Text 属性
//后面一个值对应的是 DropDownList1.SelectedValue 属性
DropDownList1.Items.Add(new ListItem("第一项", "0"));
DropDownList1.Items.Add(new ListItem("第二项", "1"));
DropDownList1.Items.Add(new ListItem("第三项", "2"));
DropDownList1.Items.Add(new ListItem("第四项", "3"));
```

下拉列表框中还包含 SelectedIndex 属性和 SelectedItem 属性，它们分别表示当前选择项的索引和当前选择项。可以在运行时使用代码通过这两个属性来获取下拉列表控件的当前选择项。例如下面的代码所示：

```
int idx=DropDownList1.SelectedIndex;
```

下拉列表控件可以触发 SelectedIndexChanged 事件。在默认情况下，这个事件不会立即导致发送页面，但是可以通过把它的 AutoPostBack 属性设置为 True 来强制立即发送页面。

此外，也可以在下拉列表控件上进行数据绑定，这部分内容请参阅第 7 章。

4.4.8 ListBox 控件

ListBox(列表框)控件用来在 Web 页面上创建一个列表框，可以从中选择一项或多项，如图 4-12 所示。

图 4-12　ListBox 控件的外观

列表框的 SelectionMode 属性用来指定它的选择方式，即单重选择(Single)和多重选择(Multiple)。另外，除了可以使用 Height/Width 属性指定列表框的高度和宽度外，还可以使用 Rows 属性指定列表框显示的列表项数目。

列表框的其他属性与下拉列表框基本相同。同样，列表框中的列表项也保存在它的 Items 属性中，也可通过“ListItem 集合编辑器”对话框向其中添加列表项。而且，在代码中添加列表项的方式与数据绑定的方式也与下拉列表相同。例如，下面的代码表示向列表框中添加两项：

```
ListBox1.Items.Add(new ListItem("tom","T"));
ListBox1.Items.Add(new ListItem("Jack","J"));
```

列表框中也包含 SelectedIndex 和 SelectedItem 属性，用来获取当前选择的项。但是当列表框允许多重选择时，就需要使用其他方式来获取当前选择的项。例如下面的代码所示：

```
protected void Button1_Click(object sender, EventArgs e)
{
    //下面这个字符串将用来显示当前选择项的标题
    string msg = "";
    //遍历列表框中的每一项，检查列表项的 Selected 属性是否为 true，通过这种方式来
    //判断当前项是否处于选中状态
    foreach (ListItem li in ListBox1.Items)
```

```
    {
        if (li.Selected == true)
        {
            msg += "<BR>" + li.Text + "is selected!";
        }
    }
    Label1.Text = msg;
}
```

4.4.9 CheckBox 和 RadioButton 控件

CheckBox(复选框)控件用来在 Web 页面上创建复选框控件，可以通过它的 Checked 属性在 True 和 False 之间进行选择，如图 4-13 所示。

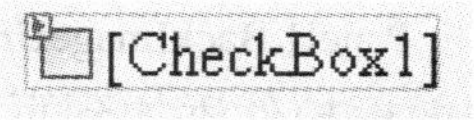

图 4-13 CheckBox 控件的外观

可以通过复选框控件的 Text 属性设置它的标题，通过它的 TextAlign 属性设置标题的堆砌方式，并且可以通过 Checked 属性来获取或设置复选框的选中状态。例如下面的代码所示：

```
CheckBox1.Text = "直接发送页面";
CheckBox1.TextAlign = TextAlign.Left;
CheckBox1.Checked = true;
```

复选框控件包含一个 CheckedChanged 事件，每当它的 Checked 属性发生变化时就会触发这个事件。这个事件不会马上导致页面被发送到服务器，除非把它的 AutoPostBack 属性设置为 True。

RadioButton(单选按钮)控件用来在 Web 页面上创建单选按钮控件。通常单选按钮控件不单独使用，而是成组使用，从而在多个值中选择一个值，如图 4-14 所示。

图 4-14 RadioButton 控件的外观

可以通过单选按钮的Text属性设置它的标题，通过TextAlign属性设置标题的对齐方式。单选按钮中还包含一个 GroupName 属性，用来把多个单选按钮进行分组。具有相同组名的单选按钮属于同一组，并且同一组中的单选按钮只能有一个处于选中状态。单选按钮的 Checked 属性用来获取或设置它的选中状态。例如下面的代码所示：

```
RadioButton1.Text = "男";
RadioButton1.TextAlign = TextAlign.Left;
RadioButton1.Checked = true;
```

单选按钮也会触发 CheckedChanged 事件。

4.4.10 Panel 控件

Panel(面板)控件主要用作其他控件的容器，把多个控件放到一个面板控件中，就可以把它们作为一个单元来处理，比如隐藏或显示。面板控件主要用来对控件进行分组(这与 Windows 窗体中的面板控件一样)，并且可以使用它实现独特的外观，如图 4-15 所示。

图 4-15　Panel 控件的外观

使用“工具箱”面板把面板控件添加到窗体页面中时，在面板控件中将显示初始的静态文本 Panel，可以直接在 Web 窗体设计器中修改这个文本。通过面板控件的 HorizontalAlign 属性可以设置子控件的对齐方式，通过 Wrap 属性可以设置是否对控件中的子控件进行自动换行，另外，还可以通过 BackImageUrl 属性为它指定背景图像。例如下面的代码所示：

```
Panel1.Wrap=true;
Panel1.HorizontalAlign=HorizontalAlign.Center;
Panel1.BackImageUrl="Back.jpg";
```

把面板控件添加到页面中后，就可以为其添加子控件。当然，也可以在运行时使用代码向其中添加子控件。例如下面的代码：

```
protected void Page_Load(object sender, EventArgs e)
{
    //获取要创建的标签控件的数目
    int numlab = int.Parse(DropDownList1.SelectedItem.Value);
    for (int i = 1; i <= numlab; i++)
    {
        //创建标签控件
        Label mylab = new Label();
        //设置标签控件的标题和 ID
        mylab.Text = "Label" + i.ToString();
        mylab.ID = "Label" + i.ToString();
        //把标签控件添加到面板控件中
        Panel1.Controls.Add(mylab);
        //在面板控件中添加一个换行符
        Panel1.Controls.Add(new LiteralControl("<br>"));
    }
}
```

从以上介绍的 Web 服务器控件中我们可以看出，每个控件的左上角都有一个小三角，以区别于 HTML 控件。下面通过一个项目任务来演示常用 Web 控件的使用方法。

项目任务 4-1　用 Web 服务器创建用户注册页面

【要求】

在填写相应的信息后，单击“确定”按钮可以在下方显示输入的信息。效果如图 4-16 所示。

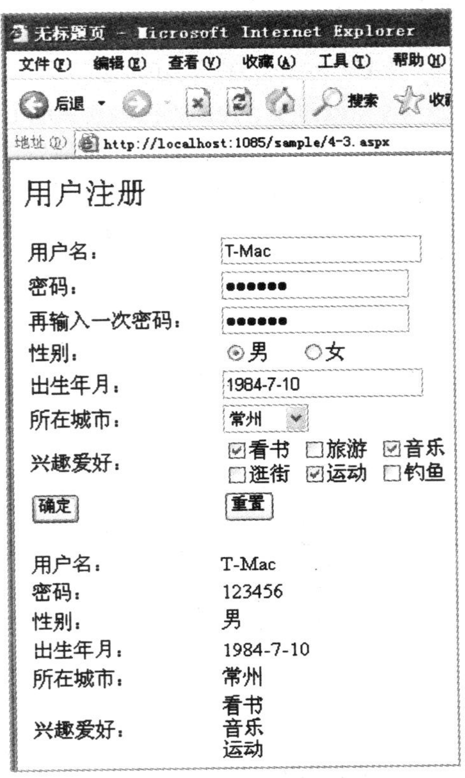

图 4-16　运行效果

【步骤】

(1) 从“工具箱”的 HTML 面板中拖放两个 table 到 Web 页面上，将第一个表格调整为八行两列，将第二个表格调整为六行两列，两个表格内放置的控件如图 4-17 所示。

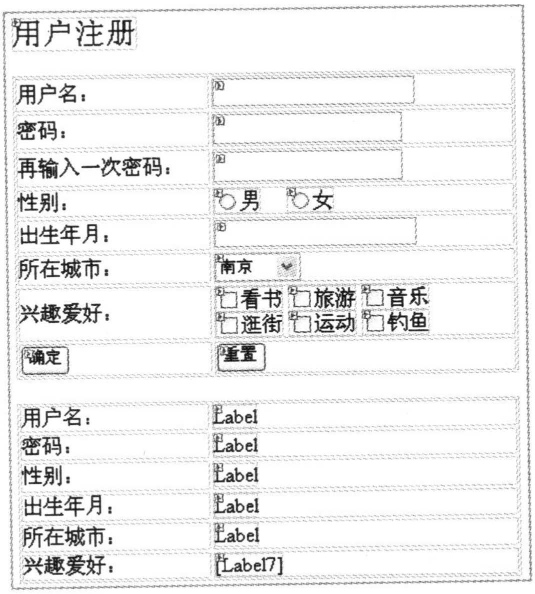

用户注册

用户名：	
密码：	
再输入一次密码：	
性别：	○男　○女
出生年月：	
所在城市：	南京
兴趣爱好：	□看书 □旅游 □音乐 □逛街 □运动 □钓鱼
确定	重置

用户名：	Label
密码：	Label
性别：	Label
出生年月：	Label
所在城市：	Label
兴趣爱好：	[Label7]

图 4-17　控件放置图

(2) 按照图 4-17 上的文本为各个控件设置属性，大部分属性均为默认，需要修改的属性有：将密码输入框(TextBox2)和(TextBox3)的 TextMode 属性设置为“Password”，将“兴趣爱好”对应的 Label7 的 Text 属性设为空。为“所在城市”的 DropDownList1 增加以下项：南京、苏州、无锡、常州、南通、扬州、镇江、泰州、徐州、连云港、盐城和淮安。

(3) 双击“确定”按钮，为“确定”按钮添加 Button1_Click 事件，代码如下：

```
protected void Button1_Click(object sender, EventArgs e)
{
    //清空所有 Label 的 text 属性
    Button2_Click(null,null);
    //依次给各个 Label 赋值
    //Label2 显示用户名
    Label2.Text = TextBox1.Text.Trim();
    //Label3 显示密码
    if (TextBox2.Text.Trim() == TextBox3.Text.Trim())
    {
        Label3.Text = TextBox2.Text.Trim();
    }
    else
    {
        Label3.Text = "两次密码输入不一致！";
    }
    //Label4 显示性别
    if (RadioButton1.Checked)
    {
        Label4.Text = RadioButton1.Text;
    }
    if(RadioButton2.Checked)
    {
        Label4.Text = RadioButton2.Text;
    }
    //Label5 显示出生日期
    Label5.Text = TextBox4.Text.Trim();
    //Label6 显示所在城市
    Label6.Text = DropDownList1.SelectedItem.Text;
    //Label7 显示选中的兴趣爱好
    //<BR>为换行
    if (CheckBox1.Checked)
    {
        Label7.Text += CheckBox1.Text+"<BR>";
    }
```

```
    if (CheckBox2.Checked)
    {
        Label7.Text += CheckBox2.Text + "<BR>";
    }
    if (CheckBox3.Checked)
    {
        Label7.Text += CheckBox3.Text + "<BR>";
    }
    if (CheckBox4.Checked)
    {
        Label7.Text += CheckBox4.Text + "<BR>";
    }
    if (CheckBox5.Checked)
    {
        Label7.Text += CheckBox5.Text + "<BR>";
    }
    if (CheckBox6.Checked)
    {
        Label7.Text += CheckBox6.Text + "<BR>";
    }
}
```

(4) 双击“重置”按钮，为“重置”按钮添加 Button2_Click 事件，代码如下：

```
protected void Button2_Click(object sender, EventArgs e)
{
    //清空所有 Label.Text 属性
    Label2.Text = "";
    Label3.Text = "";
    Label4.Text = "";
    Label5.Text = "";
    Label6.Text = "";
    Label7.Text = "";
}
```

(5) 按 F5 键运行程序，可以得到如图 4-16 所示的效果。

4.5　HTML 服务器控件

HTML 服务器控件与 HTML 元素有着直接的对应关系。HTML 服务器控件的最大特点就是运行客户端的脚本，处理 HTML 对象模型等。在默认情况下，添加到 Web 窗体中的 HTML 元素对服务器不可见，只有把它们转换成 HTML 服务器控件才能在服务器端使用。

任何一个 HTML 元素都可以通过添加一个 runat="server" 属性转换成 HTML 服务器控件。在使用 HTML 服务器控件时，它们的外观属性基本上都是通过 HTML 语言直接在 aspx 文件中进行设置的。

Web 窗体框架提供了一些预定义的 HTML 服务器控件，它们对应于一些常用的 HTML 元素，比如表单、输入元素、列表框和表格等。在.NET 框架中，HTML 服务器控件位于命名空间 System.Web.UI.HtmlControls 中。

所有的 HTML 服务器控件都直接或间接派生于 HtmlControl 类。

在 HtmlControl 类中定义了一些 HTML 服务器控件都具有的属性、方法和事件。HtmlControl 类中除了从 System.Web.UI.HtmlControl 类中继承的属性外，还包括以下属性：

(1) Attributes 属性：通过这个属性可以访问该控件对应的 HTML 元素的属性。

(2) Disabled 属性：这个属性表示该控件是否处于禁止状态。如果设置为 True，则控件处于禁止状态。默认值为 False，即控件处于激活状态。在浏览器中，处于禁止状态的控件是只读的，它的值不会随同表单送到服务器上，而且它不能获取输入焦点。

(3) Style 属性：这个属性用来访问该控件的 CSS 属性。

(4) TagName 属性：这个属性用来访问控件对应的 HTML 标签名。用户可以使用这个属性动态地获取 HTML 服务器控件对应的 HTML 元素的名称。例如，对代码描述为 <div style="width:400px;height:195px"id="DIV1"runat="server">的控件来说，TagName 属性会返回字符串“div”。

HtmlControl 的所有方法和事件都继承 System.Web.UI.Control 类，它没有定义自己的方法和事件。

注意：为了能够在代码中访问 HTML 服务器控件，必须给它的 ID 属性赋一个值。

可以为 HTML 服务器控件添加客户端脚本处理代码和服务器端处理代码。客户端脚本代码的添加与常规 HTML 页面中的过程完全相同。首先为相应的 HTML 元素声明事件处理方法，然后在对应的 HTML 元素中绑定该方法。例如下面的代码：

```
<!-声明处理方法->
<script language="javascript" type="text/javascript">
function Button1_onclick()
{


}
</script>
```

为 HTML 服务器控件添加服务器端事件处理方法需要两步：首先把控件转换成服务器端控件；然后双击控件，在后台代码中为它声明默认事件的处理方法并绑定到控件上。例如下面的代码：

```
//在 html 脚本中定义
<input id="Button1" runat="server" type="button"value="按钮" onclick="return Button1_ServerClick" />
…
//声明事件处理方法在后台对应类中进行添加设计
protected void Button1_ServerClick(object Sender ,EventArgs e)
```

```
{

}
```

可以使用客户端代码进行输入验证或改变用户界面之类的操作，使用服务器端代码来处理服务器端的操作，例如访问数据库等。

注意：客户端脚本代码中的对象模型与服务器端的对象模型不同，在为 HTML 服务器控件编写客户端和服务器端代码时要区分这一点。

4.5.1　HtmlInputButton 控件

HtmlInputButton 控件对应于 HTML 中的<button>元素，或使用<input id="Button1" type="button" value="button"/>标签定义的元素，如图4-18所示。

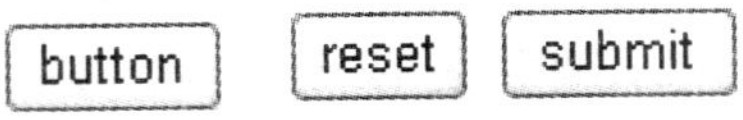

button　reset　submit

图 4-18　HtmlInputButton 控件的外观

HtmlInputButton 控件可以触发单击事件，它在服务器端的单击事件为 ServerClick 事件。单击 HtmlInputButton 控件时就会把页面发送给服务器，并在服务器端触发 ServerClick 事件。例如下面的代码：

```
<input id="Button1" runat="server" type="button" value="按钮" onclick="return Button1_ServerClick"/>
protected void Button1_ServerClick(object Sender ,EventArgs e)
{
    Div1.TagName="SPAN";
}
```

另外，还可以使用“工具箱”面板向 Web 窗体中添加重置(Reset)按钮和提交(Submit)按钮，这两个按钮都是 HtmlInputButton 控件，它们对应的 HTML 元素分别如下：

```
<input id="Reset1" type="reset" value="重置"/>
<input id="Submit1" type="submit" value="提交"/>
```

其中，重置按钮用来清除用户的输入，而提交按钮则用来把页面提交给服务器。

4.5.2　HtmlInputText 控件

HtmlInputText 控件对应于 HTML 中的<input id="Text1" type="text"/>和<input id="Password1" type="password"/>元素，主要用来输入单行文本或密码，如图 4-19 所示。

图 4-19　HtmlInputText 控件的外观

可以使用 HtmlInputText 控件的 MaxLength 属性来指定最多能输入的字符数，使用 Size 属性指定控件的显示宽度(字符数)，并且可以用 Value 属性来获取或设置控件中的文本。例如下面的代码：

```
Text1.MaxLength = 10;
Text1.Size = 10;
Text1.Value = "8888";
```

HtmlInputText 控件在服务器端触发的事件为 ServerChange，每当控件的内容发生变化时就会触发这个事件。这个事件将会被缓存起来，直到下一次页面被发送到服务器时才会被处理。例如下面的代码：

```
<input id="Text1" runat="server" type="text"   onserverchange="Text1_ServerChange"/>
…
protected void Text1_ServerChange (object Sender ,EventArgs e)
{
  ...
}
```

“工具箱”面板中的 Password 控件也是 HtmlInPutText 控件类型的控件，除了用于不同的目的外，它们的属性和事件完全相同。

4.5.3 HtmlTextArea 控件

HtmlTextArea 控件对应于 HTML 中的<textarea>元素。可以使用这个控件在 Web 页面上创建多行文本框，如图 4-20 所示。

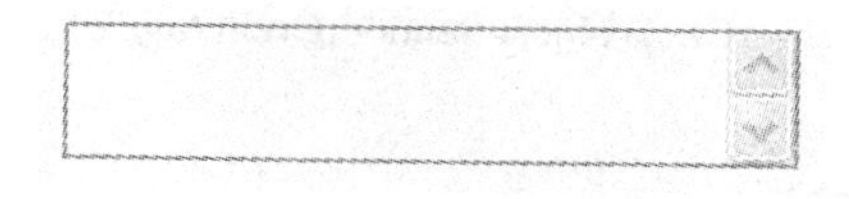

图 4-20　HtmlTextArea 控件的外观

可以使用这个控件的 Cols 属性和 Rows 属性来指定文本框显示的行数和列数(字符数)，这两个属性的默认值是 –1，表示没有指定。另外，还可以通过 Value 属性获取或设置控件中的文本。例如下面的代码：

```
TextArea1.Cols = 40;
TextArea1.Rows = 10;
TextArea1.Value="ASP.NET 程序设计与开发";
```

HtmlTextArea 控件在服务器端触发的事件为 ServerChange，每当它的 Value 属性发生变化时就会触发这个事件。这个事件不会立即被处理，而是被缓存起来，直到下一次页面被发送到服务器端时才会被处理。例如下面的代码：

```
protected void TextArea1_ServerChange (object Sender ,EventArgs e)
{
  ...
}
```

4.5.4 HtmlInputCheckBox 和 HtmlInputRadioButton 控件

这两个控件分别对应于 HTML 的<input id="Checkbox1"type="checkbox"/>和<input

id="Radio1" type="radio"/>元素，用来在 Web 页面上创建复选框和单选按钮，如图 4-21 所示。

图 4-21　HtmlInputCheckBox 和 HtmlInputRadioButton 控件的外观

这两个控件都包含一个 Checked 属性，表示控件是否处于选中状态。可以使用它们的 Value 属性来获取或者为它们指定一个相关的值，例如下面的代码：

```
CheckBox1.Checked = true;
Radio1.Checked = true;
CheckBox1.Value = "100";
```

这两个控件都可以在服务器端触发 ServerChange 事件，每当它们的 Checked 属性发生变化时就会触发这个事件。这个事件将会被缓存起来，直到下一次页面被提交给服务器时才会被处理。例如下面的代码：

```
protected void checkbox1_ServerChange (object Sender ,EventArgs e)
{
   ...
}
```

可以创建 HtmlInputRadioButton 组(通常单选按钮都要成组使用，以从多个值中选择一个值)，这时需要用它的 Name 属性来指定组名。具有相同 Name 属性的 HtmlInputRadioButton 控件属于同一组。同一组中的 HtmlInputRadioButton 一次只能有一个处于选中状态。

提示： 因为这两个控件没有标题，所以需要把它们和标签等控件结合使用，以指出它们的作用。

4.5.5 HtmlInputHidden 控件

对应于 HTML 的<input id="Hidden1" type="hidden"/>元素，HtmlInputHidden 控件不会显示在 Web 页面上，通常用它来保存一些状态信息。当 Web 窗体被提交给服务器时，它所包含的 HtmlInputHidden 控件也会被一起提交，如图 4-22 所示。

图 4-22　HtmlInputHidden 控件的外观

提示： HtmlInputHidden 控件与 HtmlInputText 控件的外观有细微的区别。Web 窗体所使用的页面框架使用隐藏字段来自动地维持页面中包含的服务器控件的视图状态。

可以使用这个控件的 Value 属性来获取或设置它的值。这个控件触发的服务器事件为 ServerChange，每当它的 Value 属性发生变化时就会触发这个事件。但是，通常不处理这个控件的事件。

4.5.6 HtmlInputFile 控件

HtmlInputFile 控件对应于 HTML 的<input id="File1" type="file"/>元素，可以用它来上传文件，如图 4-23 所示。

图 4-23 HtmlInputFile 控件的外观

可以使用 HtmlInputFile 类的 Accept 属性获取或设置上传的文件类型，这个属性由逗号分隔的 MIME 编码类型组成。例如 image/表示可以上传的图像文件，text/表示可以上传的文本文件。

还可以使用 MaxLength 属性来获取或设置文件路径的最大长度，并使用 Size 属性设置 HtmlInputFile 控件的显示宽度(字符数)。例如下面的代码：

```
File1.MaxLength = 40;
File1.Size = 40;
```

HtmlInputFile 类的 PostedFile 属性用来访问上传的文件，例如下面的代码：

```
File1.PostedFile.SaveAs("c:\\Temp\\"+Text1.Value);
```

也可以直接使用以下格式在 aspx 文件中设置 HtmlInputFile 控件的属性：

```
<input type="file" runat="server" id="file 控件" maxlength="100"size="100" postedfile="上传的文件名"/>
```

4.5.7 HtmlImage 控件

HtmlImage 控件对应于 HTML 的<img>元素。使用这个控件可在 Web 页面上显示图像。可以使用 HtmlImage 控件的 Align 属性设置图像的堆砌方式；使用 Alt 属性设置图像的替代文本；使用 Border 属性设置控件的边框宽度；使用 Height 和 Width 属性设置图像的大小；使用 Src 属性设置将在控件中显示的图像的虚拟路径。例如下面的代码：

```
img1.Src = "images/image1.jpg";
img1.Width = 500;
img1.Height = 300;
img1.Alt = "Image1";
img1.Align = "center";
```

提示： 明确地指定图像的大小可以加快页面的装入时间，并可以对图像进行缩放操作。另外，在默认情况下，设置图像大小时使用的单位为像素，但也可以使用百分比进行设置。

4.5.8 HtmlSelect 控件

HtmlSelect 控件对应于 HTML 的<select>元素。可以使用这个控件在 Web 页面上创建列表框和下拉列表框。

可以使用 HtmlSelect 控件的 Multiple 属性指定是否允许多重选择，使用 Size 属性指定控件的显示大小。例如下面的代码：

```
Select1.Multiple = true;
Select1.Size = 10;
```

另外，还可以使用 HtmlSelect 控件的 SelectedIndex 属性获取当前选择项的索引，使用 Value 属性获取当前选择项的值。HtmlSelect 控件中的项保存在它的 Items 属性中，其中每一项都使用 ListItem 类表示，并且每一项都具有 Text 属性(该项的标题)、Value 属性(该项的值)以及 Selected 属性(表示该项是否被选择)。例如下面的代码：

```
ListItem li Select1.Items[0];
li.Text = "第一个项目";
li.Value = "0";
li.Selected = true;
```

HtmlSelect 控件触发的服务器端的服务器事件为 ServerChange，每当控件中项的选择发生变化时就会触发这个事件。同样，这个事件将会被缓存起来，直到下一次页面被提交时才会被处理。

项目任务 4-2　用 HTML 服务器控件创建用户注册页面

【要求】

采用 HTML 服务器控件实现一个与项目任务 4-1 效果一样的页面。

【步骤】

(1) 新添加一个网页“4-4.aspx”，切换到设计视图，输入“用户注册”，然后选中这四个字，单击右键，选择弹出菜单的“样式”命令，如图 4-24 所示。

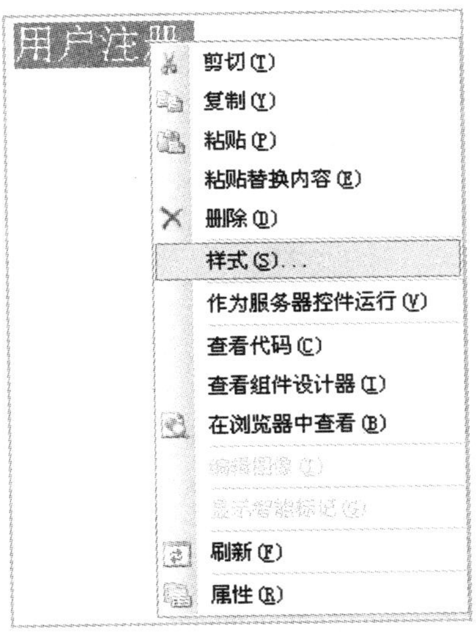

图 4-24　选择“样式”命令

(2) 在打开的“样式生成器”对话框中设置字体的大小为“特大”，其他默认，如图 4-25 所示。

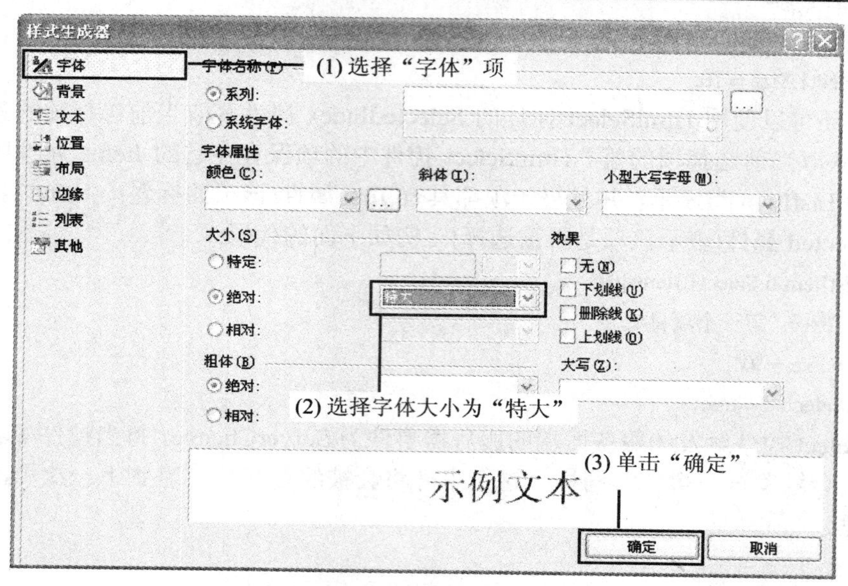

图 4-25　“样式生成器”对话框

(3) 向页面中拖放两个表格，将第一个表格调整为八行两列，将第二个表格调整为六行两列。两个表格内放置的控件如图 4-26 所示，注意有的控件是带三角的，有的控件是不带三角的。

用户注册

用户名：	
密码：	
重复输入密码：	
性别：	○ 男 ○女
出生年月：	
所在城市：	南京
兴趣爱好：	□ 看书 □旅游 □音乐 □ 逛街 □运动 □钓鱼
确定	重置

用户名：	Label
密码：	Label
性别：	Label
出生年月：	Label
所在城市：	Label
兴趣爱好：	[Label7]

图 4-26　控件布局图

(4) 所有控件均采用默认名字，右键单击 Select1，打开如图 4-27 所示的窗口，为其添加以下项：南京、苏州、无锡、常州、南通、扬州、镇江、泰州、徐州、连云港、盐城和淮安。

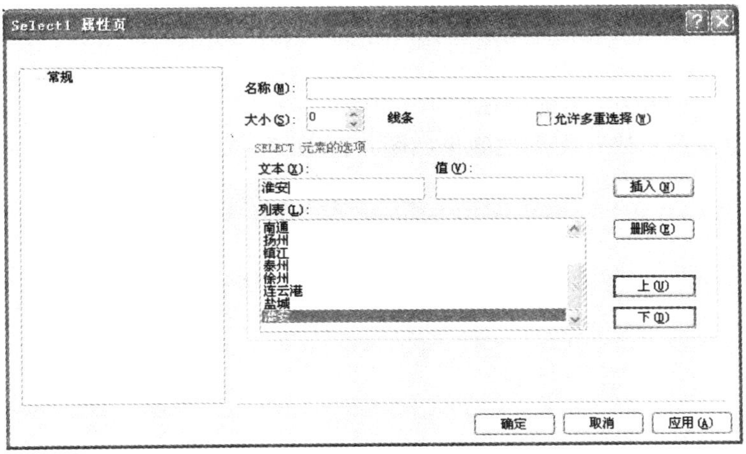

图 4-27 为 Select1 添加项

(5) 双击“确定”按钮，为其添加 ServerClick 事件如下：

```
Label1.Text = Text1.Value.Trim();
if (Text2.Value.Trim() == Text3.Value.Trim())
    Label2.Text = Text2.Value.Trim();
else
    Label2.Text = "两次密码输入不一致";
if (Radio1.Checked)
{
    Label4.Text = "男";
    Radio2.Checked = false;
}
else
{
    Label4.Text = "女";
    Radio1.Checked = false;
}
Label5.Text = Text4.Value.Trim();
Label6.Text = Select1.Value;
if (Checkbox1.Checked)
    Label7.Text += "看书<BR>";
if (Checkbox2.Checked)
    Label7.Text += "旅游<BR>";
if (Checkbox3.Checked)
    Label7.Text += "音乐<BR>";
if (Checkbox4.Checked)
    Label7.Text += "逛街<BR>";
if (Checkbox5.Checked)
```

```
        Label7.Text += "运动<BR>";
    if (Checkbox6.Checked)
        Label7.Text += "钓鱼<BR>";
```

(6) 按 F5 键运行程序，得到的效果如图 4-28 所示。

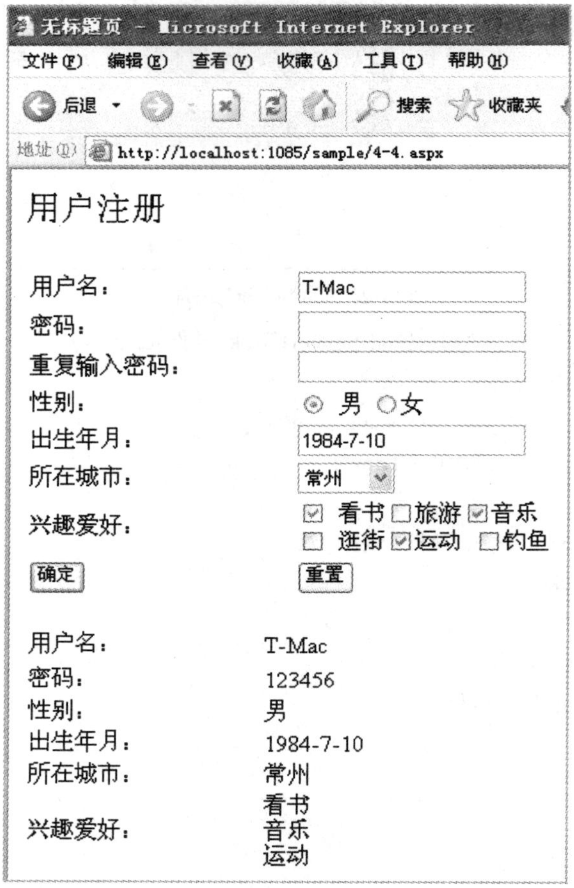

图 4-28　运行效果图

本 章 小 结

本章结合实际项目任务介绍了常用的 Web 服务器控件和 HTML 控件的使用方法。Web 服务器控件主要介绍了 Label 控件、TextBox 控件、Button 控件、LinkButton 控件、Image 控件、HyperLink 控件、DropDownList 控件、ListBox 控件、CheckBox 控件、RadioButton 控件和 Panel 控件。HTML 服务器控件主要介绍了 HtmlInputButton 控件、HtmlInputText 控件、HtmlTextArea 控件、HtmlInputCheckBox 控件、HtmlInputRadioButton 控件、HtmlInputHidden 控件、HtmlInputFile 控件、HtmlImage 控件、HtmlSelect 控件。在每种服务器控件介绍之后均有一个综合示例与其对应。本章要求读者掌握常用的服务器控件的使用方法。

训练任务

根据附录 I 和附录 II 的有关要求，完成以下训练任务。

<table>
<tr><td>标题</td><td>制作用户登录界面</td></tr>
<tr><td>编号</td><td>4-1</td></tr>
<tr><td>要求</td><td>分别使用本章学习的服务器控件和 HTML 控件制作用户登录界面。</td></tr>
<tr><td>描述</td><td>输入：用户名、密码、验证码。
处理：根据数据表 users 判断登录是否成功。
输出：如果登录成功，则可以利用 session["username"]、session["roleID"]保存用户名和用户的权限，在页面上显示“欢迎您 XX 用户，登录时间 yyyy-mm-dd，注册注销”；如果登录失败，则显示失败的原因。
roleID 的不同数值对应的不同用户
<table>
<tr><th>roleID 的数值</th><th>对应的用户</th></tr>
<tr><td>0</td><td>未注册用户</td></tr>
<tr><td>1</td><td>免费会员，只能浏览有限的信息</td></tr>
<tr><td>2</td><td>初级会员</td></tr>
<tr><td>3</td><td>中级会员</td></tr>
<tr><td>4</td><td>高级会员</td></tr>
<tr><td>5</td><td>管理员</td></tr>
</table>
本训练任务使用的表是 users。</td></tr>
<tr><td>重要程度</td><td>很高</td></tr>
<tr><td>备注</td><td>roleID 在本系统中用于控制用户的操作权限，比如在数据表 article 中，有一个字段为 roleID，如果当前用户的 roleID 小于 article 中的 roleID，则不能查看相关的文章内容。</td></tr>
</table>

第 5 章　验 证 控 件

在进行 Web 应用程序开发的时候，常常需要设计让用户输入信息的菜单，比如要求用户输入身份证号码、邮政编码、日期或者电子邮件地址等信息。这些数据信息的正确性和有效性至关重要。就拿最常用的电子邮件地址来说，由于用户的计算机水平、视力、习惯等不同，在输入时按错键是常有的事情，如把数字“0”输入成字母“O”，把数字“1”输入成字母“l”等，而这样的错误一般也很难用眼睛看出来，如果向这个不正确的电子邮箱发送邮件，那么用户也许永远都收不到这些信息。又如，表单上的密码输入框本来就是采用掩码方式进行的，用户根本看不到自己输入了什么，所以网站设计人员常常会采用输入两次密码的方式对密码进行验证，以确保用户输入密码的正确性。

数据验证就是对用户所输入的内容按一定规则进行检查，例如，身份证号码必须是 15 位或者 18 位的，中国邮政编码必须是 6 位整数，年龄必须是大于 0 的数字，结束日期不能小于开始日期等。需要注意的是，数据验证并不能完全保证用户输入的数据真实可靠，它只是尽可能地保证数据的格式正确，或者保证输入的数据不完全是毫无意义的字符。

本章将首先介绍六个验证控件的使用方法，然后用一个项目任务作为总结。

学习目标

- 了解验证控件简介；
- 掌握各验证控件的使用方法；
- 掌握验证控件与其他控件如何配合使用。

项目任务

使用验证控件为用户注册页面添加验证，该页面是第 4 章中项目任务 4-1 创建的“用户注册”页面。在该页面中，用户只是了解了常用 Web 服务器控件的使用方法，在实际应用中，我们还需要对输入的信息做一些控制，比如输入的用户名不能为空，输入的两次密码不一致时应该提示，输入的年龄必须在 1～150 岁之间等。

在对“用户注册”页面进行验证时，我们需要验证的内容包括：用户名是否为空，两次输入的密码是否一致，年龄是否在一定范围内等。为了解决这些问题，我们首先介绍 ASP.NET 为用户提供的六个验证控件，它们分别是：RequiredFieldValidator、RangeValidator、RegularExpressionValidator、CompareValidator、CustomValidator 和 ValidationSummary，如图 5-1 所示。这些控件位于“工具箱”的“验证”面板中，它们均属于 Web 服务器控件，可以在 Web 页面中直接使用这些控件。

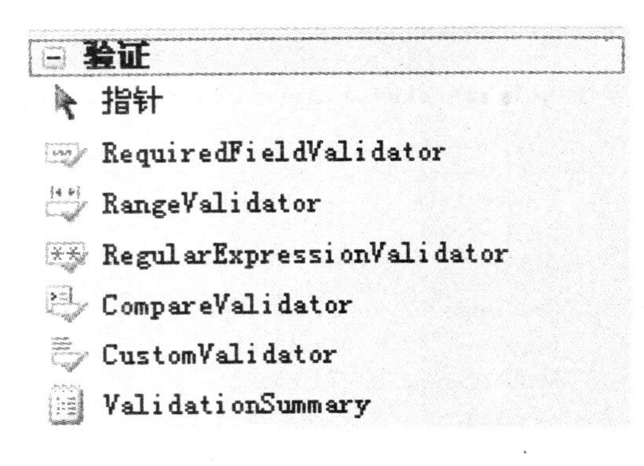

图 5-1　ASP.NET 提供的六个验证控件

5.1　验证控件的工作流程

我们可以使用 ASP.NET 中的验证控件在 Web 窗体中验证用户的输入。验证控件可以提供常用的验证操作，例如比较两个值以及验证一个值是否位于直径范围内等。另外，也可以提供自己的验证操作并且显示自定义的错误信息。

验证控件可以和任何服务器控件一起使用，而且每个验证控件都要引用一个服务器输入控件。处理用户的输入时，页面框架会把用户输入的内容传递给相应的验证控件，然后验证控件检查用户的输入并且根据检查结果设置相应的属性(指出验证是否通过)。在所有的控件验证都被调用之后，如果存在错误，则整个页面被设置为无效并显示相应的错误信息。

可以在代码中测试整个页面或单个验证控件的状态，当任意一个验证控件没有通过时，就会跳过后续的操作把页面返回给用户，检测到错误的验证控件会产生一个错误信息并显示在页面上。

验证控件通常不显示在页面中，但是如果它们检测到错误，则将产生指定的错误信息，这个错误信息可以用多种方式来显示，我们通常把验证控件放在被验证控件的旁边，以显示错误信息。

5.2　验证控件的常用属性

验证控件的常用属性如下所述。

1. ControlToValidate 属性

该属性用来指定或获取将被验证的控件，即与该验证控件相关联的其他控件。通过这个属性可指定被验证的 ID，例如下面的代码：

```
Validator1.controltovalidate= "TextBox1";
```

当然，每个验证控件也可以通过选择的方式绑定需要验证的控件，如图 5-2 所示。

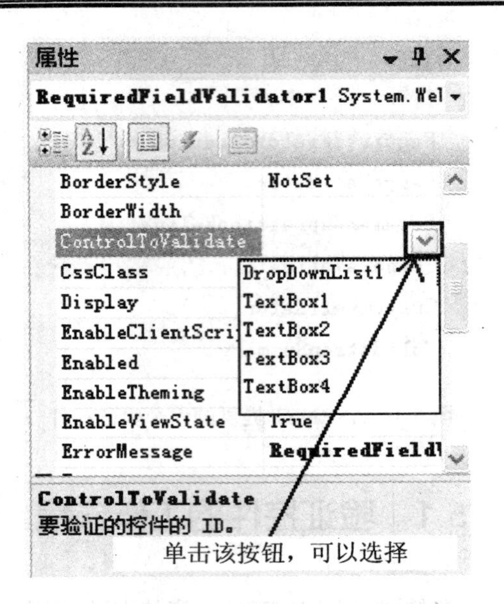

图 5-2　通过选择的方式绑定需要验证的控件

2．Display 属性

这个属性用来获取或设置控件显示错误信息的方式。显示错误信息的方式如表 5-1 所示。其中，默认为 Static 显示方式。例如下面的代码：

```
Validator1.display=validatordisplay.dynamic;
```

表 5-1　Display 显示方式

显示方式	说　明
None	验证信息不显示，想要在 ValidaionSummary 控件中集中显示验证信息时可以指定这种方式
Static	在页面布局中预留显示验证信息的空间，它属于页面的一部分
Dynamic	显示验证信息所需的空间被动态地添加到页面中，这种方式可以使得多个验证空间处于相同的位置

3．EnableClientScript 属性

这个属性表示是否激活客户端的验证。如果该属性为 True，则执行客户端的验证，不论客户端验证是否处于激活状态，验证控件总是在服务器端执行验证过程，但是客户端的验证不需要发送到服务器端进行处理，所以可以提高性能。

4．Enable 属性

这个属性表示验证控件是否处于激活状态。可以使用这个属性来动态地激活或禁止某个验证过程。

5．Errormessage 属性

这个属性用来获取或设置需要在 Web 页面上显示的验证控件的错误信息。例如下面的代码：

```
Validator1.Errormessage="必须要输入用户的姓名";
```

6. Is Valid 属性

这个属性表示被验证的控件是否通过了验证。例如下面的代码：

```
//如果关联控件通过了验证
if(validator1.IsValid==true)
{
  …
}
```

提示：Web 窗体对象(Page 对象)中也包含一个 Validate 方法，可以用它来测试整个页面的有效性。只有当页面中的所有验证控件都通过了验证，页面的这个属性才会被设置为 True。这是 ASP.NET 技术出于安全角度考虑的，而初学者为了方便，在发现有验证错误时都会在源代码的开头加上“ValidateRequest=false”这句话来处理验证错误。这样虽然不再报错，但 Web 站点的安全性却降低了。

5.3 RequiredFieldValidator 控件

RequiredFieldValidator 控件可以翻译为必须字段验证控件，其作用是保证与它相关联的控件中必须要输入内容才能通过验证。

除了 5.2 节所讨论的属性外，RequiredFieldValidator 控件中还包含一个 InitialValue 属性。这个属性用来指定相关联输入控件的初始值，其默认值为空字符串，即 string. Empty。指定初始值时，输入控件中的值必须与初始值不同才能通过验证。

提示：输入控件中的值和初始值在移除前缀和后缀空格之后进行比较，如果相同，则不会通过验证，只有不同才会通过验证。

例如下面代码:

```
RequiredFieldvalidator.Initaiblvalue="Enter a value";
```

5.4 CompareValidator 控件

CompareValidator 控件可以翻译为比较验证控件。在 ASP.NET 中，可以使用两种类型的比较验证控件：CompareValidator 控件和 RangeValidator 控件。这两种比较验证控件中都包含一个 Type 属性。Type 属性用来指定进行比较值的类型。

提示：当被验证控件的值为空(即没有输入内容)时，比较验证控件不会执行比较过程，并且会通过验证。

CompareValidator 验证控件用来将相关联的输入控件(通过 CompareValidator 的 ControlValidate 属性设置)的值与一个指定的值(通过 CompareValidator 验证控件的 ValueToCompare 属性指定)或者另一个控件的值(通过 CompareValidator 验证控件的 ControlToCompare 属性指定)进行比较。图 5-3 和表 5-2 分别显示了 Operator 属性的设置。

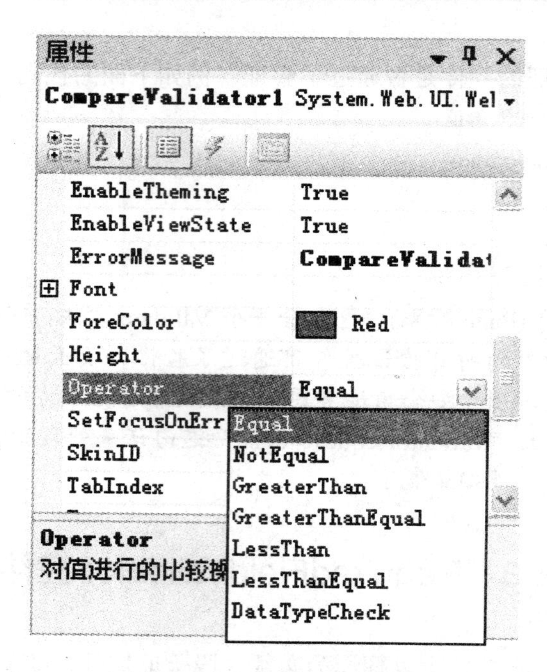

图 5-3　选择 Operator 类型

表 5-2　Operator 属性设置及说明

Operator	说　明
Equal	当两个值相等时，验证通过
NotEqual	当两个值不相等时，验证通过
GreaterThan	当被验证控件的值大于指定的值或指定控件的值时，验证通过
GreaterThanEqual	当被验证控件的值大于等于指定的值或指定控件的值时，验证通过
LessThan	当被验证控件的值小于指定的值或指定控件的值时，验证通过
LessThanEqual	当被验证控件的值小于等于指定的值或指定控件的值时，验证通过
DataTypeCheck	当被验证控件的值的类型与指定的值的类型或指定控件的值的类型相同时，验证通过

注意：ValueToCompare 属性和 ControlToCompare 属性通过字符串来指定被比较的值或被比较的输入控件的 ID。但是不要同时设置这两个属性，如果同时设置了这两个属性，则被验证控件将会与 ControlToCompare 属性指定的控件进行比较。

例如下面的代码：

```
CompareValidator1.ControlToValidate="TextBox1";
CompareValidator1.ControlToCompare="TextBox2";
// 或
//CompareValidator1.ValueToCompare="12345";
CompareValidator1.Opreator=ValidationCompareOperator.GreaterThan;
CompareValidator1.Validate();//执行验证过程
```

5.5 RangeValidator 控件

RangeValidator 控件可以翻译为范围验证控件，它可以用来验证相关联的输入控件的值是否在指定范围内。可以通过 RangeValidator 验证控件的 MaximumValue 和 MinimumValue 属性来指定值的范围，如图 5-4 所示。

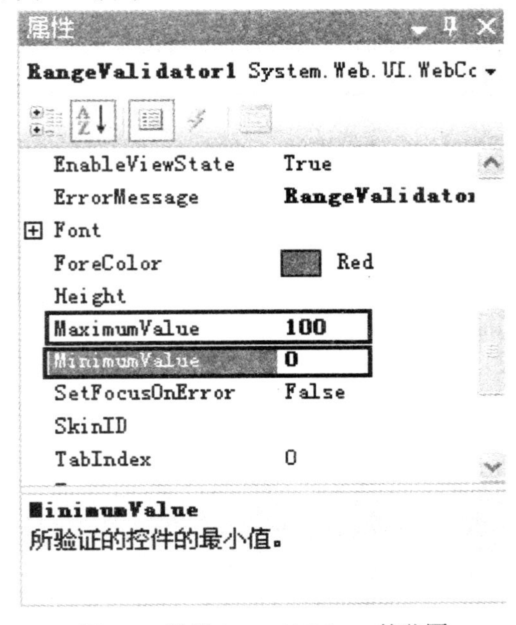

图 5-4 设置 RangeValidator 的范围

下面的代码实现了同样的效果：

```
RangeValidator1.MaximumValue="100";
RangeValidator1.MiniimumValue="0";
```

MaximumValue 和 MinimumValue 属性都是通过字符串来指定值的范围的，如果指定的值无法转换成 Type 属性指定的数据类型，则会产生一个跟踪调试信息，但是 RangeValidator 验证控件的 IsValid 属性仍将被设置为 True。

5.6 RegularExpressionValidator 控件

RegularExpressionValidator 控件可翻译为正则表达式验证控件，它将检验被验证控件的值是否与指定的正则表达式相匹配。如果匹配，则通过验证；否则，验证不通过。使用这种验证控件可以检查指定的字符串序列是否与指定的模式相匹配，例如 E-mail 地址、电话号码和邮政编码的格式是否正确等。例如下面的代码：

```
RegularExpressionValidator1.ValidationExpression="^\\d{5}$";
//表示 5 个数字
```

```
RegularExpressionValidator1.ControlToValidate="TextBox1";
RegularExpressionValidator1.Display=ValidatorDisplay.Static;
```

正则表达式验证控件在客户端和服务器的处理过程略有不同。在服务器端，它使用 System.Text.RegularExpression.Regex 指定的语法；在客户端，它使用 JScript 正则表达式语法(它是 System.Text.RegularExpression.Regex 指定的正则表达式语法的一个子集)。但是，可以在服务器和客户端同时使用 JScript 正则表达式语法，这样就可以采用一致的方式来指定正则表达式。

5.7　CustomValidator 控件

除了以上四种常用的验证控件外，ASP.NET 还支持自定义验证控件，自定义验证使用 CustomValidator 控件实现。使用这个控件，用户可以自定义输入控件的验证过程。

自定义验证控件包含一个 ClientValidationFunction 属性，这个属性用来指定自定义验证控件的客户端验证函数的名称。客户端验证函数必须具有如下形式：

```
Function ClientValidationFunctionName(source,value)
```

其中，source 表示验证控件；value 则包含两个字段：Value(被验证控件的值)和 IsValid(用来指定验证是否通过)。

例如下面的代码：

```
<script language=javascript>
    Function ClientValidation(source,value)
    {
        //可以通过 Value 的 Value 字段获取被验证的值
        Var valueToBeValidate=value.Value;
         …
        //如果输入控件的值出现错误，则可以把 value 参数中的 IsValid 字段设置为 False
        //来阻止页面被发送给服务器，并在页面上的自定义验证控件处显示错误信息
        if(valueToBeValidate>10)
            value.IsValid=False;
        else
            value.IsValid=True;
    }
</script>
```

创建客户端的验证函数后，就可以把它的名称赋给自定义验证控件的 ClientValidationFunction 属性。例如下面的代码：

```
CustomValidator1.ClientValidationFunction="ClientValidation";
```

自定义验证控件的服务器端的验证过程是通过响应它的 ServerValidate 事件来实现的。该事件参数包含以下两个属性：

(1) IsValid 属性：表示验证过程是否通过。如果通过，则在事件处理方法中把这个属性

设为 True；否则设为 False。

(2) Value 属性：可以通过这个属性来获取被验证的值。

例如下面的代码：

```
protected void CustomValidator1_ServerValidate(object source, ServerValidateEventArgs args)
{
     if(args.Value=="1")      //如果验证通过
     Args.IsValid=True;
    //…
    else                      //如果验证不通过
    {
          Args.IsValid=False;
            //…
    }
}
```

5.8　ValidationSummary 控件

ValidationSummary 控件用来总结页面中的所有验证错误，然后直接在页面中或者通过一个消息框来集中地显示这些验证错误。

可以通过 ValidationSummary 控件的 DisplayMode 属性指定错误信息的显示方式。显示方式如表 5-3 所示，其中，BulletList 为默认方式。

表 5-3　ValidationSummary 控件的显示方式

显示方式	说　　明
BulletList	以项目符号列表的方式显示页面中所有验证控件的错误信息
List	以列表的方式显示页面中所有验证控件的错误信息
SingleParagraph	在一个段落中显示页面中所有验证控件的错误信息

例如下面代码：

```
ValidationSummary.DisplayMode=ValidationSummaryDisplayMode. List;
```

ValidationSummary 控件的 EnableClientScript 属性用来指定是否生成客户端的显示脚本；ForeColor 属性用来指定显示错误信息所使用的颜色；HeaderText 属性用来指定标题头；ShowMessageBox 和 ShowSummary 属性用来指定通过消息框显示错误信息还是直接在页面显示错误信息，可以把这两个属性都设置为 True，同时使用两种方式显示错误信息。例如下面的代码：

```
ValidationSummary.DisplayMode=ValidationSummaryDisplayMode. BulletList;
ValidationSummary1.ShowMessageBox=True;
ValidationSummary.ShowSummary=False;
ValidationSummary1.ForeColor=system.Drawing.color.Blue;
Validationsummary1.HeaderText="页面出现了下列验证错误";
```

通过上面的介绍，我们掌握了 ASP.NET 中验证控件的使用方法。下面可以按照本章提出的项目任务要求，为用户注册页面添加验证。

项目任务 5-1　使用验证控件为用户注册页面添加验证

【要求】

使用验证控件为用户注册页面添加验证，该页面是第 4 章中项目任务 4-1 创建的页面。在该页面中，用户只是了解了常用 Web 服务器控件的使用方法，在实际应用中，我们还需要对输入的信息做一些控制，比如输入的用户名不能为空，输入的两次密码不一致时应该提示，输入的年龄必须在 1～150 岁之间等。

【步骤】

(1) 打开 4-3.aspx，拖放 RequiredFieldValidator、RangeValidator、CompareValidator 控件到页面上，如图 5-5 所示。

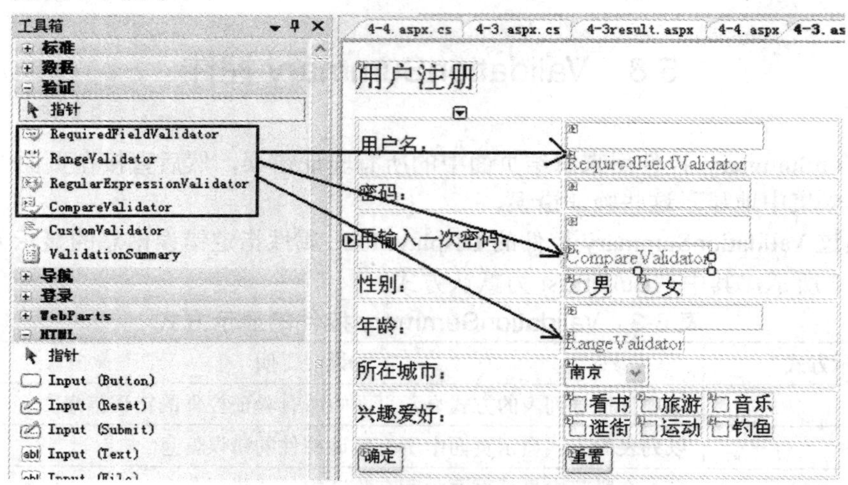

图 5-5　拖放验证控件到页面上

(2) 调整页面布局，并设置三个验证控件的属性，如表 5-4 所示。

表 5-4　验证控件属性设置

控 件 名 称	属　性	值
RequiredFieldValidator	ControlToValidate	TextBox1
	ErrorMessage	用户名不允许为空！
RangeValidator	ControlToValidate	TextBox4
	ErrorMessage	年龄输入有误！
	MaxValue	150
	MinValue	1
CompareValidator	ControlToValidate	TextBox3
	ControlToCompare	TextBox2
	ErrorMessage	两次密码输入不匹配！

(3) 完成后的页面设计如图 5-6 所示。

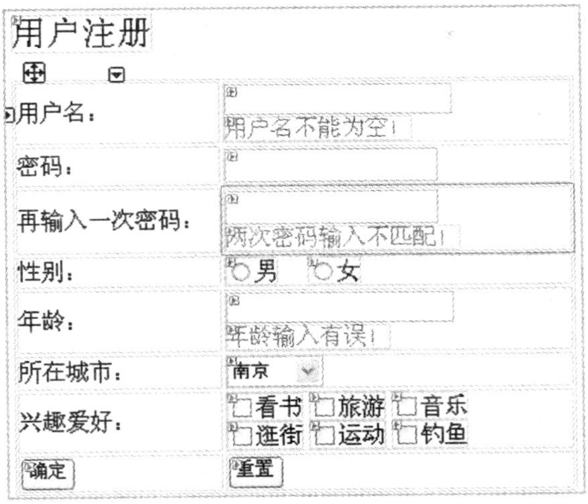

用户注册

用户名：　用户名不能为空！

密码：

再输入一次密码：　两次密码输入不匹配！

性别：　男　女

年龄：　年龄输入有误！

所在城市：　南京

兴趣爱好：　看书　旅游　音乐　逛街　运动　钓鱼

确定　重置

图 5-6　设计视图

(4) 按 F5 键运行，故意输入一些非法字符得到的结果如图 5-7 所示。

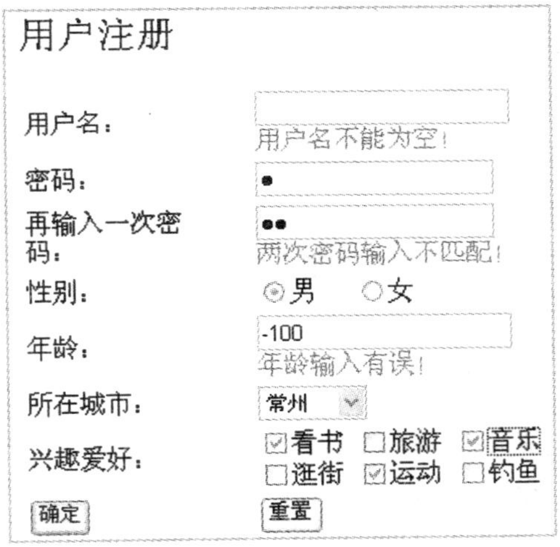

用户注册

用户名：　用户名不能为空！

密码：　●

再输入一次密码：　●●　两次密码输入不匹配！

性别：　男　女

年龄：　-100　年龄输入有误！

所在城市：　常州

兴趣爱好：　看书　旅游　音乐　逛街　运动　钓鱼

确定　重置

图 5-7　运行效果

本 章 小 结

在网站中，对输入数据进行校验是最常用的技术之一。在 ASP.NET 2.0 中，校验工作在服务器端进行，在可能的情况下，将自动调用客户端验证作为补充，以减少错误信息在网络上往返的次数，以提高使用效率。

本章介绍了常用的六种验证控件，包括了 RequiredFieldValidator 控件、CompareValidator 控件、RangeValidator 控件、RegularExpressionValidator 控件、CustomValidator 控件和 ValidationSummary 控件。尽管这些控件的作用不一样，但是其使用方法却有着很多共同点，

都需要将属性指向被验证的控件，指定错误发生时提示的语句，其他属性的设置则根据控件的作用不同而有所不同。这些控件除了 RequiredFieldValidator 控件外，其他控件都认为空的输入是允许的，因此需要将此控件与其他控件一起指向输入控件时，才能避免输入错误。

训 练 任 务

根据附录 I 和附录 II 的有关要求，完成以下训练任务。

标题	制作会员注册页面
编号	5-1
要求	(1) 使用 HTML 控件和服务器控件构建页面结构。 (2) 使用验证控件为会员注册页面的输入进行必要的验证。
描述	输入：用户名、密码、密码提示问题、答案、单位名称、联系人、联系电话、联系地址、单位类别、地区。 处理：根据两次密码输入的一致性和必要字段的有效性(主要靠验证控件)以及用户名重复与否来判断是否添加会员注册信息。 输出：如果添加信息成功，则返回“新会员信息添加成功！”；如果失败，则返回“新会员信息添加失败！”。 本训练任务使用的表是 users 表。
重要程度	高
备注	要特别注意 RoleID 字段对判断用户权限的影响，以及各种类型的字段验证。

标题	制作会员信息修改页面
编号	5-2
要求	(1) 使用服务器控件构建页面结构。 (2) 使用验证控件为会员注册页面的输入进行必要的验证。
描述	输入：密码、密码提示问题、答案、单位名称、联系人、联系电话、联系地址、单位类别、地区。 处理：根据两次密码输入的一致性和必要字段的有效性(主要靠验证控件)以及用户名重复与否来判断是否修改会员信息。 输出：如果修改信息成功，则返回“修改会员信息成功！”；如果失败，则返回“修改会员信息失败！”。 本训练任务使用的表是 users 表。
重要程度	中
备注	要特别注意 RoleID 字段对判断用户权限的影响，以及各种类型的字段验证。

第 6 章　ASP. NET 状态管理

Web Form 网页是基于 HTTP 的，它们没有状态，这意味着它们不知道所有的请求是否来自同一台客户端计算机，网页是否受到了破坏，以及是否得到了刷新，这样就可能造成信息的丢失。于是，状态管理就成了开发网络应用程序的一个实实在在的问题。在 ASP.NET 中能够通过 Cookie、查询字符串(QueryString)、应用程序(Application)、会话(Session)等轻易解决这些问题。在 ASP.NET 环境中，我们依然可以使用这些功能，并且功能更加强大。本章将详细介绍 Application 对象、Session 对象、Cookie 对象以及查询字符串，通过它们的属性、方法和事件，从各方面讲解如何使用这些对象来实现 ASP.NET 的各种功能。

学习目标

- 掌握 QueryString(查询字符串)、Session(会话状态)、Application(应用程序状态)的用法；
- 了解 ViewState(视图状态)、HiddenField(隐藏域)、Cookie 的用法；
- 掌握计数器的编写方法，能够根据本章所学的知识编写计数器。

项目任务

在二手信息发布平台中，网络管理员需要了解网站的流量，以便掌握网站运营的状况及受关注的程度，这就需要网页计数器。比如，在网站上常用的功能是向用户显示：“你是本站的第 X 位客人!”。此外，网络管理员还需要了解网站的在线人数。本章将实现这两个任务，其运行结果如图 6-1 和图 6-2 所示。

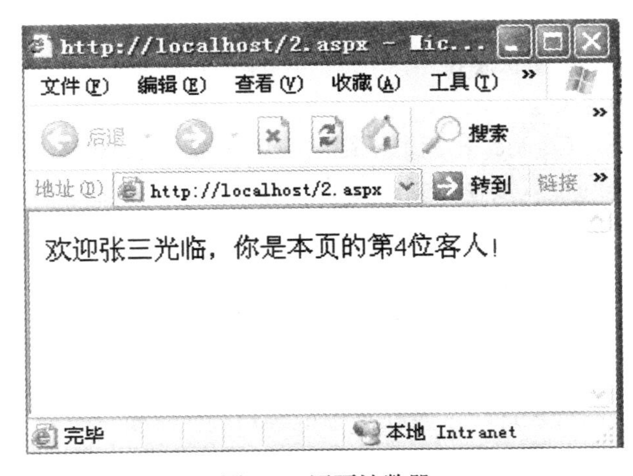

图 6-1　网页计数器

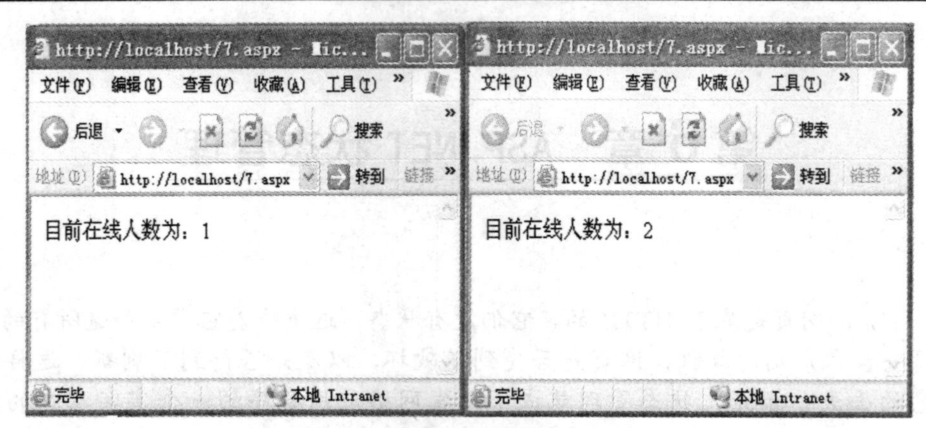

图 6-2　统计在线人数运行两次

在完成以上项目任务时，最关键的是需要知道在 ASP.NET 中采用什么方法来统计在线人数。比如，当有新的用户访问本站点时，什么对象发生了变化，在多用户同时访问时如何响应不同用户的要求。为了解决这些问题，我们首先介绍状态管理的基本概念，然后分别介绍各种状态管理对象的意义和使用方法。

6.1　ASP.NET 状态管理概述

每次将网页发送到服务器时，都会创建网页类的一个新实例。在传统的 Web 编程中，这通常意味着在每一次往返行程中，与该页及该页上的控件相关联的所有信息都会丢失。如果用户将信息输入到文本框，则该信息将在从浏览器或客户端设备到服务器的往返行程中丢失。为了解决传统的 Web 编程的固有限制，ASP.NET 包括以下几个选项，这些选项有助于按页保留数据和在整个应用程序范围内保留数据。

(1) ViewState(视图状态)；

(2) HiddenField(隐藏域)；

(3) Cookie；

(4) QueryString(查询字符串)；

(5) Application(应用程序状态)；

(6) Session(会话状态)。

视图状态、隐藏域、Cookie 和查询字符串均会以不同方式将数据存储到客户端，而应用程序状态和会话状态则将数据存储到服务器的内存中。每个选项都有不同的优点和缺点，具体取决于相应的方案。

6.2　基于客户端的状态管理

下面各节描述的状态管理选项涉及在页中或客户端计算机上存储信息。对于这些选项，在各往返行程间不会在服务器上维护任何信息。

6.2.1　视图状态

由于 Web 服务器具有符合 HTTP 规范的特点，因此它天生就是无状态的。每次访问者请求一个页面，服务器就向其发送该页，然后彻底“忘记”该访问者。一旦 Web 页面需要保存关于同一个访问者发出的不同请求的信息，为了克服 HTTP 无状态的性质，就需要专门的编程。针对此问题，Web 页面使用了一个有其局限性但非常实用的方法：当访问者发送 Web 窗体时，ASP.NET 随窗体一起自动发送所谓的 ViewState 信息包。

实际上，ViewState 是 ASP.NET 每次向访问者发送 Web 页面时所保存的一组“名称=值”对，这些数据被高度压缩在一个隐藏的 ViewState 窗体字段中。无论何时 Web 访问者把窗体发送回服务器，ASP.NET 都对 ViewState 信息进行接收、解压和恢复。

ASP.NET 自身广泛利用了 ViewState，记住了每个服务器空间的当前设置和窗体的全部状态，同样可以使用 ViewState 来编写代码。例如，想保存 Web 窗体页面某次执行中的第一个名称“anda”，以供下次执行该页面时使用，语句：

```
ViewState ["firstNme"] ="anda";
```

将在页面执行时保存此信息，语句：

```
strFirstName=ViewState ["firstName"] ;
```

将在同一个访问者所启动的下一次执行过程中重新检索该信息。

6.2.2　隐藏域

ASP.NET 允许将信息存储在 HiddenField 控件中，此控件将呈现为一个标准的 HTML 隐藏域。隐藏域在浏览器中不以可见的形式呈现，但可以像标准控件一样设置其属性。当向服务器提交页时，隐藏域的内容将在 HTTP 窗体集合中随同其他控件的值一起发送。隐藏域可用作一个储存库，可以将希望直接存储在页中的任何特定于页的信息放置到其中。

可以在页上的隐藏域中存储特定于页的信息作为维护页的状态的一种方式。如果使用隐藏域，则最好在客户端上只存储少量经常更改的数据，必须使用 HTTP POST 方法向服务器提交页，而不是使用通过页 URL 请求该页的方法(HTTP GET 方法)向服务器提交页。

6.2.3　Cookie

Cookie 是一些少量的数据，这些数据或者存储在客户端文件系统的文本文件中，或者存储在客户端浏览器会话的内存中，对应 HttpCookie 类。Cookie 包含特定于站点的信息，这些信息将随页输出，一起由服务器发送到客户端。Cookie 可以是临时的(具有特定的过期时间和日期)，也可以是永久的。

可以使用 Cookie 来存储有关特定客户端、会话或应用程序的信息。Cookie 保存在客户端设备上，当浏览器请求某页时，客户端会将 Cookie 中的信息连同请求信息一起发送。服务器可以读取 Cookie 并提取它的值，一种常见的用途是存储标记(可能已加密)，以指示该用户已经在你的应用程序中进行了身份验证。

可以使用 Response 对象的 Cookie 集合来设置 Cookie。这里可以创建两种 Cookie：一种是单值的；另一种被称为字典 Cookie，可以保存多个键值对。例如：

```
HttpCookie objCookie = new HttpCookie ("MyCookie", "zhangsan");
Response.Cookies.Add(objCookie);
```

这里首先初始化一个 HttpCookie 对象实例，其名为 MyCookie，值为"zhangsan"，然后将它添加到 Response 的 Cookies 集合中。

如果要读取一个 Cookie，则访问 Request 对象的 Cookie 集合。例如：

```
Response.Write(Request.Cookies("MyCookie").Value);
```

示例 1 在访问一个需要密码的商业站点时，除了第一次要输入密码外，以后均无需再输入密码，实现这一功能所用的技术便是 Cookie。下面演示如何写入并读取 Cookie。

```
<%@ Page Language="c#" %>
<html>
<head><title>Cookie 示例</title></head>
<body>
<%
HttpCookie objCookie = new HttpCookie ("MyCookie","张三");
Response.Cookies.Add(objCookie);
Response.Write(Request.Cookies("MyCookie").Value);
%>
</body>
</html>
```

按 F5 键，运行结果如图 6-3 所示。

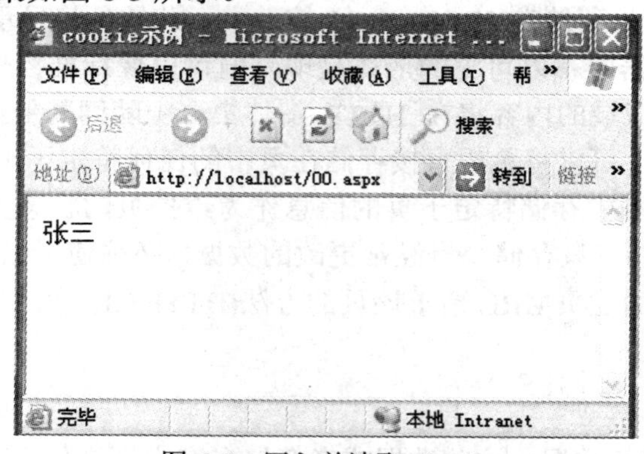

图 6-3 写入并读取 Cookie

此外，可以通过遍历语句来访问当前 Request 对象中的所有 Cookie。例如：

```
String str;
For each(str in Request.Cookies)
{
    Response.Write("<li>" & str & " =" Request.Cookies(str).Value);
}
```

这里使用 For… each 循环语句遍历 Request 对象中的 Cookie 集合，并且将所有 Cookie 的内容用一个有序列表显示出来。

注意：浏览器只能将数据发送回最初创建该 Cookie 的服务器。但是，恶意用户可通过多种方法访问 Cookie 并读取其中的内容。建议不要将敏感信息(如用户名或密码)存储在 Cookie 中，可以在 Cookie 中存储一个标识用户的标记，然后使用该标记在服务器上查找敏感信息。

Cookie 对象的属性如表 6-1 所示。

表 6-1 Cookie 对象的属性

属性或方法	含 义
Name	Cookie 的名字
Value	Cookie 的值
Domain	与 Cookie 相关联的域，默认为接受到该 Cookie 的主机
Expires	Cookie 的过期日期和时间
Values	获取字典 Cookie 的键值
HasKeys	判断是否包含键值，即是否为字典 Cookie
Path	获取或设置与当前 Cookie 一起传输的虚拟路径，通常保留其默认值
Secure	表示 Cookie 是否通过保密传输，默认为 False

6.2.4 查询字符串

查询字符串是在页 URL 的结尾附加的信息。当 HTML 表单用 GET 方法向 aspx 文件传递数据时，表单提交的数据不是当作一个单独的包发送，而是被附在 URL 的查询字符串中一起被提交到服务器端指定的文件中。QueryString 集合的功能就是从查询字符串中读取用户提交的数据。查询字符串用于向服务器传送少量的数据。包含查询字符串的 URL 具有类似下面的格式：

http://www.sitename.com/filename.aspx?field1=value1&field2=value2&field3=value3

其中，filename.aspx 用于处理表单提交的数据；查询字符串以“?”开始，包含几对字段名和分配的值，不同的字段名和值对用&号隔开。

可以使用如下方法得到数据：

```
string str=Request.QuerySting["field1"];
```

这样 str 就等于 value1。

查询字符串提供了一种维护状态信息的方法，这种方法很简单，但有使用上的限制。我们只能使用 HTTP-Get 提交该互联网网页，否则就不能从查询字符串获得需要的值。查询字符串只可以传递少量数据，因为 HTTP Web 服务器不能处理超过 255 个字符的查询字符串。查询值是通过 URL 传递给互联网的，因此，在有些情况下，安全就成了一个大问题。在查询字符串中传递的信息可能会被恶意用户篡改，所以不要依靠查询字符串来传递重要的或敏感的数据，例如不要传递密码、银行卡号码等数据。

6.3 基于服务器的状态管理

ASP.NET 提供了多种方法用于维护服务器上的状态信息，而不是保持客户端上的信息。通过基于服务器的状态管理，可以减少发送给客户端的信息量，但同时也可能会耗费服务器上高成本的资源。下面描述两种基于服务器的状态管理功能：应用程序状态及会话状态。

6.3.1 Application 对象

Application 对象是一个应用程序级的对象，在 .NET 中对应 HttpApplicationState 类，即应用程序状态。应用程序状态是一种全局存储机制，可以直接在应用程序状态中存储变量和对象，Web 应用程序中的所有页面都可访问这些变量和对象，且其值都相同，类似于一般程序设计语言中的“全局变量”。因此，应用程序状态可用于存储需要在服务器往返行程之间及页请求之间维护的信息，如网页计数器、自动记录页面浏览的次数等。

1．存储

Application 对象没有自己的属性，用户可以根据自己的需要定义属性来保存一些共享信息，其基本格式如下：

Application["属性名"]=值

示例 2　利用 Application 对象存储变量 welcome 和 name，并使用 Response 对象显示存储的这两个变量。代码如下：

```
<%@ Page Language="c#" %>
<html>
<head><title>Application 对象存储变量示例</title></head>
<body>
<%
    //利用 Application 对象存储变量
      Application["welcome"] = "欢迎光临";
      Application["name"] = "张三";
   //输出存储变量的值
      Response.Write(Application["welcome"]);
      Response.Write(Application["name"]);
%>
</body>
</html>
```

运行该程序，结果如图 6-4 所示。

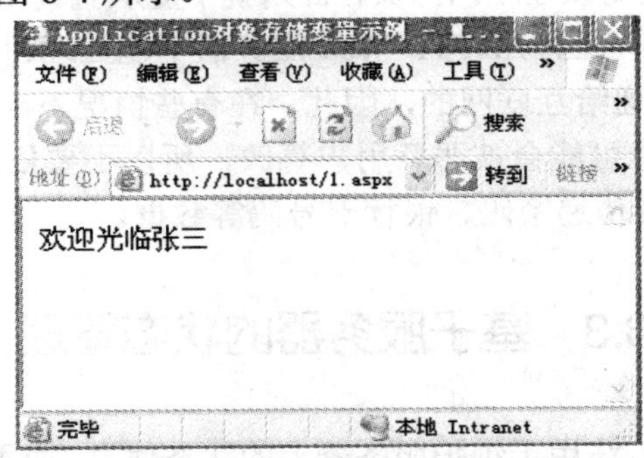

图 6-4　利用 Application 对象存储变量

需要注意的是，由于 Application 对象是多用户共享的，它不会因为某一个甚至全部用户离开就消失，因此一旦分配了 Application 对象的属性，它就会持久地存在，直到关闭 Web 服务器使得 Application 停止。

要从应用程序状态中删除变量，可使用 Remove 方法。例如：

```
Application.Remove("welcome");
```

若要清除应用程序状态中所有的变量，则可使用 Clear 或 RemoveAll 方法。例如：

```
Application.Clear();
```

或者

```
Application.RemoveAll();
```

由于 Application 对象类似于“全局变量”，容易出现多个用户同时修改同一个目标的冲突，因此访问 Application 对象应使用 Application.Lock()与 Application.UnLock()方法。使用 Application.Lock()可以确保在某一时间内所有连接到服务器的用户中只有一个能获得存取和修改 Application 变量或对象的权限，即对该公共变量进行锁定操作。其他任何用户如果想存取或修改该变量，则必须等当前用户结束其锁定或者当前 ASP 程序终止执行。

解除锁定的方法是 Application.UnLock()。在完成修改公共变量后，应及时释放当前拥有的存取和修改的权限，使别的用户能够进行请求。

通过上面的介绍，我们掌握了 ASP.NET 状态管理中 Application 对象的使用方法。下面根据项目任务的要求，构建一个简单的网页计数器页面。

项目任务 6-1　创建简单的网页计数器页面

【要求】

在二手信息发布平台中，网络管理员需要了解网站的流量，以便掌握网站运营的状况及受关注的程度，这就需要网页计数器。下面使用 Application 的 Lock 和 UnLock 方法来统计当前页面的访问情况，并制作一个简单的网页计数器。

【代码】

```
<%@ Page Language="c#" %>
<html>
<head>
 <%
   Application.Lock();
   Application["n"]=(int)Application["n"]+1;
   Application.Unlock();
 %>
</head>
<body>
欢迎<% =Application["name"] %>光临，你是本页的第<% =Application["n"] %>位客人！
</body>
</html>
```

【运行效果】

运行该程序，结果如图 6-5 所示。

图 6-5　一个简单的网页计数器

注意：由于在示例 2 中为 Application 存储了 “name” 变量，因此在本例中仍能继续使用。可见，一旦分配了 Application 对象的属性，它就会永久地存在，直到关闭 Web 服务器使得 Application 停止。

2. 事件

Application 对象有 Application_OnStart 和 Application_OnEnd 两个事件。当 Web 服务器启动并允许对应用程序所包含的文件进行请求时，将触发 Application_OnStart 事件，Application_OnStart 事件只有当第一个用户请求应用程序时才会触发，之后无论有多少用户访问该应用程序都不会再触发；当应用程序结束时，将触发 Application_OnEnd 事件，该事件一般用来回收一些 Application 变量以节省服务器资源。这两个事件的处理过程不可放在普通的 aspx 文件中，必须放在服务器根目录下的 Global.asax 文件中。

6.3.2 会话状态

Web 上用于在浏览器和服务器之间传送请求和响应的 HTTP 协议是无状态的协议，即 Web 服务器将每个页面请求都当作独立的请求，服务器不保留以前请求的任何信息。ASP.NET 的 Session 对象弥补了 HTTP 无法记忆先前请求的缺陷。

会话状态与应用程序状态相似，不同的只是会话状态的范围限于当前的浏览器会话。使用 Session 对象可以存储特定用户会话所需的信息。如果有不同的用户在使用应用程序，则每个用户会话都将有一个不同的会话状态。此外，如果同一用户在退出后又返回到应用程序，则第二个用户会话的会话状态也会与第一个不同。

ASP.NET 使用会话状态保存每个活动的 Web 应用程序会话的值。会话状态是 HttpSessionState 类的一个实例。可以使用会话状态来完成以下任务：

(1) 唯一标识浏览器或客户端设备请求，并将这些请求映射到服务器上的单独会话实例。

(2) 在服务器上存储特定于会话的数据，以用于同一个会话内的多个浏览器或客户端设备请求。

(3) 引发适当的会话管理事件。此外，可以利用这些事件编写应用程序代码。

一旦将应用程序特定的信息添加到会话状态中，服务器就会管理该对象。根据用户指定的选项不同，可以将会话信息存储在 Cookie、进程外服务器或运行 Microsoft SQL Server 的计算机中。

1．利用 Session 对象存储变量

使用 Session 对象可以存储要在 ASP.NET 页面间传递的数值、字符串、数组和对象等，方法类似于用 Application 对象存储变量。例如：

```
Session["name"]="张三";
```

执行这个语句后，当前的会话状态添加了一个新的 Session 变量，名为 name，其值为“张三”。在用户访问页面期间，这个 Session 变量一直存在，可以利用下面的语句输出该变量的值：

```
Response.write(Session["name"]);
```

要从会话中移除已存储的某变量，可使用 Remove 方法。例如：

```
Session.Remove("name");
```

删除了表示用户名称的会话状态变量。

还可以使用 RemoveAll 方法来删除会话状态中的所有项。例如：

```
Session.removeAll;
```

2．Session 对象的属性

1) SessionID 属性

当用户第一次访问某网页时，服务器就会为该用户分配一个 SessionID。SessionID 是通过复杂算法产生的长整型数据，它唯一标识每个用户的会话。新会话开始时，服务器将 SessionID 作为 Cookie 存储到用户的 Web 浏览器中。由于 ASP.NET 通过 Cookie 来存储 SessionID，因此若正在为不支持 Cookie 的浏览器创建应用程序或将用户的浏览器设为拒绝 Cookie，则不能使用 ASP.NET 的会话管理功能。

示例 3　产生用户 SessionID 的值。

```
<%@ Page Language="c#" %>
<html>
<body>
你的编号为：<% =Session.SessionID %>;
</body>
</html>
```

运行程序，结果就得到了用户的会话标识，如图 6-6 所示。

图 6-6　产生用户 SessionID 的值

2) Timeout 属性

可以通过 Timeout 属性来设置 Session 的过期时间，以分钟为单位，若用户在指定的时间内不刷新或请求网页，则该会话终止。系统默认的 Timeout 属性值是 20 分钟，也可以通过设置 Timeout 属性来改变 Session 的过期时间。例如：

```
Session.Timeout=5;
```

如果要显式地结束用户会话，则可以调用 Abandon 方法——Session.Abandon。此方法用于清除存储在 Session 中的所有对象和变量，释放系统资源。如果不使用 Abandon 方法，则系统将一直等到 Session 超时才将 Session 中的对象和变量清除。

值得注意的是，Abandon 方法并不会立即结束当前会话，而是等待当前页面完成处理。因此调用 Abandon 方法后，仍然可以获得当前会话状态变量的值，如图 6-7 所示，在页面上显示两次“张三”。

示例 4　显示两次“张三”。

```
<%@ Page Language="c#" %>
<html>
<body>
<% Session["user"]="张三";
Response.Write(Session["user"]);
Session.Abandon();
Response.Write(Session["user"]);
%>
</body>
</html>
```

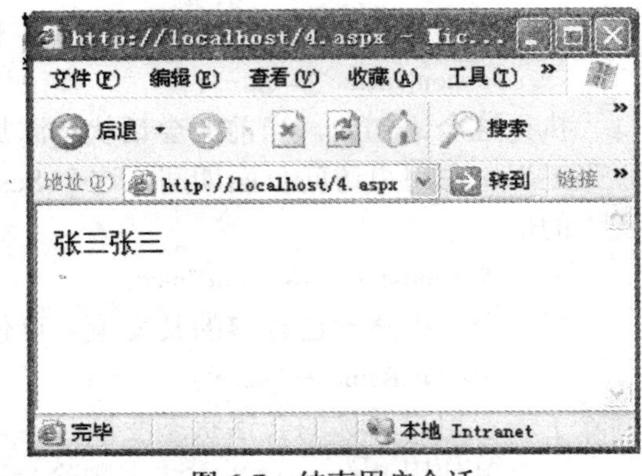

图 6-7　结束用户会话

按 F5 键，运行得到的结果如图 6-7 所示。

3. Session 对象的事件

与 Application 对象相同，Session 对象也包含 Session_OnStart 和 Session_OnEnd 两个事件。Session_OnStart 事件在服务器创建新会话时发生，而 Session_OnEnd 事件在会话被放弃或超时时发生。同样，这两个事件的处理过程必须写在 Global.asax 文件中。由于服务器在执行请求的页之前总是先处理 Session_OnStart 事件中的脚本，因此可以在该事件中设置会话期变量，这样在访问任何页之前都会先设置它们。当程序中调用了 Session 对象的 Abandon 方法或者 Session 对象的 Timeout 属性时，Session_OnEnd 事件被触发。一般在 Session_OnEnd 事件中清理一些系统对象或变量的值，释放系统资源。

通过上面的学习，我们掌握了 Session 对象的使用方法，下面将综合运用 Application 对象和 Session 对象统计在线人数。

项目任务 6-2　统计在线人数

【要求】

综合运用 Application 对象和 Session 对象，并使用 Global.asax 文件统计在线人数。当会话开始时，统计变量加 1；当会话结束时，该变量减 1。判断的方法可通过会话的超时时限控制。

【步骤】

(1) Global.asax 文件如下：

```
<script language="c#" runat=server>
//在应用程序启动时,定义变量"sum",并赋初值为 0
    public void Application_OnStart()
    {
```

```
            Application["sum"]=0;
        }
        //在会话开始时，将变量值加 1，并设定会话超时时限为 1 分钟
        void Session_OnStart()
        {
            Session.Timeout=1;
            Application["sum"]=(int)Application["sum"]+1;
        }
        //当会话结束时，将变量值减 1
        void Session_OnEnd()
        {
            Application["sum"]=(int)Application["sum"]-1;
        }
</script>
```

(2) 在页面程序中查看结果，程序的运行结果如图 6-8 所示，代码如下：

```
<html><body>
    目前在线人数为：<% =Application["sum"]; %>
</body></html>
```

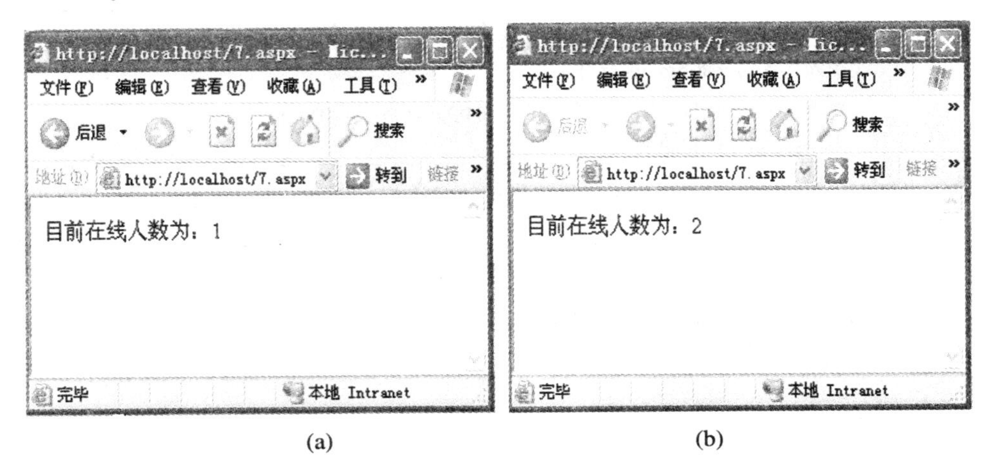

(a) (b)

图 6-8 统计在线人数运行两次

本章小结

本章主要介绍了 ASP.NET 中状态管理的方案。Web Form 网页是基于 HTTP 的，它们没有状态，为避免信息丢失，状态管理应运而生。状态管理主要包括视图状态、隐藏域、Cookie、查询字符串、应用程序状态和会话状态等。这些方案各有优缺点，读者应在不同使用场合中灵活运用，融会贯通。

训练任务

根据附录Ⅰ和附录Ⅱ的有关要求，完成以下训练任务。

标题	验证会员是否有发帖的资格
编号	6-1
要求	(1) 使用状态对象“Session”存储已经登录的会员信息。 (2) 在发帖之前，判断会员是否有资格发帖。
描述	输入：Session["UserName"]、RoleID。 处理：判断 Session["UserName"]是否为空，判断 RoleID 是否大于 1。 输出：变量 Flag=1，可以发帖；Flag=0，不能发帖。
思考	如何在 Session 对象中存储数据？
重要程度	中
备注	本训练任务主要通过两点来判断会员是否有资格发帖：一是会员的权限是否允许，二是当前会员的 Session 对象是否为空。

标题	统计当前在线会员的人数
编号	6-2
要求	使用状态对象“Application”存储在网站上登录的会员。
描述	输入：Application["users"]。 处理：当判断网站用户不为空时，Application["users"]自增。 输出：返回当前的人数 Sum。
思考	如何在 Application 对象中存储数据？Lock 和 Unlock 方法起什么作用？
重要程度	一般
备注	本训练任务需要对在线用户做统计，目的是监控网站的流量及受关注的程度，可以使用“Application”对象来实现。

第 7 章　SqlDataSource 数据源控件

数据源控件是 ASP.NET 2.0 中新出现的服务器控件，该类控件借助 SQL 语句，可以实现对不同类型数据库的访问。SqlDataSource 控件是 ASP.NET 2.0 中应用最为广泛的数据源控件。

我们在第三章中已经使用了 SqlDataSource 控件，但只是使用了其非常简单的查询功能，即查询 info 表中的全部记录，而在实际的应用中，我们会发现查询的要求往往比较复杂。本章将介绍 SqlDataSource 控件的配置方法和数据列表控件的绑定方法，以更深入地掌握 SqlDataSource 控件的特点。

学习目标

- 了解 ASP.NET 2.0 中的数据处理架构；
- 了解 SqlDataSource 控件的基本概念；
- 掌握 SqlDataSource 控件的配置方法；
- 掌握列表控件的数据绑定方法。

项目任务

在二手信息发布平台中，我们需要把二手物品的信息以及发布者的信息保存在数据库中，这就需要我们使用 ASP.NET 2.0 数据源控件来实现对数据库的访问。本章要求能够灵活地设置数据访问源，实现模糊查询要求，并为列表控件添加事件代码。

为了实现对数据库的访问，首先需要知道在 ASP.NET 中是使用什么控件去实现访问的，这个控件是如何找到我们要访问的数据库的，又是采用什么方法来获取我们所需要的数据的，以及如果要向表中修改数据又该如何实现。为了解决这些问题，我们首先介绍 ASP.NET 中最常用的数据源控件——SqlDataSource 控件。

7.1　SqlDataSource 控件简介

7.1.1　ASP.NET 2.0 中的数据处理架构

要了解在 ASP.NET 2.0 中如何通过 Web 页面访问数据库，我们首先需要了解 ASP.NET 2.0 是如何对数据进行处理的。图 7-1 以 SqlDataSource 控件为例，给出了 ASP.NET 2.0 中的数据处理架构。

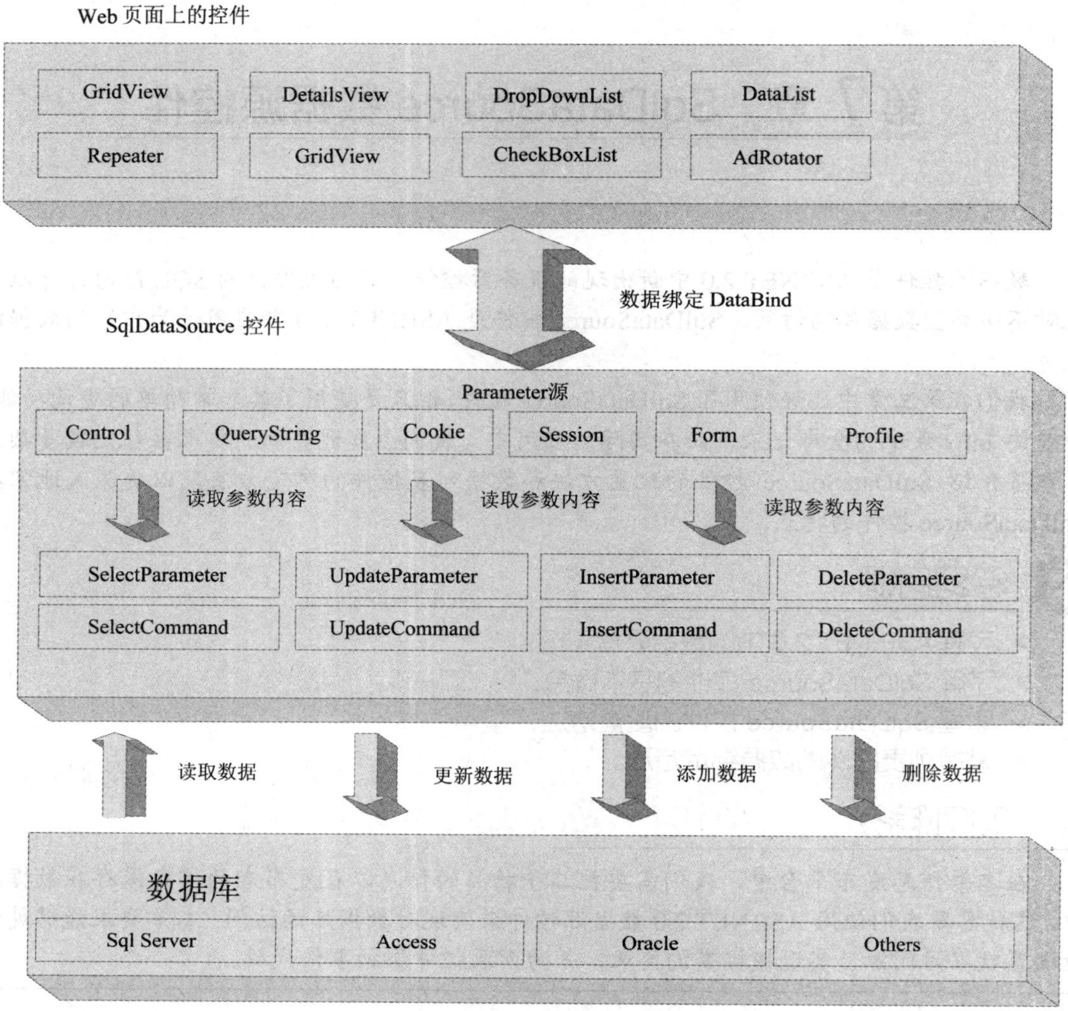

Web 页面上的控件

GridView　DetailsView　DropDownList　DataList

Repeater　GridView　CheckBoxList　AdRotator

数据绑定 DataBind

SqlDataSource 控件

Parameter源

Control　QueryString　Cookie　Session　Form　Profile

读取参数内容　读取参数内容　读取参数内容

SelectParameter　UpdateParameter　InsertParameter　DeleteParameter

SelectCommand　UpdateCommand　InsertCommand　DeleteCommand

读取数据　更新数据　添加数据　删除数据

数据库

Sql Server　Access　Oracle　Others

图 7-1　ASP.NET 2.0 中的数据处理架构

由图 7-1 可以看出，ASP.NET 2.0 使用 SqlDataSource 控件作为 Web 页面与数据库联系的桥梁，使得我们在程序中访问数据库时不必考虑“如何访问”的问题，而可以专注于解决“访问什么”的问题。SqlDataSource 控件提供了 Web 页面与数据库联系的双向功能，Web 控件可以通过数据绑定命令与 SqlDataSource 控件关联，而 SqlDataSource 控件可以通过 SelectCommand、UpdateCommand、InsertCommand、DeleteCommand 与各种符合 OLE 标准的数据库进行访问。可以说，对数据库的数据进行处理是 ASP.NET 技术的核心，而 SqlDataSource 控件则是数据处理的核心。从本章开始到第 9 章，我们将介绍与数据处理相关的知识，包括 SqlDataSource 数据源控件、GridView 控件和 DetailsView 控件。

7.1.2　SqlDataSource 控件

SqlDataSource 控件是 ASP.NET 2.0 中应用最为广泛的控件，该控件能够与多种常用数据库进行交互，并且能够在数据绑定控件的支持下完成多种数据访问任务。另外，得益于强大的所见即所得功能，在 Visual Studio 2005 集成开发环境中，几乎不需要编写代码，就能够实现从连接数据源到显示编辑数据等一系列功能，彻底摆脱了编写大量重复性代码的困扰。

就控件名称而言，SqlDataSource 控件似乎只能访问 Sql Server 数据库，然而实际情况并非如此，SqlDataSource 控件可以访问任何 OLE DB 或者符合 ODBC 标准的数据库。SqlDataSource 控件和数据绑定控件集成后，能够容易地将从数据源获取的数据显示在 Web 页面上，只需要为 SqlDataSource 控件设置数据库连接字符串、SQL 语句、存储过程名称即可。应用程序运行时，SqlDataSource 控件将根据设置的参数自动连接数据源，并且执行 SQL 语句或者存储过程，然后返回选择的数据记录集合(假设使用了 Select 语句)，最后关闭数据库。以上过程并不需要编写代码，只需拖动控件，设置属性等，大大降低了工作强度，提高了工作效率。

7.1.3　SqlDataSource 控件的语法结构

用鼠标从工具箱的数据栏中拖一个 SqlDataSource 控件到 Web 页面上，切换到源视图，我们可以看到 SqlDataSource 控件的语法结构如下：

```
<asp:SqlDataSource ID="SqlDataSource1" runat="server"
    ConnectionString="<%$ ConnectionStrings:连接字符串 %>"
    DeleteCommand="DELETE FROM ... WHERE ..."
    InsertCommand="INSERT INTO ...  VALUES ..."
    UpdateCommand="UPDATE .... SET ... WHERE..."
    SelectCommand="SELECT ... FROM ... WHERE...">
    <DeleteParameters>
        ...
    </DeleteParameters>

    <InsertParameters>
        ...
    </InsertParameters>
    <UpdateParameters>
        ...
    </UpdateParameters>
    <SelectParameters>
        ...
    </SelectParameters>
</asp:SqlDataSource>
```

以上语法可以通过 SqlDataSource 控件的“配置数据源”功能来生成。下面具体介绍 SqlDataSource 控件的配置。

7.2 SqlDataSource 控件的配置

在第 3 章中，我们以拖曳的方式创建了 GridView 与 SqlDataSource 控件，系统会自动生成 SqlDataSource 代码，非常方便。不过，有时需要针对 SqlDataSource 进行更详细的设置。下面我们将介绍另一种创建 GridView 与 SqlDataSource 控件的方法。

7.2.1 配置 SqlDataSource 控件的类型和连接字符串

(1) 拖曳 SqlDataSource 控件到 Web 页面上，单击右上角的“配置数据源”选项，如图 7-2 所示。

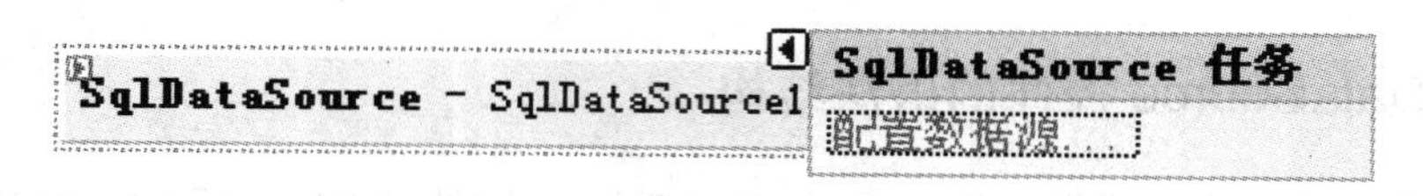

图 7-2 拖放 SqlDataSource 控件到 Web 页面上

(2) 在打开的对话框中，选择数据连接，如图 7-3 所示。这里的连接有两种形式：一种是使用现有的数据库连接，另外一种可以使用新建连接建立新的数据连接，然后选择这个新建的连接为数据连接。新建连接的方法如图 7-4 所示，这里不再具体介绍。现有的数据连接可以是以前建立过的连接，也可以是在 Web.config 文件中配置的 ConnectionString 节点，在实际使用中，以后者为主要方式。

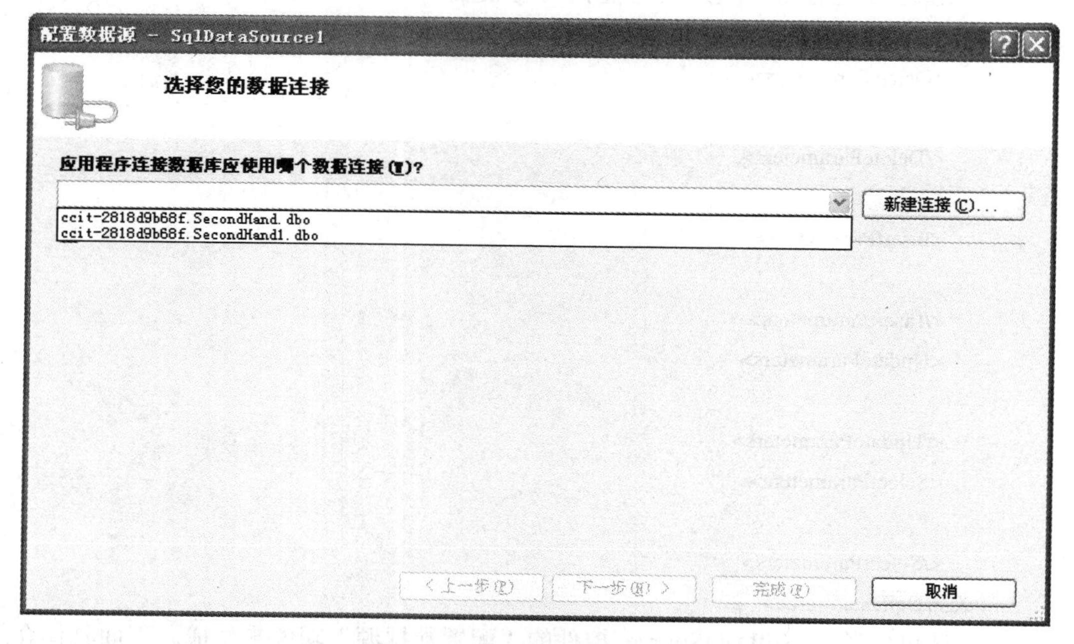

图 7-3 “配置数据源”对话框

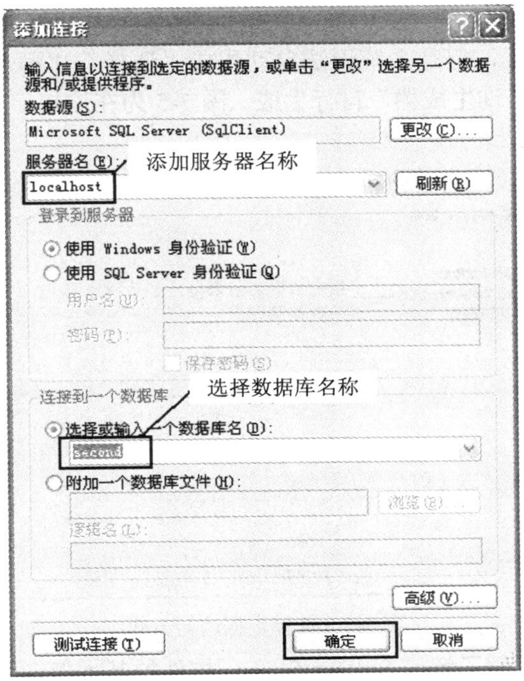

图 7-4　新建连接

(3) 配置数据连接字符串。如果现有的网站解决方案中没有 Web.config 文件，则可通过“添加新项”添加一个 Web.config 文件。去掉文件中现有的“<connectionStrings/>”，添加如下内容：

```
<connectionStrings>
<add name="second" connectionString="server=localhost;Initial Catalog=second;Integrated Security
        =true;" providerName="System.Data.SqlClient"/>
</connectionStrings>
```

用一<connectionStrings>...</connectionStrings>标记可以定义多个连接字符串。每一项由 name、connectionString、providerName 三个属性构成。其中，name 表示该连接字符串的名字，是图 7-3 所示的下拉菜单中显示的名称；connectionString 是连接字符串的核心，它由可选的几个属性构成。本例所代表的意思是：“server=localhost”表示使用本地数据库服务器，如果要使用其他数据库服务器，则需要输入服务器的 IP；“Initial Catalog=second”表示选择的数据库名称；“Integrated Security=true”表示数据库服务器使用的是 Windows 集成身份认证，如果 Sql Server 数据用的是混合认证方式，则要把该处改为相应的用户名和密码。当然，连接字符串中还可以添加其他属性。

7.2.2　配置 SqlDataSource 控件的数据访问方式

SqlDataSource 控件提供了如下两种访问数据的方式：

(1) 设置数据访问来自表或视图的数据。假设网页显示数据为单一数据表，可以选择此方式，并且系统会自动生成“选择”、“添加”、“删除”、“更新”等 SQL 语法。

(2) 设置以“存储过程”或“SQL 语句”访问数据。如果网页显示数据来自多个关联数据表，则可选择此种方式，但是系统无法自动生成“选择”、“添加”、“更新”、“删除”等 SQL 语法，可以使用“查询生成器”自行生成。图 7-5 为在连接字符串设置好后，单击“下一步”看到的界面。

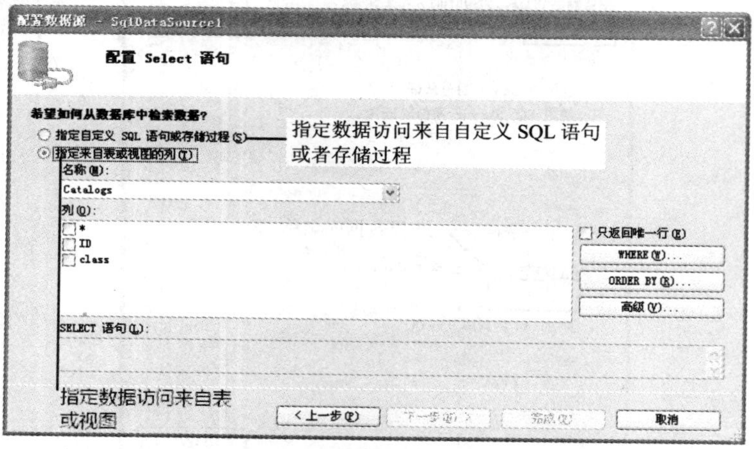

图 7-5　选择数据访问方式

通过上面的介绍，我们了解了 SqlDataSource 控件的基本概念和数据访问的方式。下面的项目任务 7-1 和 7-2 实现了为 SqlDataSource 控件设置数据源。

项目任务 7-1　设置数据访问来自存储过程或 SQL 语句

【要求】

设置数据访问来自存储过程或 SQL 语句。

【步骤】

(1) 配置 Select 语句。如图 7-6 所示，选中“指定自定义 SQL 语句或存储过程”单选按钮。

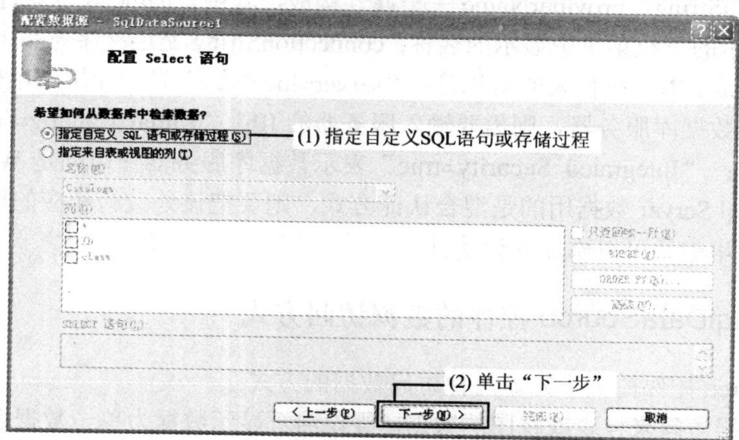

图 7-6　“配置 Select 语句”对话框

(2) 创建 SQL 命令。在“配置 Select 语句”界面，可以选择使用下列两种方式来设置数据源：

① SQL 语句。必须自行设置 SELECT UPDATE INSERT DELETE 命令，单击“查询生成器”按钮，可进入“查询生成器”对话框协助创建 SQL 语句，如图 7-7 所示。

② 存储过程。必须在 SQL Server 中先创建存储过程，然后选择存储过程。

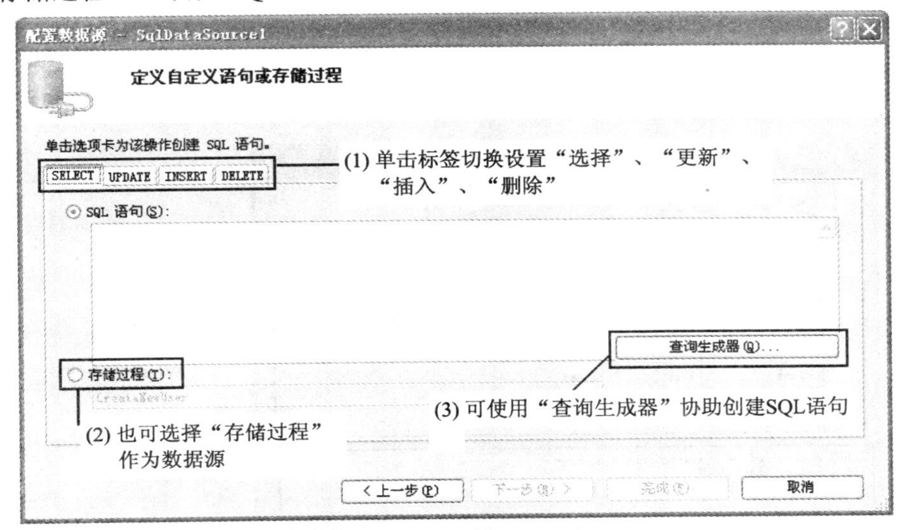

图 7-7　配置数据源窗口

(3) 在“查询生成器”中添加表。单击“查询生成器”按钮后，出现“查询生成器”对话框，首先必须添加数据表，然后单击“添加”按钮，如图 7-8 所示。

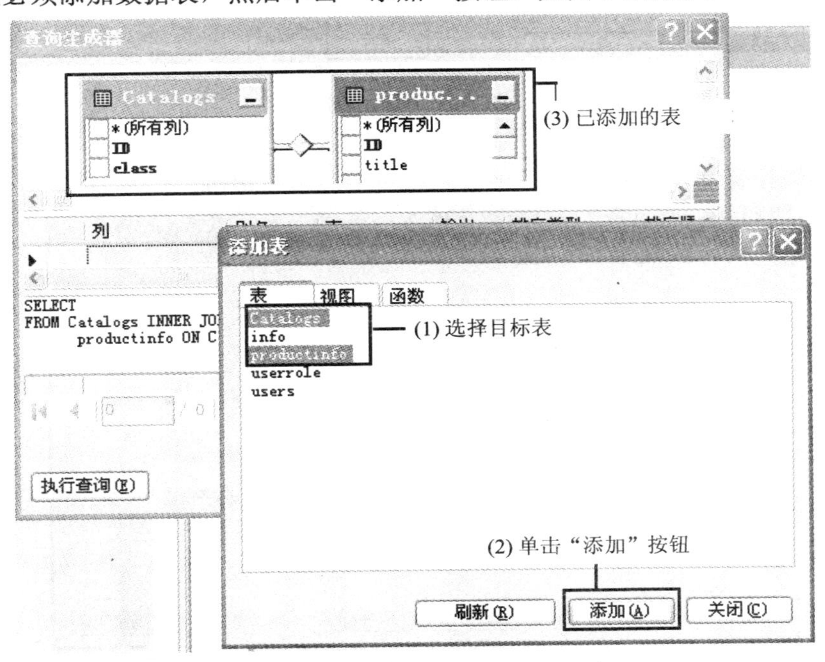

图 7-8　利用“查询生成器”添加表

(4) 利用“查询生成器”执行查询。

“查询生成器”对话框可分为下列几部分(见图 7-9)：

① 数据表关联图。可以设置数据表的关联以及要显示的字段。

② 设置排序与 WHERE 条件。可以设置排序字段或方向，也可以设置 WHERE 子句条件。

③ SQL 语句。设置上述两个项目后生成 SQL 语句，也可以直接修改。

④ “执行查询”按钮。单击此按钮可执行 SQL 语句。

⑤ 执行后的结果。

⑥ “确定”按钮。

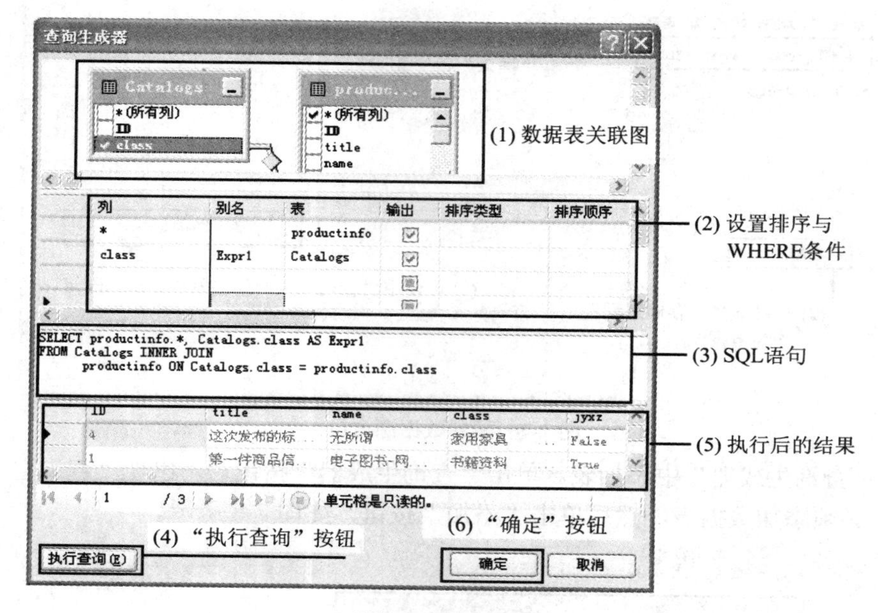

图 7-9　设置查询

(5) 生成 SQL Select 命令。单击“确定”按钮后，返回如图 7-10 所示的“配置数据源”对话框，还可以设置其他 SQL 命令，或者单击“下一步”按钮。

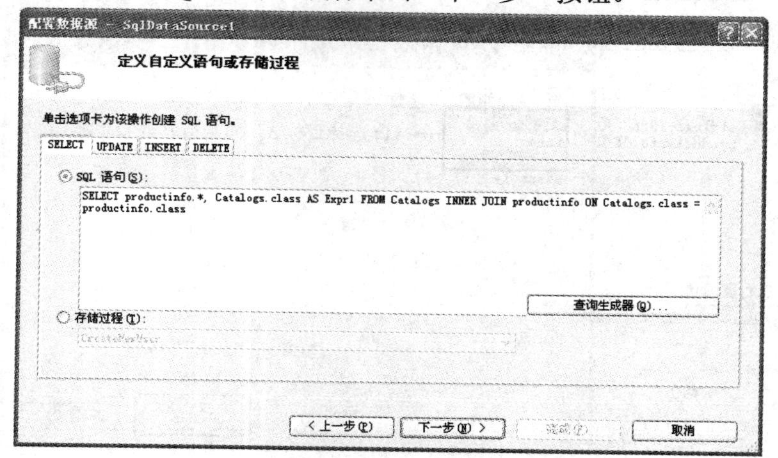

图 7-10　生成的 SQL Select 命令

(6) 单击“测试查询”按钮来测试结果，确认完成后单击“完成”按钮，如图 7-11 所示。

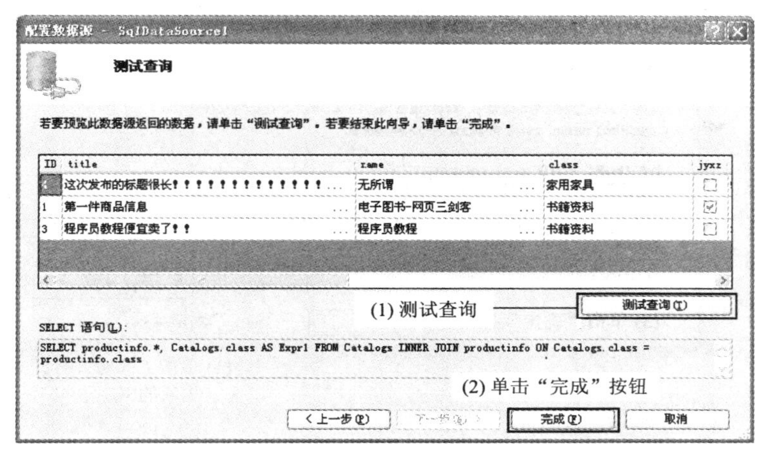

图 7-11　测试查询

项目任务 7-2　设置数据访问来自表或视图数据

【要求】

设置数据访问来自表或视图数据。

【步骤】

(1) 选择数据表及字段。选择数据表，然后选择字段，如图 7-12 所示。系统自动生成读取数据的“选择”的 SQL 语句。在右方有 3 个按钮，说明如下：

① WHERE 按钮：设置 WHERE 子句条件的参数，在 7.2.3 节中会作介绍。

② ORDER BY 按钮：设置排序字段。

③ “高级”按钮：设置生成 INSERT UPDATE 以及 DELETE 的 SQL 语句。

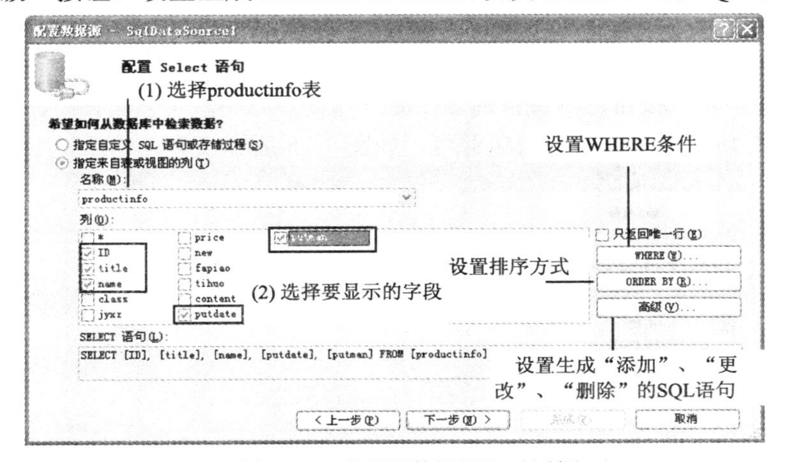

图 7-12　“配置数据源”对话框

(2) 生成添加、删除、修改数据的 SQL 语句。单击“高级”按钮后，会出现如图 7-13 所示的对话框，选中“生成 INSERT、UPDATE 和 DELETE 语句”复选框，在此选项中可以生成 INSERT、UPDATE 和 DELETE 的 SQL 选项。

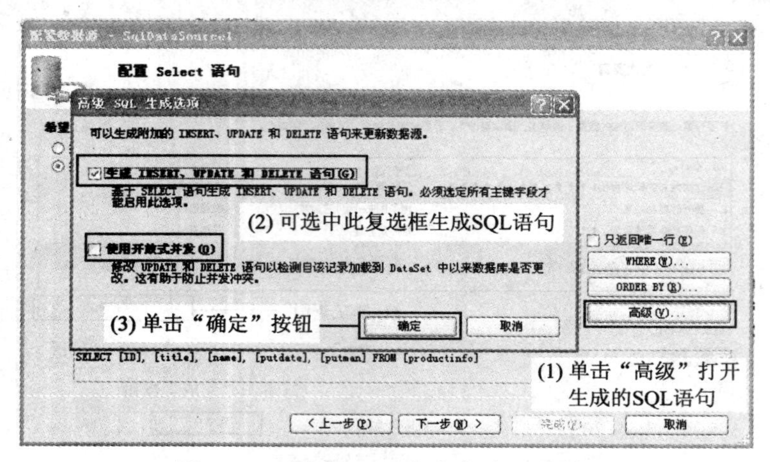

图 7-13　“高级 SQL 生成选项”对话框

(3) 设置排序字段。单击 ORDER BY 按钮，打开如图 7-14 所示的“添加 ORDER BY 子句”对话框，在此对话框中可以选择排序字段及排序方式。

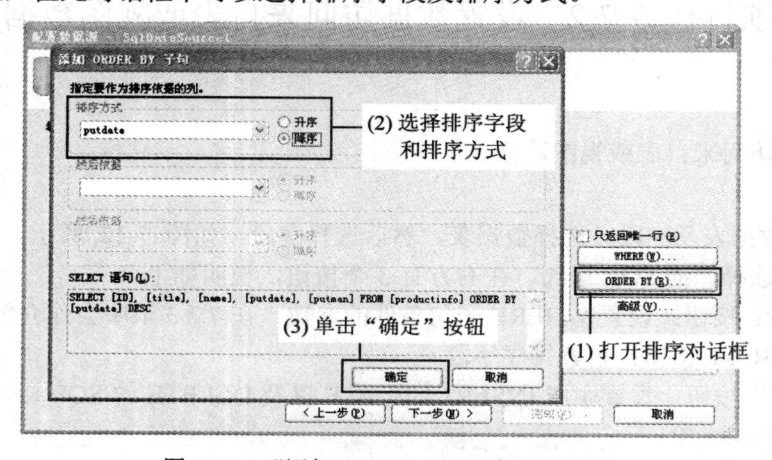

图 7-14　“添加 ORDER BY 子句”对话框

(4) 单击“下一步”按钮，测试查询。在测试查询步骤中，可以单击“测试查询”按钮预览查询数据，然后单击“完成”按钮即可，如图 7-15 所示。

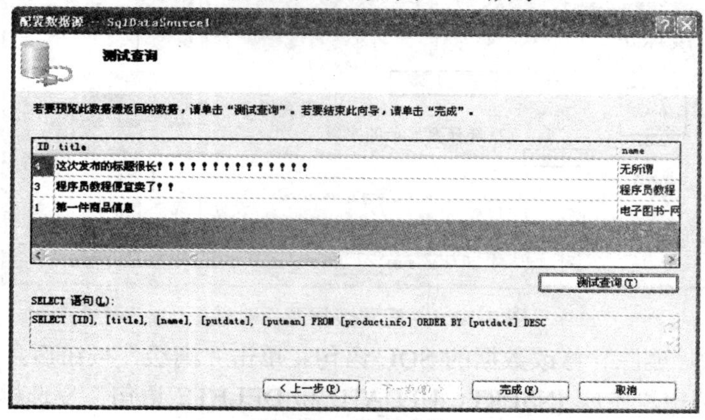

图 7-15　测试查询

通过完成以上两个项目任务，我们可以发现两者各有优缺点，使用第二种方式是一种可视化的操作，比较适合初学者；使用第一种方式则可以灵活地添加各种 SQL 语句，如同使用 SQL Server 企业管理器一样方便，比较适合对 SQL 语句非常熟悉的读者。因此，我们在学习这一部分知识的时候，掌握这两种方式的设置都很重要。

7.2.3　配置 WHERE 子句

在实际的开发过程中，经常会进行各种各样的查询，这就需要我们对 SQL 语句中的 WHERE 子句进行灵活的配置。如果读者比较熟悉 SQL 语句的语法，那么可以直接用 7.2.2 节提到的第一种方式进行设置，而对于初学者而言，用第二种方法更简单，因为它完全是可视化的操作。本节介绍几个常用的 WHERE 子句的配置方法。

在 Web 页面中添加一个新的 SqlDataSource 控件，点击“配置数据源”，选择“second”数据连接，打开如图 7-12 所示的窗口。在图 7-12 中单击“WHERE”按钮，可以打开如图 7-16 所示的窗口。

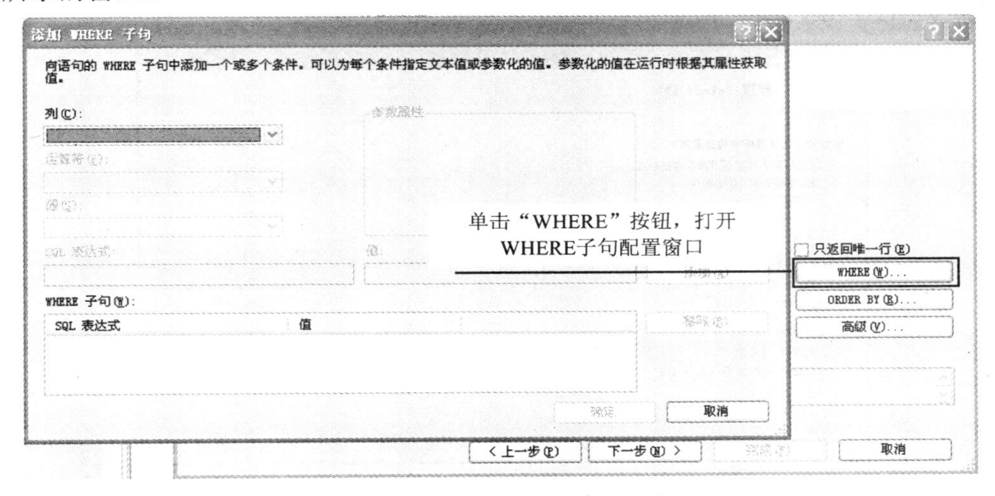

图 7-16　“添加 WHERE 子句”窗口

在图 7-16 所示的窗口中，列出了所有已经选择的列，我们可以通过选择不同的列来设置相应的 WHERE 子句条件。在列的下方，还有“运算符”和“源”两个选项可以选择，在当前的状态下，两个选项均以灰色显示，这是因为运算符会根据所选列的数据类型不同而发生改变，而“源”选项需要在选择列后才能显示。

“运算符”选项中，可选择的运算符取决于数据列的定义。对于定义为整数的数据列，可选择等于(=)、小于(<)、大于(>)、小于等于(<=)、大于等于(>=) 或不等于(<>)；对于允许空值的数据列，还可选择“IS NULL”和“IS NOT NULL”；对于定义为字符数据类型的数据列，可选择“LIKE”和“NOT LIKE”。

“源”选项中可选择“None”、“Control”、“Cookie”、“Form”、“Profile”、“QueryString”和“Session”。选择“None”表示将在搜索条件中使用文本值，在这种情况下，“参数属性”元素将只显示一个“值”字段。选择任何其他“源”值表示将在搜索条件中使用参数化值，在这种情况下，“参数属性”元素将显示两个字段。

通过上面的介绍，我们了解到如果要访问所需要的数据，其实就是配置 SQL 语句的 WHERE 子句。下面的项目任务 7-3 实现了 SqlDataSource 控件的模糊查询功能。

项目任务 7-3　实现 SqlDataSource 控件的模糊查询功能

【要求】

实现一个模糊查询的功能，在 TextBox1 中输入需要查询的标题的名称，在 productinfo 表中搜索出所有满足条件的记录。

【步骤】

(1) 添加一个新的 Web 页面“7-2.aspx”，拖一个 TextBox 控件和 SqlDataSource 控件到 Web 页面上，点击“配置数据源”，选择“second”数据连接，点击“下一步”，选择数据表的名称“productinfo”表，选择所有的数据列(如图 7-17 所示)，然后点击“WHERE”按钮，打开“添加 WHERE 子句”对话框。

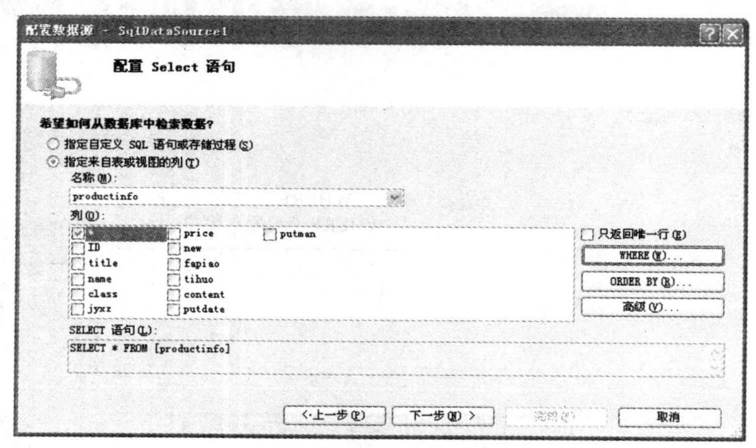

图 7-17　选择 productinfo 表的所有列

(2) 在打开的窗口中配置相应的参数，如图 7-18 所示。

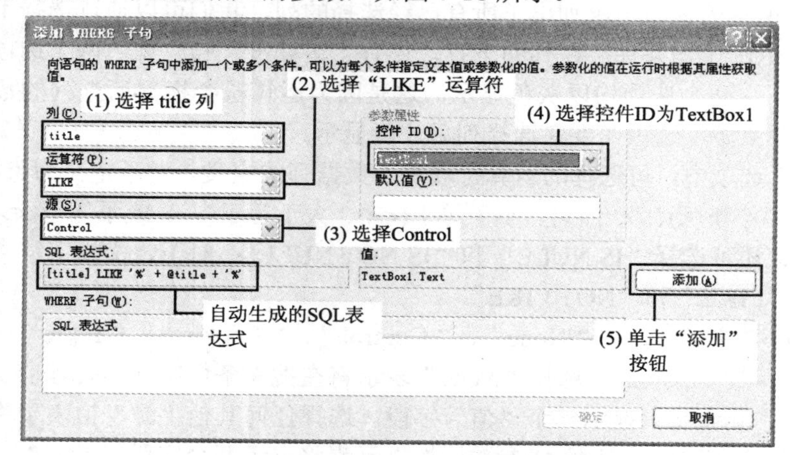

图 7-18　配置 Control 查询

(3) 在“添加 WHERE 子句”对话框中单击“添加”按钮，然后单击“确定”完成操作，如图 7-19 所示。

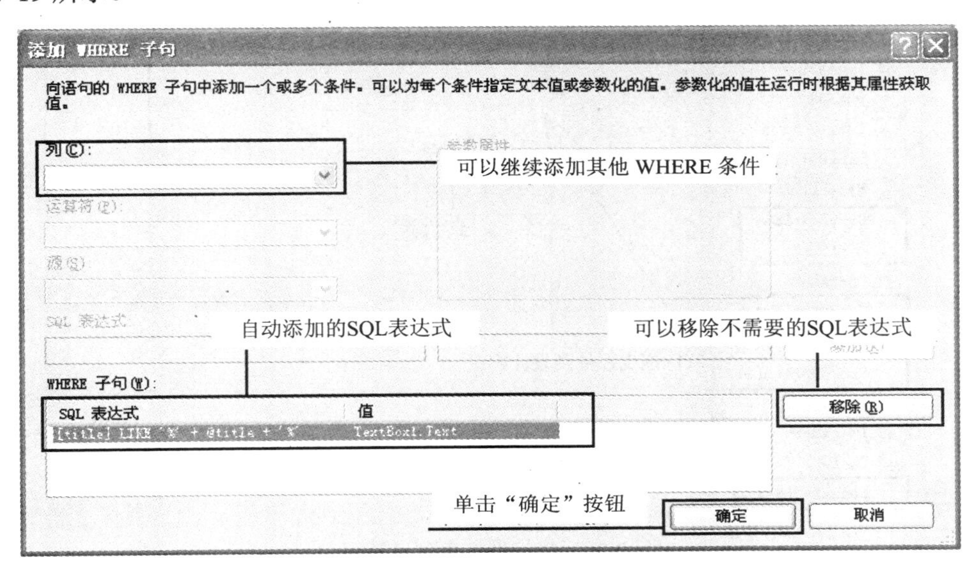

图 7-19　完成“添加 WHERE 子句”操作

当然，在该项目任务中我们还没有把结果显示出来，在第 8 章的介绍中，我们可以用 GridView 控件把结果显示在 Web 页面上。在这个项目中，我们可以发现在 ASP.NET 中配置 WHERE 子句非常方便，除了本项目以外，还可以通过选择不同的“源”选项来实现各种复杂的查询。灵活地配置 WHERE 子句是学习 ASP.NET 过程中需要掌握的一项重要技巧，读者应在使用过程中不断地积累，只有这样才能开发出符合各种要求的复杂查询。

7.3　列表控件的数据绑定

在 ASP.NET 中有许多控件可以进行数据绑定(DataBind)，这些控件包括 DropDownList、ListBox、CheckBoxList、BulletedList、RadioButtonList 等。这些控件既可以由开发人员手动编辑数据，也可以通过设置与数据库字段实现绑定，并且可以添加事件，判断用户的选择，其功能十分强大。这些控件都有以下三个共同的属性：

(1) DataSourceID：数据源控件 ID。

(2) DataTextField：设置控件显示的字段。

(3) DataValueField：设置控件值的字段。

下面首先介绍如何创建列表控件。

(1) 创建新网页 7-3.aspx。

(2) 将控件拖曳到设计窗口。将 CheckBoxList、ListBox、BulletedList、RadioButtonList、DropDownList 控件拖曳到设计窗口，如图 7-20 所示。

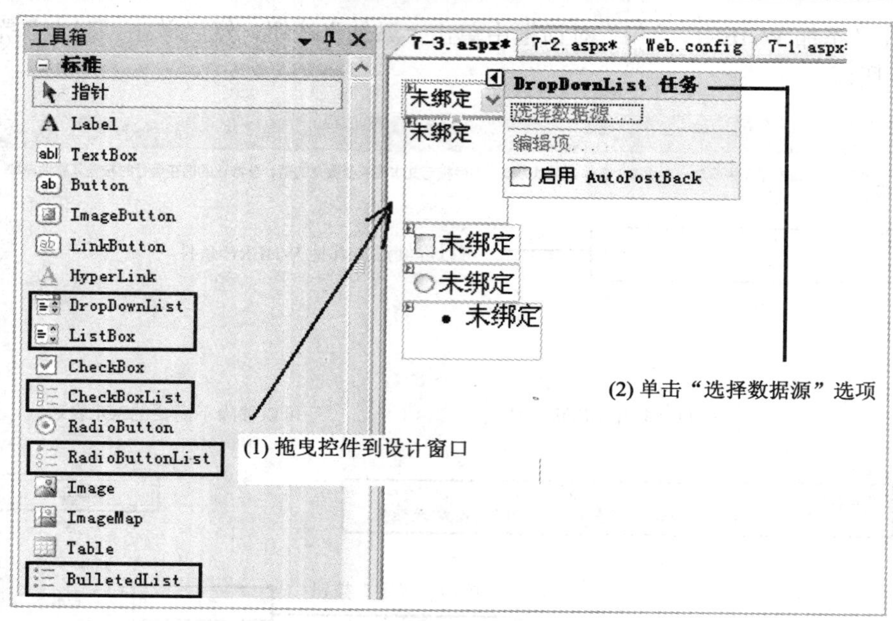

图 7-20　将控件拖曳到设计窗口

(3) 对 SqlDataSource 进行配置。选择 Catalogs 表中的所有字段，如图 7-21 所示。

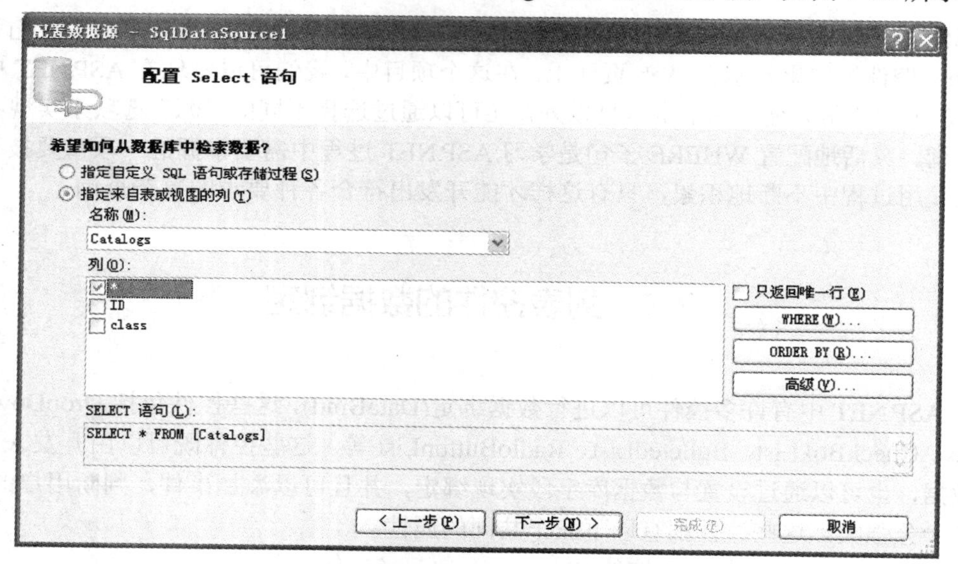

图 7-21　配置数据源为 Catalogs 中的所有字段

(4) 设置“选择数据源”对话框，如图 7-22 所示。这里需要注意的是，“选择要在 DropDownList 中显示的数据字段”和“为 DropDownList 的值选择数据字段”是两个不同的概念，一般在设置的时候把两者设为一致，其实可以设置为不同的两个字段。其中，“选择要在 DropDownList 中显示的数据字段”对应的是“DropDownList1.SelectedItem.Text”属性，而“为 DropDownList 的值选择数据字段”对应的是“DropDownList1.SelectedValue”，请读者仔细体会两者的区别。

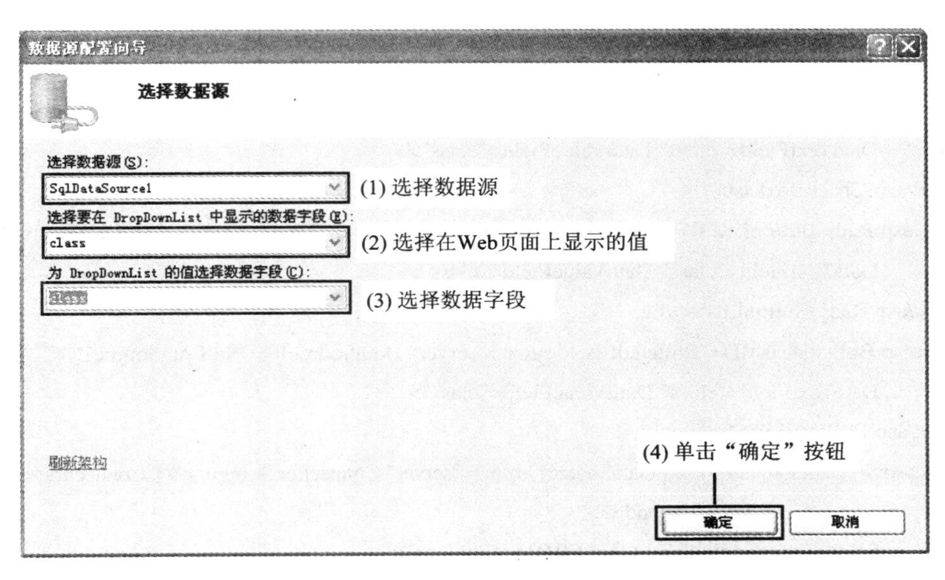

图 7-22 选择数据源

(5) 设置其他控件。根据上一步设置 CheckBoxList、ListBox、BulletedList、RadioButtonList 等控件的数据绑定。

(6) 按 F5 键，运行后的结果如图 7-23 所示。

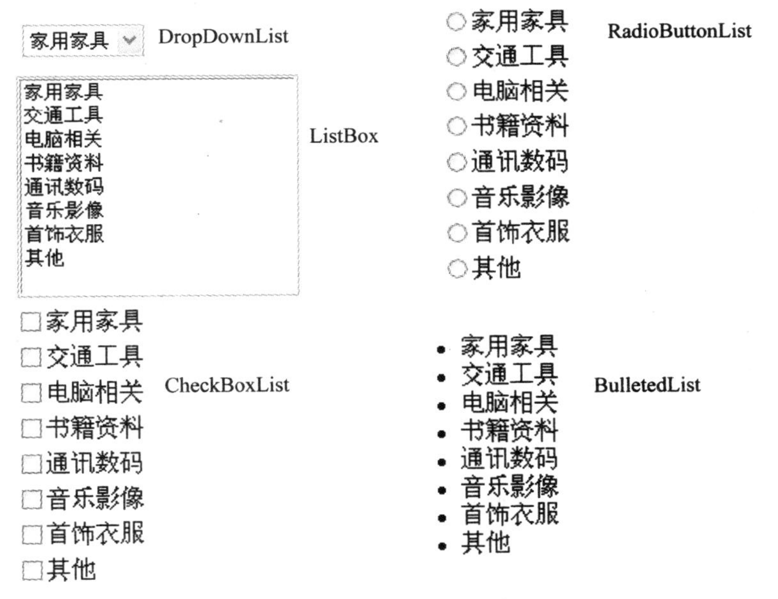

图 7-23 控件显示效果

生成的源代码如下：

```
<asp:DropDownList ID="DropDownList1" runat="server" DataSourceID="SqlDataSource1"
    DataTextField="class" DataValueField="class">
  </asp:DropDownList>
```

```
<asp:ListBox ID="ListBox1" runat="server" DataSourceID="SqlDataSource1" DataTextField="class"
     DataValueField="class" Height="152px" Width="183px"></asp:ListBox>
 <asp:CheckBoxList  ID="CheckBoxList1" runat="server" DataSourceID="SqlDataSource1"
     DataTextField="class" DataValueField="class">
 </asp:CheckBoxList>
 <asp:RadioButtonList ID="RadioButtonList1" runat="server" DataSourceID="SqlDataSource1"
     DataTextField="class" DataValueField="class">
 </asp:RadioButtonList></div>
 <asp:BulletedList ID="BulletedList1" runat="server" DataSourceID="SqlDataSource1"
     DataTextField="class" DataValueField="class">
 </asp:BulletedList>
 <asp:SqlDataSource ID="SqlDataSource1" runat="server" ConnectionString="<%$ ConnectionStrings:
                    second %>"
     SelectCommand="SELECT * FROM [Catalogs]">
</asp:SqlDataSource>
```

通过上面的介绍，我们知道了列表控件可以通过 SqlDataSource 控件与数据表进行绑定，那么如何为这些绑定后的数据列表控件添加事件代码，以响应用户的操作呢？下面以 DropDownList 控件为例，演示如何为列表控件添加事件代码。

项目任务 7-4　为 DropDownList 控件添加事件代码

【要求】

当 DropDownList 的选择发生变化时，在 Label 控件中显示这个值。

【步骤】

(1) 添加一个新的 Web 页面“7-4.aspx”，从工具箱中拖放 Label、DropDownList、SqlDataSource 控件到页面上，设置如 7.3 节所示的数据源。此外，还需要将 DropDownList 的“启用 AutoPostBack”选项打上钩，如图 7-24 所示。

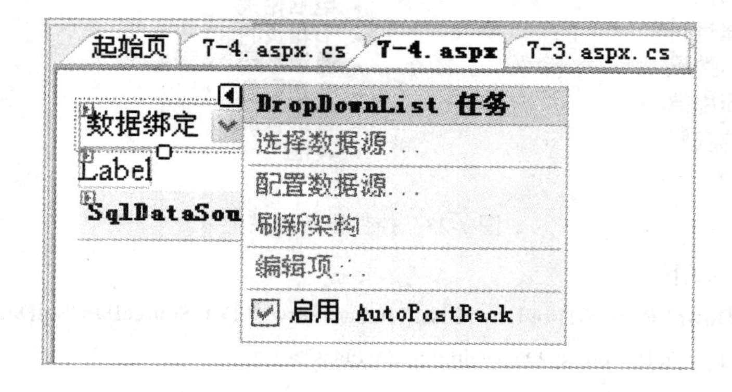

图 7-24　启用 AutoPostBack

(2) 为 DropDownList 添加 SelectedIndexChanged 事件的代码如下：

```
protected void DropDownList1_SelectedIndexChanged(object sender, EventArgs e)
{
    Label1.Text = DropDownList1.SelectedItem.Text;
}
```

(3) 运行效果如图 7-25 所示。

图 7-25　运行效果

本 章 小 结

本章详细介绍了 SqlDataSource 数据源控件的使用方法，主要包括如何配置连接字符串、如何设置数据访问方式和如何配置 WHERE 子句；然后介绍了列表控件的数据绑定方式。通过本章的学习，可以了解利用 ASP.NET 2.0 的新的数据处理架构，可以快速创建数据访问网页，大幅提高开发人员的开发效率。

训 练 任 务

根据附录 I 关键字检索的要求，完成以下训练任务。

标题	关键字检索的设置
编号	7-1
要求	(1) 工程招标、工程预告、设备招标、公开招标、筹建项目、项目预告(类似老版的地区工程)、工程追踪、地区工程、长期项目(原十五项目)栏目的检索方式如下图所示： 关键字 ［　］ 地区 不限 行业 不限 时间 不限 年 不限 月 不限 日 检索 (2) 国际项目栏目的检索方式如下图所示： 关键字 ［　］ 行业 不限 时间 不限 年 不限 月 不限 日 检索 (3) 企业天地栏目的检索方式如下图所示： 关键字 ［　］ 地区 不限 类别 不限 不限 年 不限 月 不限 日 检索

描述	(1) 在要求(1)的检索中，"地区"可以关联 area 表；工程招标、工程预告、设备招标、公开招标、工程追踪栏目中的"行业"可以关联 calling 表中 classid 为 1 的项(也就是把 combox 绑定到 calling 表中所有 classid 为 1 的项，以便于以后维护"行业"内容和保证"行业"内容的整体一致性，下同)；筹建项目、项目预告(类似老版的地区工程)、地区工程、长期项目(原十五项目)栏目关联 calling 表中 classid 为 2 的项。 (2) 在要求 2 的检索中，"行业" 关联 calling 表中 classid 为 2 的项。 (3) 在要求 3 的检索中，"地区"可以关联 area 表；"类别"关联 calling 表中 classid 为 6 的项。 本训练任务涉及到的表有：article、History、area、calling。
思考	(1) 说明 ASP.NET 2.0 提供了哪些数据源控件？ (2) 简要叙述 SqlDataSource 控件连接字符串的配置方法。 (3) 说明 SqlDataSource 控件如何设置数据访问方式。
重要程度	非常高
备注	检索默认为全文检索。工程招标、工程预告、设备招标、公开招标、筹建项目、工程追踪默认为全文检索，可以选择为标题检索。其余栏目都默认为标题检索，可选择为全文检索，其余栏目请具体参照原先检索的设置。地区和行业可以选择，其他具体要求根据甲方提出为准。全文检索就是检索 content 字段，标题检索就是检索 title 字段。

第 8 章　GridView 数据处理控件

GridView 控件非常适合用来显示处理表格数据。本章将 GridView 控件与 SqlDataSource 控件结合，可以完成大部分数据处理工作，包含增加、删除、修改、选择、排序等功能。另外，还将介绍 GridView 的字段及模板字段功能，通过这些功能可以设计功能更强大的 GridView。

学习目标

- 了解数据绑定的基本概念；
- 掌握 GridView 控件的创建方法；
- 掌握使用 GridView 显示数据表记录的方法；
- 掌握对 GridView 进行分页、排序和选择的方法；
- 掌握 GridView 字段编辑的方法的方法；
- 掌握 GridView 自动套用格式的方法；
- 掌握 GridView 模板的使用方法。

项目任务

在校园二手物品信息发布平台中需要用到大量的 GridView 控件，我们需要使用该控件为用户检索二手物品信息，还需要在此基础上编辑和修改信息。本章将使用 GridView 控件和 SqlDataSource 控件创建 GridViewSqlDataSource.aspx 页面及 ExampleGridView.aspx 页面，并在此基础上实现超链接和模板字段的功能。

在创建 GridViewSqlDataSource.aspx 页面和 ExampleGridView.aspx 页面时，我们需要将数据表中的数据分行和分列显示。在 ASP.NET 中，有没有控件可以直接显示数据列表呢？答案是肯定的，GridView 控件就是其中的一种。下面我们首先介绍 GridView 控件的用法。

8.1　创建 GridView 与 SqlDataSource 控件

在 Visual Studio 2005 中，创建 GridView 网页最简单的方法是将服务器资源管理器的表或字段拖曳到网页设计界面，即可生成 GridView 控件与 SqlDataSource 控件。

在本节的范例中将创建如图 8-1 所示的 GridView 控件与 SqlDataSource 结合，可以读取数据库数据，并在网页上显示数据。其中包含排序、编辑、选择、删除与分页功能。

下面将示范如何以拖曳方式创建 GridView 与 SqlDataSource 控件。可以分别拖曳整个表以及部分字段，操作方式如下：

(1) 创建新网页 GridViewSqlDataSource.aspx 并切换到设计模式。

(2) 从服务器资源管理器拖曳表字段。

可以选择所有字段或部分字段创建 GridView，本例中采取第二种方式，即拖曳整个表到设计界面，如图 8-1 所示。拖曳部分字段到设计界面，如图 8-2 所示。

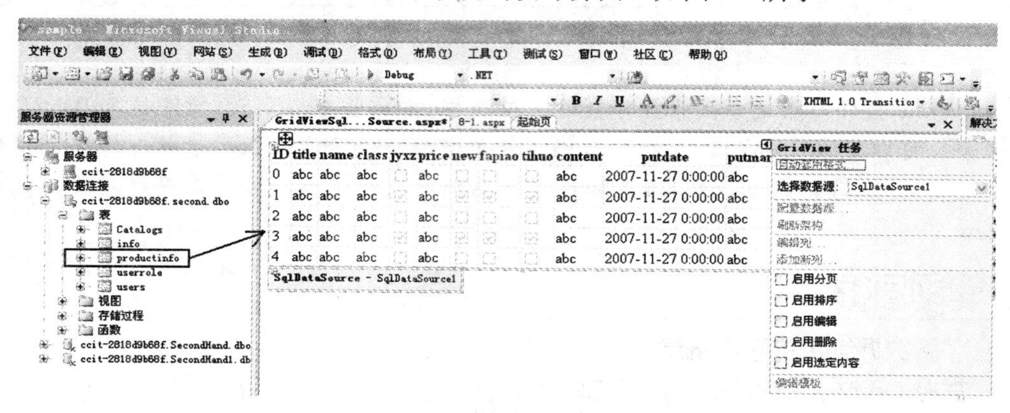

图 8-1　拖曳整个表到设计界面

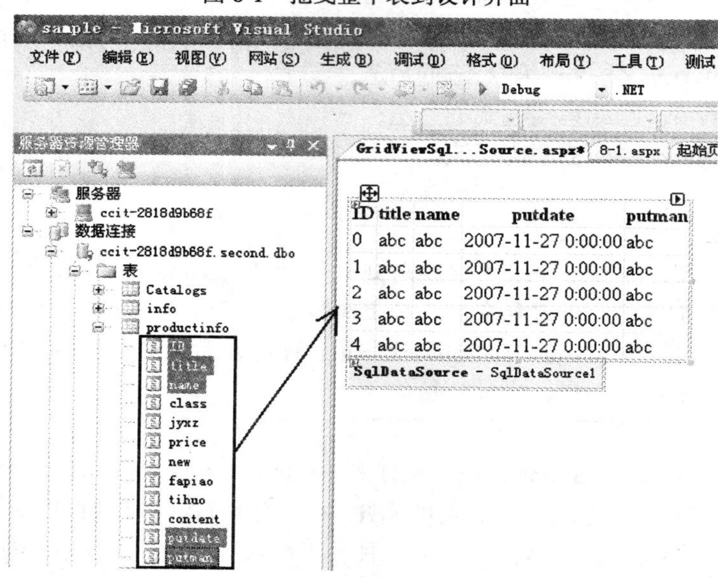

图 8-2　拖曳部分字段到设计界面

(3) 创建完成后的设计界面。创建完成后的界面如图 8-3 所示，包含 GridView 与 SqlDataSource 两个控件。

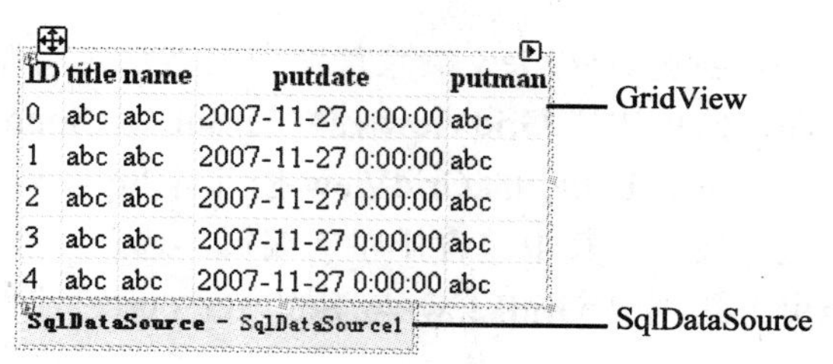

图 8-3　创建完成后的界面

(4) 完成 GridView 控件网页的设计后按 F5 键运行，结果如图 8-4 所示。

ID	title	name	putdate	putman
1	第一件商品信息	电子图书-网页三剑客	2007-11-11 11:21:42	jack
3	程序员教程便宜卖了！！	程序员教程	2007-11-20 19:35:20	tom
4	这次发布的标题很长！！！！！！！！！！！！！！	无所谓	2007-11-20 19:38:56	tom
5	出售研究生	帐号	2007-11-27 13:32:26	jack
6	诺基亚原装立体声线绳耳机	诺基亚原装立体声线绳耳机	2007-11-27 13:33:27	jack
7	大量物品转让	台式机电脑	2007-11-27 13:34:17	jack
8	酷睿2双核+1G内存+15液晶低价转让	笔记本电脑	2007-11-27 13:35:16	jack
9	复印机打印机电脑	复印机打印机电脑	2007-11-27 13:36:05	jack
10	批发冬用太阳能热水器	太阳能热水器	2007-11-27 13:38:18	jack
11	我厂有一批库存	家具	2007-11-27 13:39:06	jack
12	转让_冰箱电视洗衣机	箱电视洗衣机	2007-11-27 13:40:54	tom
13	家具+家电+急转让	家具+家电	2007-11-27 13:42:54	tom
14	板式席梦思/铁艺席梦思床.各种床垫．高档大方	席梦思床	2007-11-27 13:43:40	tom

图 8-4　运行结果

8.2 GridView 与 SqlDataSource 数据处理架构简介

在说明 GridViewSqlDataSource.aspx 代码之前，必须先看一下 GridView 与 SqlDataSource 数据处理架构。

如图 8-5 所示，GridView 通过 SqlDataSource 访问数据库，可以访问各种数据库，包括 SQL Server、Oracle Server 等，也可以读取 XML 文件。

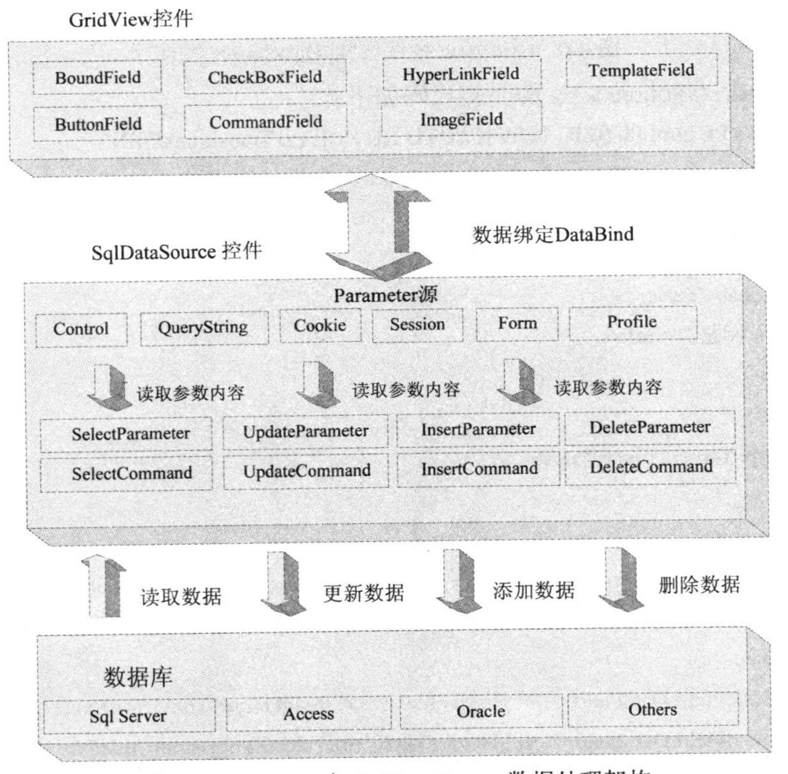

图 8-5　GridView 与 SqlDataSource 数据处理架构

SqlDataSource 包括下列 5 个配对的命令和参数，数据库处理包括对数据库的读取、更新、新增、删除、筛选等操作，如表 8-1 所示。

表 8-1　SqlDataSource 的命令与参数

命　令	参 数 说 明
UpdateCommand	UpdateParameters，进行数据库更新
InsertCommand	InsertParameters，进行数据库新增
DeleteCommand	DeleteParameters，进行数据库删除
SelectCommand	SelectParameters，进行数据库读取
FilterExpression	FilterParameters，进行数据库筛选

8.2.1　GridViewSqlDataSource.aspx 代码

拖曳后所产生的代码包含两大部分：GridView 控件与 SqlDataSource 控件，如图 8-6 所示。

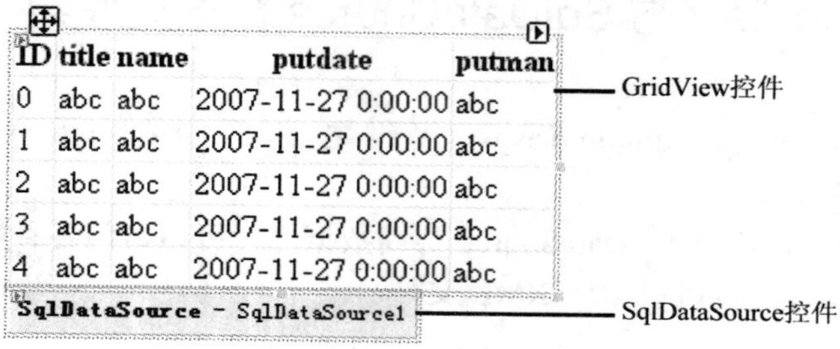

ID	title	name	putdate	putman
0	abc	abc	2007-11-27 0:00:00	abc
1	abc	abc	2007-11-27 0:00:00	abc
2	abc	abc	2007-11-27 0:00:00	abc
3	abc	abc	2007-11-27 0:00:00	abc
4	abc	abc	2007-11-27 0:00:00	abc

SqlDataSource - SqlDataSource1

GridView控件

SqlDataSource控件

图 8-6　GridView 控件与 SqlDataSource 控件

GridViewSqlDataSource.aspx 的完整代码如下：

```
<!DOCTYPE html PUBLIC "-//W3C//DTD XHTML 1.0 Transitional//EN"
"http://www.w3.org/TR/xhtml1/DTD/xhtml1-transitional.dtd">

<html xmlns="http://www.w3.org/1999/xhtml" >
<head runat="server">
<title>无标题页</title>
</head>
<body>
<form id="form1" runat="server">
<div>
 
<asp:GridView ID="GridView1" runat="server" AutoGenerateColumns="False" DataKeyNames="ID"
DataSourceID="SqlDataSource1" EmptyDataText="没有可显示的数据记录。">
<Columns>
<asp:BoundField DataField="ID" HeaderText="ID" ReadOnly="True" SortExpression="ID" />
<asp:BoundField DataField="title" HeaderText="title" SortExpression="title" />
<asp:BoundField DataField="name" HeaderText="name" SortExpression="name" />
```

```
<asp:BoundField DataField="putdate" HeaderText="putdate" SortExpression="putdate" />
<asp:BoundField DataField="putman" HeaderText="putman" SortExpression="putman" />
</Columns>
</asp:GridView>
<asp:SqlDataSource ID="SqlDataSource1" runat="server" ConnectionString="<%$
ConnectionStrings:secondConnectionString1 %>"
DeleteCommand="DELETE FROM [productinfo] WHERE [ID] = @ID" InsertCommand="INSERT
INTO [productinfo] ([title], [name], [putdate], [putman]) VALUES (@title, @name, @putdate, @putman)"
ProviderName="<%$ ConnectionStrings:secondConnectionString1.ProviderName %>"
SelectCommand="SELECT [ID], [title], [name], [putdate], [putman] FROM [productinfo]"
UpdateCommand="UPDATE [productinfo] SET [title] = @title, [name] = @name, [putdate] =
@putdate, [putman] = @putman WHERE [ID] = @ID">
<InsertParameters>
<asp:Parameter Name="title" Type="String" />
<asp:Parameter Name="name" Type="String" />
<asp:Parameter Name="putdate" Type="DateTime" />
<asp:Parameter Name="putman" Type="String" />
</InsertParameters>
<UpdateParameters>
<asp:Parameter Name="title" Type="String" />
<asp:Parameter Name="name" Type="String" />
<asp:Parameter Name="putdate" Type="DateTime" />
<asp:Parameter Name="putman" Type="String" />
<asp:Parameter Name="ID" Type="Int32" />
</UpdateParameters>
<DeleteParameters>
<asp:Parameter Name="ID" Type="Int32" />
</DeleteParameters>
</asp:SqlDataSource>
</div>
</form>
</body>
</html>
```

上述代码中以一对<asp:GridView…>和</asp:GridView>表示 GridView 控件，用 asp:SqlDataSource ID="SqlDataSource1" 表示 SqlDataSource 控件。

8.2.2 SqlDataSource 数据库连接字符串

数据库连接字符串是用于记录连接数据库的信息，如服务器名称、登录用户、密码、连接的数据库等。

数据库连接字符串经常需要修改，如更改数据库，修改密码等。因此，如果数据库连接字符串直接记录在网页代码中，则一旦要更改连接字符串，必须修改所有网页的数据库连接字符串，这会造成系统维护困难。

比较好的方法是将数据库连接字符串记录在 Web.Config 中，如果需要修改，在 Web.Config 中修改即可。由于 Web.Config 文件是一个标准的 XML 文件，因此，ASP.NET 会在运行时(Run-Time)从 Web.Config 文件的<Connection String>节点中找到连接字符串的有关信息。

(1) SqlDataSource 连接数据库及属性设置语法。将整个表拖曳到设计窗口时，Visual Studio 2005 自动在 SqlDataSource 中设置 Connection String 与 ProviderName 属性。

SqlDataSource 连接数据库，属性设置语法如下：

```
<asp: SqlDataSource ID=" SqlDataSource1">
ProviderName=
"<%$ s:连接字符串.ProviderName %>
ConnectionString=
"<%$ Connection Strings:连接字符串名称%>
```

必须设置 Connection String 属性为连接字符串，ProviderName 属性为提供程序名称。

Visual Studio 2005 也同时自动生成了一个 Web.Config 文件，并且生成了 Connection String 区块，双击“解决方案资源管理器”中的 Web.Config 文件即可打开 Web.Config 文件。Web.Config 连接字符串的语法如下：

```
<Connection Strings >
<add name="连接字符串名称 1"Connection String="连接字符串"ProviderName="数据提供程序名称"/>
<add name="连接字符串名称2"Connection String="连接字符串"ProviderName="数据提供程序名称"/>
</Connection String>
```

如果要新增连接字符串，则必须在<Connection String></Connection String>区块内加入，甚至可以加入不同的连接字符串，作为连接到不同数据库的方式。

(2) SqlDataSource 连接数据库及数据绑定到 Web.config 的方式。SqlDataSource 连接数据库属性是如何绑定到 Web.Config 的呢？在 aspx 代码中，连接字符串数据绑定的语法为<%$...%>，其中 AppConnectionString1 必须对应到 Web.Config 的 ConnectionString 属性的 AppConnectionString1。

GridViewSqlDataSource.aspx 数据库连接字符串的相关代码如下：

```
<asp:SqlDataSource ID="SqlDataSource1" runat="server" ConnectionString="<%$
onnectionStrings:secondConnectionString1 %>"
ProviderName="<%$ ConnectionStrings:secondConnectionString1.ProviderName %>">


Web.Config


<connectionStrings>
  <add name="secondConnectionString1" connectionString="Data Source=localhost; Initial
```

```
Catalog=second;Integrated Security=True"
    providerName="System.Data.SqlClient" />
</connectionStrings>
```

8.2.3　GridView 与 SqlDataSource 的连接方式

将 GridView 控件拖曳到设计界面时，系统会自动生成 GridView 与 SqlDataSource 两个控件。这两个控件是如何连接的呢？如下列代码所示，读者可以发现 SqlDataSource 的 ID 属性是 SqlDataSource1，将 GridView 的 DataSourceID 的属性设置为 SqlDataSource1，按照此方式进行连接。

```
<asp:GridView ID="GridView1" Runat="Server"
DataSourceID=" SqlDataSource1">
…
</asp:GridView>
<asp: SqlDataSource ID=" SqlDataSource1">
…
</asp: SqlDataSource>
```

8.2.4　GridView 与 SqlDataSource 配合读取显示数据

GridView 与 SqlDataSource 的读取显示数据方式如下：

(1) SqlDataSource 使用命令读取 ID、title、name、putdate、putman 字段数据。

(2) GridView 通过五个 BoundColumn 字段在界面上显示字段数据。因此，GridView 字段必须对应到 SqlDataSource SelectCommand 字段。

(3) 当 GridView 显示的表没有任何数据时，会显示 EmptyDataText 属性的内容，如下列代码所示。

```
<asp:GridView ID="GridView1" runat="server" AutoGenerateColumns="False" DataKeyNames="ID"
DataSourceID="SqlDataSource1" EmptyDataText="没有可显示的数据记录。">
<Columns>
 <asp:BoundField DataField="ID" HeaderText="ID" ReadOnly="True" SortExpression="ID" />
 <asp:BoundField DataField="title" HeaderText="title" SortExpression="title" />
 <asp:BoundField DataField="name" HeaderText="name" SortExpression="name" />
 <asp:BoundField DataField="putdate" HeaderText="putdate" SortExpression="putdate" />
 <asp:BoundField DataField="putman" HeaderText="putman" SortExpression="putman" />
</Columns>
</asp:GridView>

<asp:SqlDataSource ID="SqlDataSource1" runat="server"
SelectCommand="SELECT [ID], [title], [name], [putdate], [putman] FROM [productinfo]">
...
</asp:SqlDataSource>
```

8.3　使用智能标记设置 GridView

智能标记是 Visual Studio 2005 的新增功能，一些比较复杂的控件都提供智能标记，可以快速设置控件。

8.3.1　打开与关闭智能标记

打开智能标记有下列两种方法。

方法 1：单击图标，打开智能标记，如图 8-7 所示。

ID	title	name	putdate	putman
0	abc	abc	2007-11-27 0:00:00	abc
1	abc	abc	2007-11-27 0:00:00	abc
2	abc	abc	2007-11-27 0:00:00	abc
3	abc	abc	2007-11-27 0:00:00	abc
4	abc	abc	2007-11-27 0:00:00	abc

SqlDataSource - SqlDataSource1

单击此图标就会出现智能标记

图 8-7　打开智能标记的方法 1

方法 2：单击鼠标右键，利用快捷菜单打开智能标记，如图 8-8 所示。

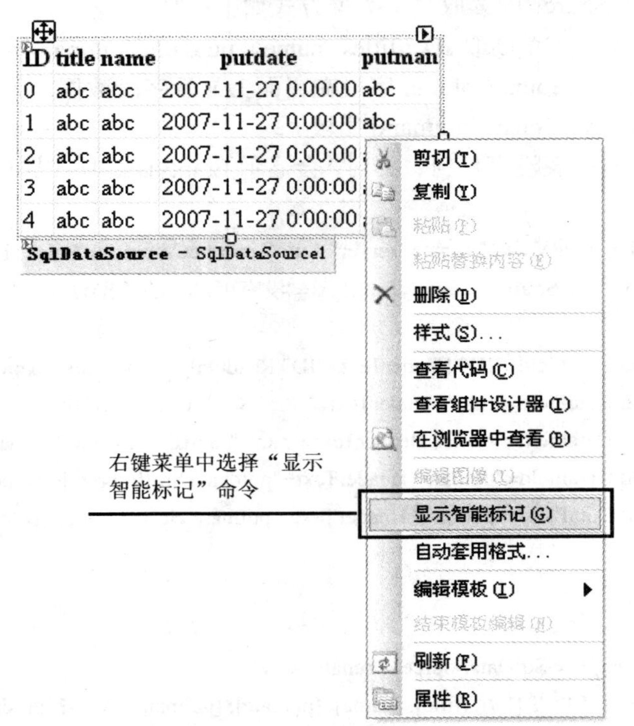

图 8-8　打开智能标记的方法 2

如果要关闭智能标记，则只需要单击设计界面的其他地方即可。

8.3.2　GridView 智能标记功能简介

智能标记功能如图 8-9 所示。

图 8-9　智能标记功能

8.4　GridView 添加分页功能

当用 GridView 显示表时，如果表的数据行数超过页面所能显示的行数，那么此时就需要使用分页功能。

8.4.1　添加分页功能

为 GridView 添加分页功能非常简单，只需在智能标记中选中“启用分页”复选框即可，具体操作步骤如下所述。

(1) 选中“启用分页”复选框，如图 8-10 所示。

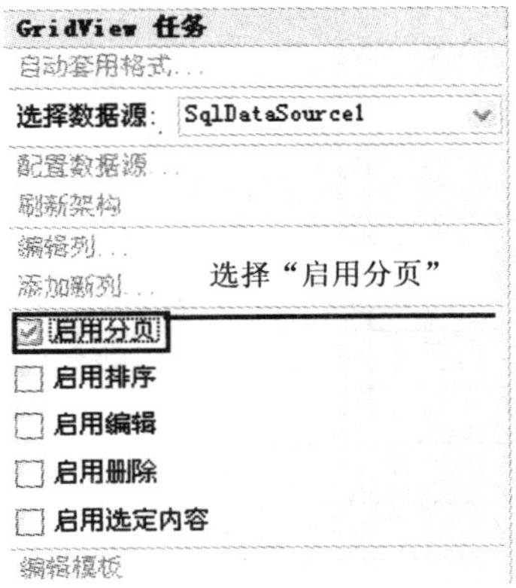

图 8-10　选中“启用分页”复选框

(2) 单击 GridView 智能标记后，生成代码。选中“启用分页”复选框后，系统自动加入代码 AllowPaging ="True"，如下列代码所示：

```
<asp:  GridView  ID=" GridView1"  Runat="server"
…
AllowPaging="True"
```

(3) GridViewSqlDataSource.aspx 运行分页功能。按 F5 键运行后会出现分页按钮，可单击数字按钮切换不同页，如图 8-11 所示。

ID	title	name	putdate	putnan
1	第一件商品信息	电子图书-网页三剑客	2007-11-11 11:21:42	jack
3	程序员教程便宜卖了！！	程序员教程	2007-11-20 19:35:20	tom
4	这次发布的标题很长！！！！！！！！！！！！！！！	无所谓	2007-11-20 19:38:56	tom
5	出售研究生	帐号	2007-11-27 13:32:26	jack
6	诺基亚原装立体声线绳耳机	诺基亚原装立体声线绳耳机	2007-11-27 13:33:27	jack
7	大量物品转让	台式机电脑	2007-11-27 13:34:17	jack
8	酷睿2双核+1G内存+15液晶低价转让	笔记本电脑	2007-11-27 13:35:16	jack
9	复印机打印机电脑	复印机打印机电脑	2007-11-27 13:36:05	jack
10	批发冬用太阳能热水器	太阳能热水器	2007-11-27 13:38:18	jack
11	我厂有一批库存	家具	2007-11-27 13:39:06	jack

1 2 —— 单击数字按钮可以切换不同页

图 8-11　运行分页功能页面

8.4.2　利用“分页”属性组设置分页按钮的功能及外观

在“分页”(PagerSettings)属性组中有很多属性可设置分页按钮的功能和外观，说明如表 8-2 所示。

表 8-2　分页属性说明

属性名称	功　能
AllowPaging	是否允许分页
PageIndex	分页索引
FirstPageImageUrl	切换第一页图片
FirstPageText	切换第一页文字
LastPageImageUrl	切换最后一页图片
LastPageText	切换最后一页文字
Mode	设置分页模式
NextPageImageUrl	下一页图片
NextPageText	下一页文字
PageButtonCount	显示分页按钮的个数
Position	分页位置
PreviousPageImageUrl	上一页图片
PreviousPageText	上一页文字
Visible	是否显示分页
PageSize	每一页包含的记录数量

1. Mode 属性设置

Mode 的属性设置如表 8-3 所示。

表 8-3　GridView 的 Mode 属性

Mode 属性设置	说　明	图　例
NextPrevious	只有上一页、下一页	<>
Numeric	只显示数字	123456
NextPreviousFirstLast	显示第一页、上一页、下一页、最后一页	<<<>>>
NumericFirstLast	显示上一页、下一页、数字	<<...456...>>

2. Position 属性设置

此属性用于设置分页按钮显示在 GridView 的位置，如表 8-4 所示。

表 8-4　GridView 的 Position 属性

Position 属性设置	说　明
Bottom	显示在下方
Top	显示在上方
TopAndBottom	显示在上方及下方

8.4.3　GridView 的 PagerStyle 分页样式设置

GridView 的 PagerStyle 属性组可设置 GridView 相关按钮的样式，如图 8-12 所示。

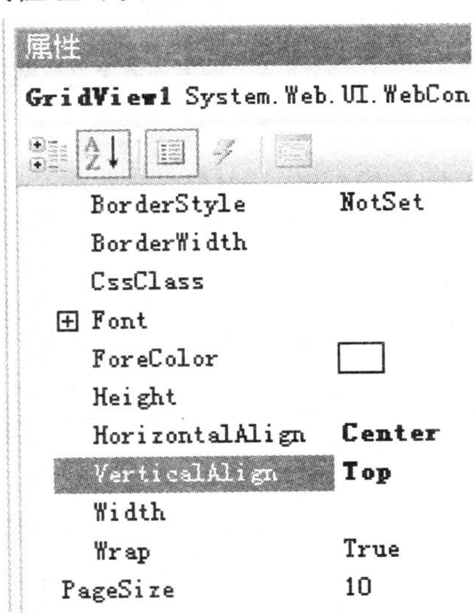

图 8-12　设置样式

其中，两个属性的说明如下：

(1) HorizontalAlign 用于设置分页按钮的水平对齐方式，共有 4 种设置，分别为 Left、Center、Right 和 Justify。

(2) VerticalAlign 用于设置分页按钮的垂直对齐方式，共有 3 种设置，分别为 Top、Middle 和 Bottom。

8.4.4　设置分页样式与“分页”属性组

可以通过设置分页样式与“分页”属性组来改变分页按钮的外观。

(1) 设置分页样式与“分页”属性组，代码如下：

```
<asp:GridView ID="GridView1"...>
<PagerStyle HorizontalAlign="Center">
</PagerStyle>
<PagerSettings PageButtonCount="3" Mode="NumericFirstLast">
</PagerSettings>
</asp:GridView>
```

HorizontalAlign="Center"：设置居中对齐。

PageButtonCount="3"：设置分页按钮有 3 个数字按钮。

Mode="NumericFirstLast"：设置分页模式，显示上一页、下一页和数字。

(2) 设置分页属性样式后按 F5 键运行。按 F5 键运行后界面如图 8-13 所示，用户可以发现，分页按钮已经改为居中对齐，并且分页按钮已经改成“> >>”，这是因为记录数量不够所致。

ID	title	name	putdate	putman
1	第一件商品信息	电子图书-网页三剑客	2007-11-11 11:21:42	jack
3	程序员教程便宜卖了！！	程序员教程	2007-11-20 19:35:20	tom
4	这次发布的标题很长！！！！！！！！！！！！！！！	无所谓	2007-11-20 19:38:56	tom
5	出售研究生	帐号	2007-11-27 13:32:26	jack
6	诺基亚原装立体声线绳耳机	诺基亚原装立体声线绳耳机	2007-11-27 13:33:27	jack

> >>

图 8-13　运行后的页面

8.4.5　GridView 分页事件简介

分页事件包括下列两个事件：一个是事件处理前，另一个是事件处理后。用户可以加入代码新增控制分页的功能。

(1) PageIndexChanging 事件：在 GridView 处理该控件之前，当单击分页按钮时触发。代码如下：

```
protected void GridView1_PageIndexChanging(object sender, GridViewPageEventArgs e)
{
    ...
}
```

表 8-5 所示为 GridView 控件的 PageIndexChanging 事件参数。

表 8-5　PageIndexChanging 事件参数

事　件	值	说　明
e.Cancel	true/false	是否取消该事件
e.NewPageIndex	int	分页后页数的索引(0-base 索引)

e.NewPageIndex 可取得分页后页数的索引。0-base 索引的意义是：0 代表第 1 页，1 代表第 2 页，2 代表第 3 页，以此类推。

(2) PageIndexChanged 事件：在 GridView 处理该事件后，当单击分页按钮时触发。其代码如下(参数为一般事件参数)：

```
protected void GridView1_PageIndexChanged(object sender, EventArgs e)
{
    ...
}
```

8.5 GridView 添加排序功能

GridView 排序功能可以让用户单击 GridView 字段标题，以便进行数据排序。

(1) 在 GridView 的智能标记中，添加排序功能非常简单，只需选中智能标记的“启用排序”复选框即可，如图 8-14 所示。

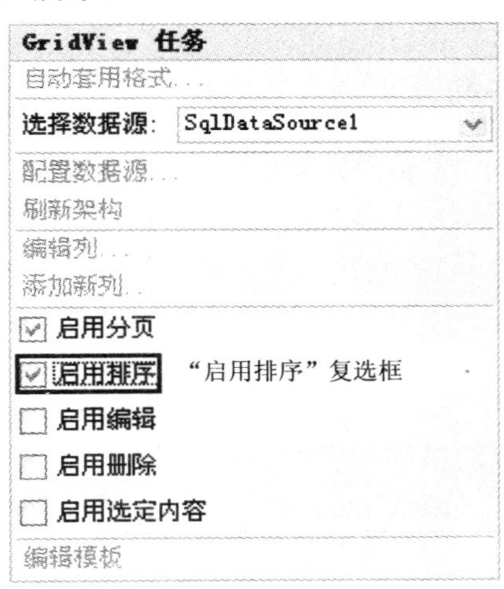

图 8-14　选中智能标记的“启用排序”复选框

(2) 系统自动加入代码。选中智能标记“启用排序”复选框后，系统自动加入 AllowString="ture"。

(3) GridViewSqlDataSource.aspx 添加排序功能后按 F5 键运行，运行后的页面如图 8-15 所示。

ID	title	name	putdate	putnan
1	第一件商品信息	电子图书-网页三剑客	2007-11-11 11:21:42	jack
3	程序员教程便宜卖了！！	程序员教程	2007-11-20 19:35:20	tom
4	这次发布的标题很长！！！！！！！！！！！！！！！	无所谓	2007-11-20 19:38:56	tom
5	出售研究生	帐号	2007-11-27 13:32:26	jack
6	诺基亚原装立体声线绳耳机	诺基亚原装立体声线绳耳机	2007-11-27 13:33:27	jack

单击表头名称即可按字段排序

图 8-15　运行后的页面

8.5.1　与排序有关的代码

例如下列代码，首先必须设置 AllowSorting ="Ture" 的状态为允许排序。在 GridView 的 Columns 字段，设置 SortExpress 属性为排序字段。

```
<asp:GridView ID="GridView1" runat="server" AutoGenerateColumns="False" DataKeyNames="ID"
DataSourceID="SqlDataSource1" EmptyDataText="没有可显示的数据记录。" AllowPaging="True"
PageSize="5" AllowSorting="True" OnPageIndexChanged="GridView1_PageIndexChanged"
OnPageIndexChanging="GridView1_PageIndexChanging">
<Columns>
<asp:BoundField DataField="ID" HeaderText="ID" ReadOnly="True" SortExpression="ID" />
<asp:BoundField DataField="title" HeaderText="title" SortExpression="title" />
<asp:BoundField DataField="name" HeaderText="name" SortExpression="name" />
<asp:BoundField DataField="putdate" HeaderText="putdate" SortExpression="putdate" />
<asp:BoundField DataField="putman" HeaderText="putman" SortExpression="putman" />
</Columns>
```

8.5.2　GridView 排序事件简介

排序事件包括以下两个：一个是事件处理前，另一个是事件处理后。

(1) Sorting 事件：在 GridView 处理该事件前，当单击排序按钮时触发。事件代码如下：

```
protected void GridView1_Sorting(object sender, GridViewSortEventArgs e)
{
   ...
}
```

其中，GridViewSortEventArgs 的参数说明如表 8-6 所示。

表 8-6　GridViewSortEventArgs 的参数说明

参　数	设置值	说　明
e.Cancel	true/false	是否应取消事件的值
e.SortDirection	SortDirection.Ascending SortDirection.Descending	升序排序 降序排序
e.SortExpression	string	排序表达式

(2) Sorted 事件：在 GridView 处理该事件之后，当单击排序按钮时触发。事件代码如下：

```
protected void GridView1_Sorted(object sender, EventArgs e)
{
   ...
}
```

8.6　GridView 添加选择功能

在 GridView 中添加选择按钮后，GridView 每一行都会出现选择按钮，用户单击行的选择按钮后会触发事件，可以添加事件代码响应用户的选择。要对 GridView 添加选择功能，只需在智能标记内选中“启用选定内容”复选框即可。

(1) 打开智能标记，选中“启用选定内容”复选框，如图 8-16 所示。

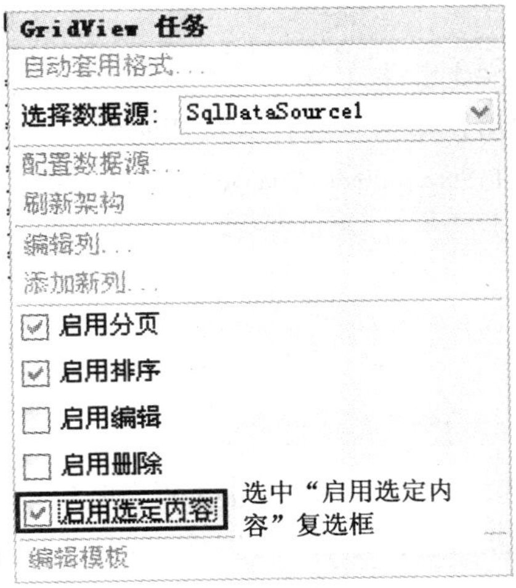

图 8-16　添加选择功能

(2) 选中“启用选定内容”复选框后，系统自动加入 CommandField，如下列代码所示。CommandField 字段设置 ShowSelectButton="True"，并且显示选择按钮。

```
<asp:CommandField ShowSelectButton="True" />
```

(3) GridViewSqlDataSource.aspx 添加“选择”按钮后按 F5 键运行，运行效果如图 8-17 所示。

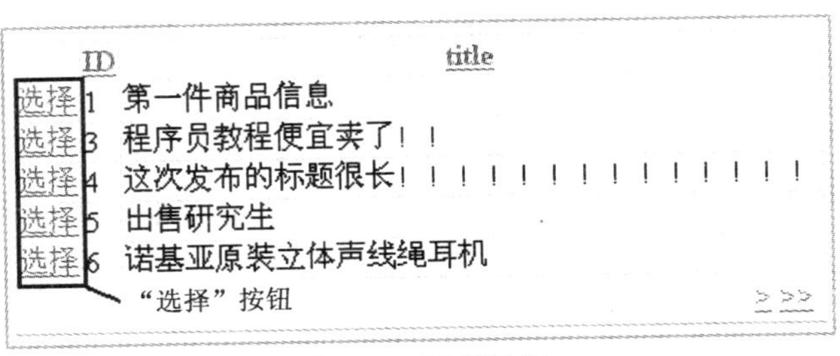

图 8-17　运行效果

8.6.1　GridView 选择事件简介

选择事件包括如下两个：一个是事件处理前，另一个是事件处理后。

1. SelectedIndexChanging 事件

在 GridView 处理该事件之前，当用户单击“选择”按钮时触发。事件代码如下：

```
protected void GridView1_SelectedIndexChanging(object sender, GridViewSelectEventArgs e)
{
    ...
}
```

其中，GridViewSelectEventArgs 的参数说明如表 8-7 所示。

表 8-7　GridViewSelectedEventArgs 的参数说明

GridViewSelectedEventArgs 参数	设置值	说　明
e.Cancel	true/false	是否取消该事件
e.NewSelectedIndex	int	选择的行索引

2．SelectedIndexChanged 事件

在 GridView 处理该事件后，单击“选择”按钮时触发。事件代码如下：

```
protected void GridView1_SelectedIndexChanged(object sender, EventArgs e)
{
  ...
}
```

8.6.2　事件代码范例

例如下列事件的代码设置，一旦 Discontinued 的字段值是 true，则不允许选择。

(1) 添加 SelectedIndexChanged 事件代码，即当用户选择时，将会触发 GridView1_SelectedIndexChanged 事件，首先判断 GridView 的第 3 个字段是否选择，也就是 Discontinued 字段。如果已选择，则设置 e.Cancel=true；如果取消该事件，则不允许选择。

(2) 添加 SelectedIndexChanged 事件代码，即当用户选择时，将会触发 GridView1_SelectedIndexChanged 事件，显示选择行的第二个字段，也就是 ProductName 字段。

(3) GridViewSqlDataSource.aspx 添加选择按钮后按 F5 键运行。

8.7　GridView 添加编辑功能

GridView 编辑功能可以让用户编辑行，并且更新数据库的数据。

(1) 选中“启用编辑”复选框添加编辑功能。要对 GridView 添加编辑功能，只需在智能标记内选中“启用编辑”复选框即可，如图 8-18 所示。

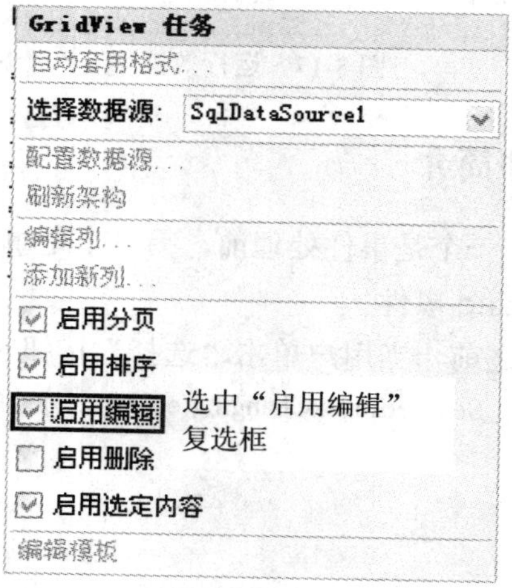

GridView 任务
自动套用格式...
选择数据源: SqlDataSource1
配置数据源...
刷新架构
编辑列...
添加新列...
启用分页
启用排序
启用编辑
选中“启用编辑”复选框
启用删除
启用选定内容
编辑模板

图 8-18　添加编辑功能

(2) 选中“启用编辑”复选框添加编辑功能后，系统自动生成代码。选中“启用编辑”复选框后，系统将会自动在 CommandField 字段中添加“ShowEditButton="True"”。代码如下：

```
<asp:CommandField ShowSelectButton="True" ShowEditButton="True" />
```

(3) 按 F5 键运行。运行后的页面如图 8-19 所示。

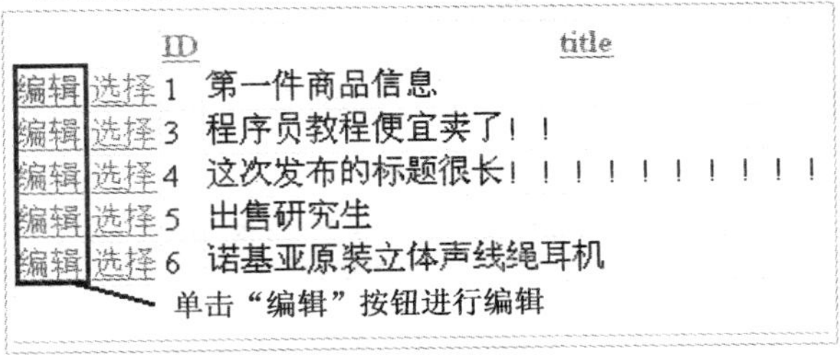

图 8-19　运行后的页面

(4) 修改内容页面如图 8-20 所示。

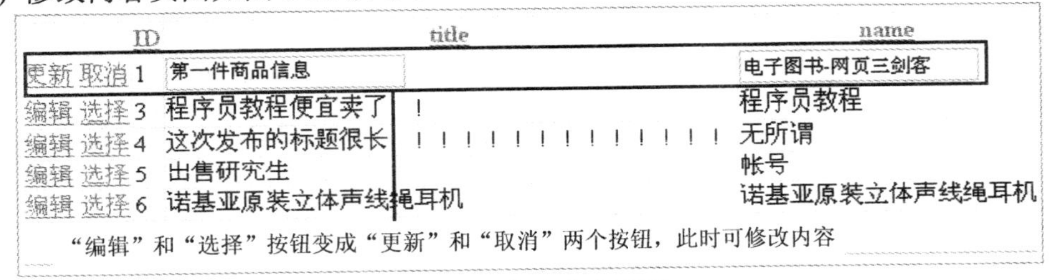

图 8-20　修改内容页面

(5) 修改完成后的页面如图 8-21 所示。

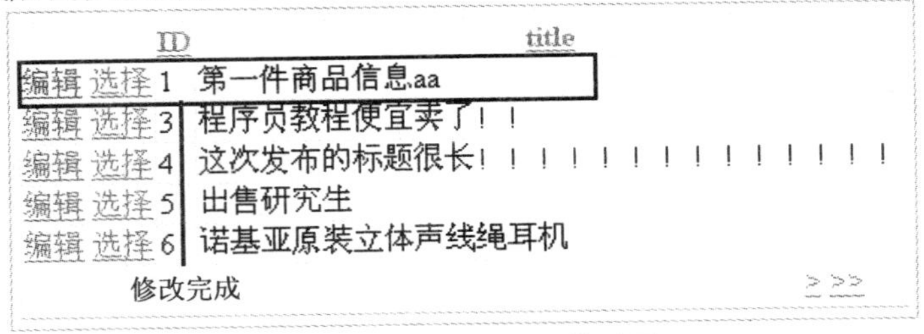

图 8-21　修改完成后的页面

8.7.1　与编辑相关的代码说明

代码说明如下：

(1) 更新数据要使用 Primary Key，且必须设置 DataKeyNames="ID"。

(2) 必须设置显示“编辑”按钮。

(3) UpdateCommand 中的四个参数@title、@name、@putdate、@putman 必须对应 UpdateParameter 的参数 title、name、putdate 和 putman。

(4) WHERE 设置为@original_ID，必须对应 UpdateParameter 参数 ID。

在 UpdateCommand 中 WHERE 子句为@original_ID，而不是@ID，这是因为更新数据必须使用更新前的值。为了区分更新前与更新后的数据，可以设置 OldValuesParameterFormatString 属性的值，代表字段名称之前加上 original_为更新前的值。

提示： OldValuesParameterFormatString 属性在 Beta 中默认值为 original_{0}，但是在正式版本中其默认值为{0}。为了区分修改前与修改后的值，本书所有范例的 OldValuesParameter-FormatString 属性仍设置为 original_{0}。

8.7.2　与 GridView 编辑相关的事件简介

与编辑相关的事件共有 4 种，如表 8-8 所示，分别处理用户编辑的每个阶段，可以使用 e.Cancel 或 e.KeepInEditMode 来控制编辑的流程。

表 8-8　与编辑相关的事件列表

事　件	说　明
RowEditing e.Cancel	当单击编辑按钮时触发，但是在 GridView 处理该事件前取消该事件
RowUpdating e.Cancel	当单击更新按钮时触发，但是在 GridView 处理该事件写入数据库之前取消该事件
RowUpdated e.KeepInEditMode	当单击更新按钮时触发，但是在 GridView 处理该事件写入数据库之后取消该事件，返回编辑模式
RowCancelingEdit e.Cancel	当单击取消按钮时触发

8.7.3　RowEditing 事件

在某些情况下，客户数据只允许所属业务人员才能修改，或者如果订单数据已经出货，则不能修改，此时就必须判断数据内容来决定是否可以修改。可以在 RowEditing 事件中加入代码进行判断。RowEditing 事件在单击“编辑”按钮时触发，但必须在 GridView 处理该事件之前。

RowEditing 事件的代码如下：

```
protected void GridView1_RowEditing(object sender, GridViewEditEventArgs e)
{
   ...
}
```

其中，GridViewEditEventArgs 的参数说明如表 8-9 所示。

表 8-9　GridViewEditEventArgs 的参数表说明

GridViewEditEventArgs 参数	设　置　值	说　明
e.Cancel	true/false	是否取消该事件
e.NewSelectedIndex	int	取得目前编辑的行索引

可以使用 e.NewEditIndex 取得目前编辑的行索引，并加以判断，如果不允许修改，则只要设置 e.Cancel=true 即可取消该事件。

8.7.4　RowUpdating 事件

当单击“编辑”按钮输入修改的内容，再单击“更新”按钮时，会触发 RowUpdating 事件，用户可以编写程序来判断是否允许用户更新数据。

在 GridView 处理 RowUpdating 事件之前，单击“更新”按钮会触发该事件。RowUpdating 事件的代码如下：

```
protected void GridView1_RowUpdating(object sender, GridViewEditEventArgs e)
{
  ...
}
```

其中，GridViewUpdateEventArgs 的参数说明如表 8-10 所示。

表 8-10　GridViewUpdateEventArgs 的参数说明

GridViewUpdateEventArgs 参数	设 置 值	说 明
e.Cancel	true/false	设置 true，则取消该事件
e.Keys	IOrderedDictionary	取得主键集合
e.NewValues	IOrderedDictionary	返回修改后的数据集合
e.OldValues	IOrderedDictionary	返回修改前的数据集合
e.RowIndex	int	取得目前编辑的行索引

IOrderedDictionary 为有序的 DictionaryEntry 集合，DictionatyEntry 包括 Key 与 Value 两种属性，用户可以用 For Each 语法读取。

8.7.5　RowUpdated 事件

当单击“编辑”按钮输入修改的内容，再单击“更新”按钮时，首先 GridView 将更新数据库，然后触发 RowUpdated 事件。注意，RowUpdated 与 RowUpdating 事件不同，RowUpdating 是更新数据库之前触发，而 RowUpdated 则是更新数据库之后触发。用户可以添加某些代码来处理异常，例如将修改内容写入修改记录文件。更新数据到数据库时若发生错误，则必须处理该错误。在 GridView 处理 RowUpdated 事件之后，单击“更新”按钮时触发该事件。

RowUpdated 事件代码如下：

```
protected void GridView1_RowUpdated(object sender, GridViewUpdatedEventArgs e)
{
  ...
}
```

其中，GridViewUpdatedEventArgs 的参数说明如表 8-11 所示。

表 8-11　GridViewUpdatedEventArgs 的参数说明

GridViewUpdatedEventArgs 参数	设 置 值	说 明
e.Keys	IOrderedDictionary	取得主键集合
e.NewValues	IOrderedDictionary	返回修改后的数据集合
e.OldValues	IOrderedDictionary	返回修改前的数据集合
e.KeepInEditMode	true/false	设置为 true，则保持编辑状态
e.AffectedRows	int	更新的行数
e.RowIndex	int	取得目前编辑的行索引

8.7.6　RowCancelingEdit 事件

单击“编辑”按钮输入修改内容，再单击“取消”按钮时，即可触发 RowCancelingEdit 事件。

RowCancelingEdit 事件代码如下：

```
protected void GridView1_RowCancelingEdit(object sender, GridViewCancelEditEventArgs e)
{
  ...
}
```

其中，GridViewCancelEditEventArgs 的参数说明如表 8-12 所示。

表 8-12　GridViewCancelEditEventArgs 的参数说明

事　件	设　置　值	说　　明
e.RowIndex	int	取得编辑的行索引
e.Cancel	true/false	设置 true，则取消该事件

8.8　GridView 添加删除功能

可以让用户单击“删除”按钮来删除数据。

(1) 在智能标记处选中“启动删除”复选框。要对 GridView 添加删除功能，只需在智能标记处选中“启动删除”复选框即可，如图 8-22 所示。

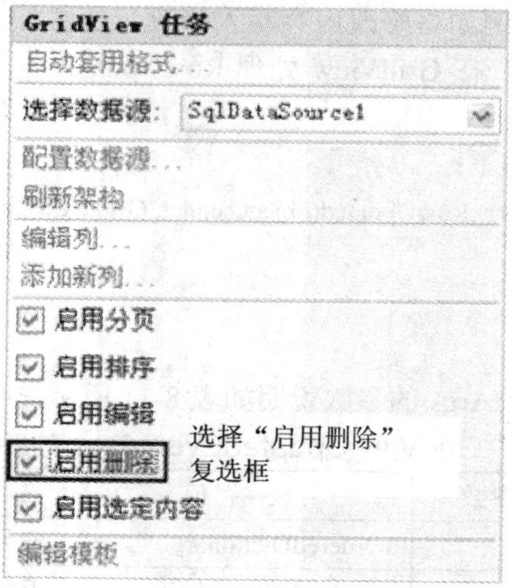

图 8-22　选中“启动删除”复选框

(2) 选中“启动删除”复选框后，系统将会自动在 CommandField 字段中加入 ShowDeleteButton="True"，代码如下：

```
<asp:CommandField ShowSelectButton="True" ShowEditButton="True" ShowDeleteButton="True" />
```

(3) 按 F5 键运行，结果如图 8-23 所示。

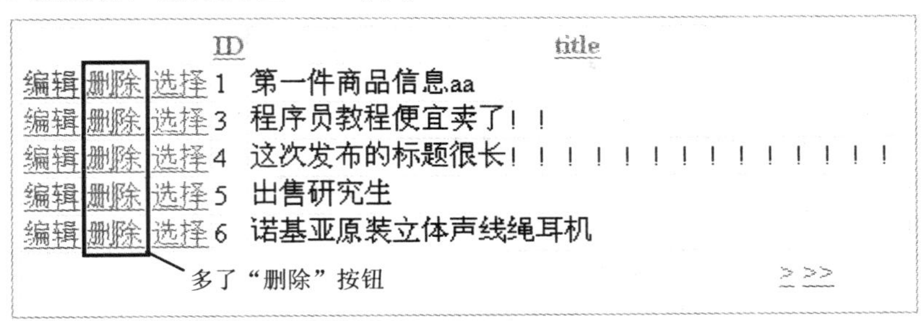

图 8-23　运行结果

8.8.1　与删除功能相关的代码

代码说明如下：

(1) 数据主键值：删除数据必须使用主键，因此需要设置主键值为 DataKeyNames="ID"。

(2) 显示 Delete 按钮：设置 GridView 显示 Delete 按钮。

(3) 删除数据参数：在用户单击“删除”按钮后，删除数据的主键值 ID 会传入 <DeleteParameters>的删除数据参数。

(4) 删除数据命令：DeleteCommand 与 DeleteParameters 结合，生成删除数据的 SQL 语句，该语句可在数据库中删除数据。

需要注意的是，DeleteCommand 的 WHERE 子句的@original_ID 参数必须与 DeleteParameters 的 ID 参数相互对应，其原因与 8.7 节谈到的 UpdateCommand 相同。

8.8.2　RowDeleting 事件

当用户单击“删除”按钮时会触发 RowDeleting 事件，用户可以编写程序来判断是否允许用户删除数据。

在 GridView 处理 RowDeleting 事件之前，单击“更新”按钮时触发该事件。

RowDeleting 事件的代码如下：

```
protected void GridView1_RowDeleting(object sender, GridViewDeleteEventArgs e)
{
  ...
}
```

其中，GridViewDeleteEventArgs 的参数说明如表 8-13 所示。

表 8-13　GridViewDeleteEventArgs 的参数说明

事　件	设置值	说　明
e.Cancel	true/false	设置 true，则取消该事件
e.Keys	IOrderedDictionary	取得主键集合
e.Values	IOrderedDictionary	返回要删除的数据集合
e.RowIndex	int	取得目前编辑的行索引

8.9　GridView 的外观设置

可以设置 GridView 的外观，使界面更加美观。

(1) 在智能标记处选择“自动套用格式”选项来设置格式。设置 GridView 外观最简单的方法是使用“自动套用格式”，如图 8-24 所示。

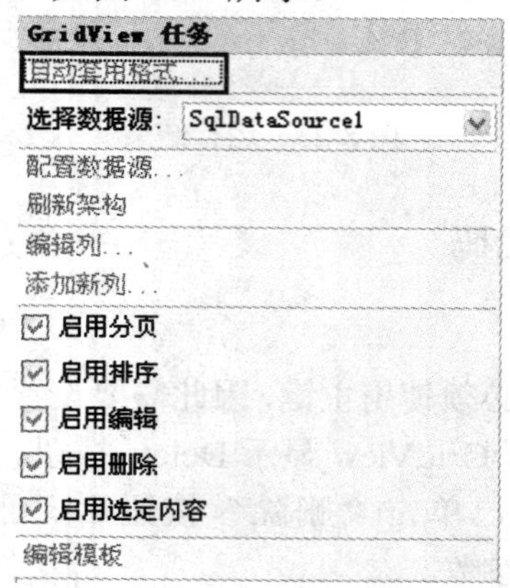

图 8-24　选择“自动套用格式”选项

(2) 选择方案如图 8-25 所示。

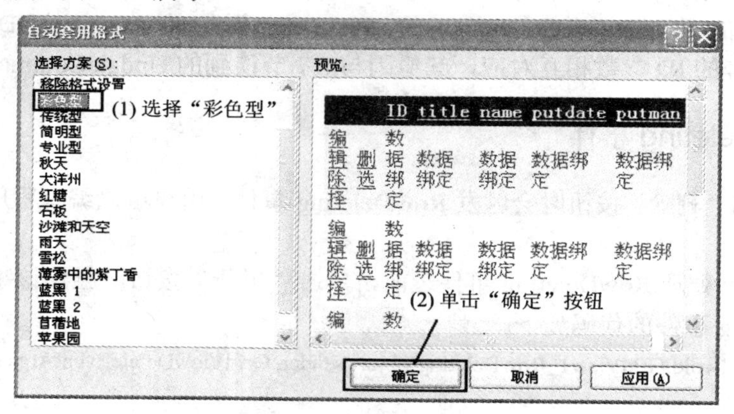

图 8-25　“自动套用格式”对话框

(3) 按 F5 键运行。运行后用户可以发现 GridView 的外观已经自动套用格式，如图 8-26 所示。

	ID	title	name	putdate	putman
编辑 删除 选择	1	第一件商品信息aa	电子图书-网页三剑客	2007-11-11 11:21:42	jack
编辑 删除 选择	3	程序员教程便宜卖了！！	程序员教程	2007-11-20 19:35:20	tom
编辑 删除 选择	4	这次发布的标题很长！！！！！！！！！！！！！！！！	无所谓	2007-11-20 19:38:56	tom
编辑 删除 选择	5	出售研究生	帐号	2007-11-27 13:32:26	jack
编辑 删除 选择	6	诺基亚原装立体声线绳耳机	诺基亚原装立体声线绳耳机	2007-11-27 13:33:27	jack
1 2 3					

图 8-26　运行后的页面

(4) 自动生成代码。设置后 Visual Studio 2005 会自动生成下列代码。用户可以发现下列代码添加了很多对样式的设置，这部分内容将在 8.9.1 节中说明。

```
<PagerStyle HorizontalAlign="Center" VerticalAlign="Top" BackColor="#FFCC66" ForeColor=
    "#333333"/>
<FooterStyle BackColor="#990000" Font-Bold="True" ForeColor="White" />
<RowStyle BackColor="#FFFBD6" ForeColor="#333333" />
<SelectedRowStyle BackColor="#FFCC66" Font-Bold="True" ForeColor="Navy" />
<HeaderStyle BackColor="#990000" Font-Bold="True" ForeColor="White" />
<AlternatingRowStyle BackColor="White" />
```

8.9.1　GridView 的样式介绍

在“属性”窗口的 Styles 组中可设置各种不同的样式，其说明如图 8-27 所示。

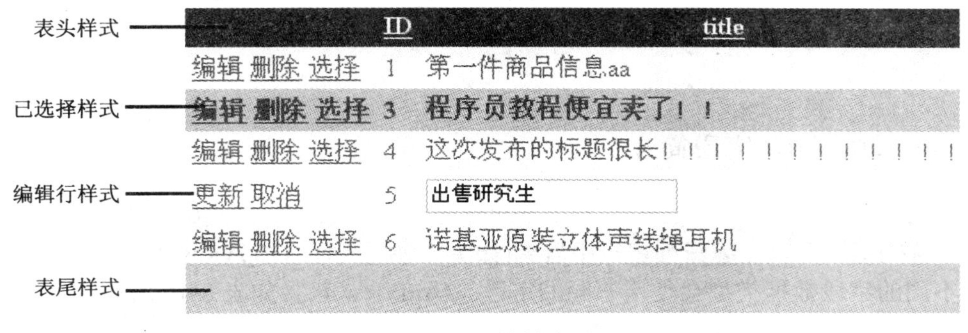

图 8-27　GridView 的样式说明

8.9.2　GridView 的外观与布局属性

另外，还可以设置 GridView 的外观与布局属性。

1. 外观属性(Apperance)

外观属性的说明如表 8-14 所示。

表 8-14　外观属性的说明

属　性	设 置 值	说　明
BackImageUrl	string	背景图片 Url
GridLines	GridLines.None GridLines.Horizontal GridLines.Vertical GridLines.Both	不设置网格线 设置水平网格线 设置垂直网格线 水平垂直都设置网格线
EmptyDataText	string	没有任何数据时显示字符串
PagerSettings	true/false	分页排序时是否使用 CallBack 功能
ShowFooter	true/false	是否显示表尾
ShowHeader	true/false	是否显示表头

2. 布局属性(LayOut)

布局属性的说明如表 8-15 所示。

表 8-15　布局属性的说明

属　性	设 置 值	说　明
CellPadding	int	单元格内容的像素点
CellSpacing	int	单元格之间的像素点
Height	int	设置 GridView 的高度
HorizontalAlign	HorizontalAlign.NotSet HorizontalAlign.Left HorizontalAlign.Right HorizontalAlign.Center HorizontalAlign.Justify	不设置排列位置 靠左 靠右 居中 自调整
Width	int	设置 GridView 的宽度

8.10　GridView 字段

8.10.1　GridView 字段简介

在前面的范例中，用户已经了解了 BoundField 与 CheckboxField 字段，本节将介绍更多字段，这些字段可以在编辑列窗口中看到(如图 8-28 所示)。GridView 字段用于显示表字段，对于不同的字段数据类型会使用不同的字段。GridView 包含如表 8-16 所列的字段。

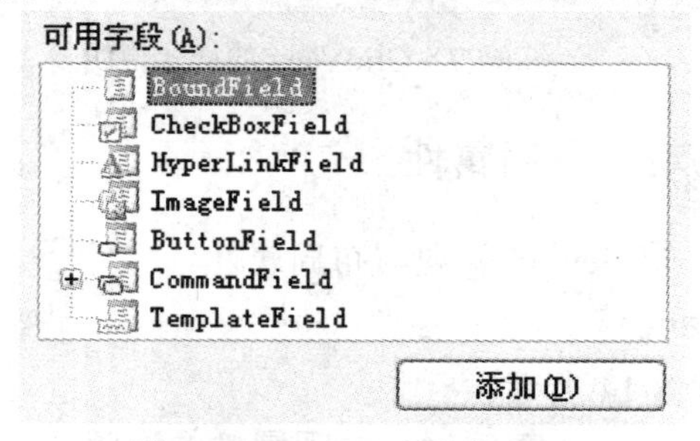

图 8-28　GridView 字段

表 8-16　GridView 字段表

GridView 字段	说　明
BoundField(数据绑定字段)	将数据以文字方式显示，为默认字段
ButtonField(按钮字段)	可显示为 PushButton 或 LinkButton，单击产生 RowCommand 事件
CheckBoxField(CheckBox 字段)	将数据以 CheckBox 控件方式显示，数据类型为 Boolean 时适用
CommandField(命令字段)	显示编辑、删除、修改、选择时的按钮
HyperLinkField(超链接字段)	将数据以 HyperLink 超链接方式显示
ImageField(图片字段)	将数据以图片方式显示
TemplateField(模板字段)	模板字段，可将字段替换为任何控件，并实现数据绑定

8.10.2　设置字段的共同属性

GridView 根据字段的不同，其属性也不一样，但是有些属性是相同的，如表 8-17 所示。

表 8-17　字段的共同属性

共 同 属 性	说　明
FooterText	表尾文字
HeaderImageUrl	表头图像 Url
HeaderText	表头文字
SortExpression	设置排序字段

每个字段都可设置如表 8-18 所示的样式。

表 8-18　字段的共同样式

GridView 样式	说　明
FooterStyles	表尾样式
ItemStyles	项目样式
HeaderStyles	表头样式
ControlStyles	控件样式

8.10.3　创建 ExampleGridView.aspx 范例程序

(1) 在现有项目中添加新项，创建名为 ExampleGridView.aspx 的 Web 窗体。从工具箱中拖曳 GridView 控件和 SqlDataSource 控件到页面上，如图 8-29 所示。

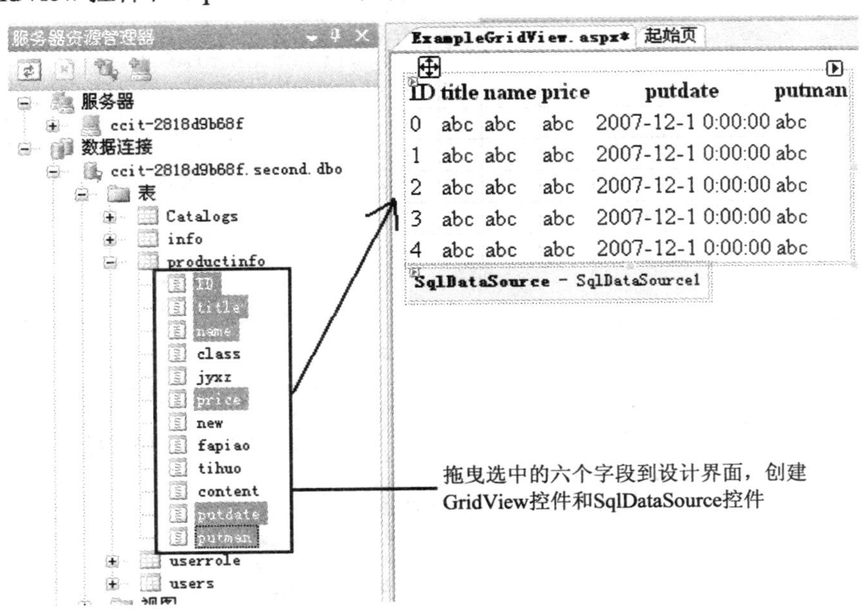

图 8-29　创建 GridView 与 SqlDataSource 控件

(2) 设置 GridView 控件后，在智能标记处选中所有“启用……”复选框，如图 8-30 所示。

图 8-30　启用所有功能

(3) 按 F5 键运行，运行结果如图 8-31 所示。

	ID	title	name	price	putdate	putman
编辑 删除 选择	1	第一件商品信息aa	电子图书-网页三剑客	12	2007-11-11 11:21:42	jack
编辑 删除 选择	3	程序员教程便宜卖了！！	程序员教程	34	2007-11-20 19:35:20	tom
编辑 删除 选择	4	这次发布的标题很长！！！！！！！！！！！！！！！！	无所谓	56	2007-11-20 19:38:56	tom
编辑 删除 选择	5	出售研究生	帐号	100	2007-11-27 13:32:26	jack
编辑 删除 选择	6	诺基亚原装立体声线绳耳机	诺基亚原装立体声线绳耳机	70	2007-11-27 13:33:27	jack
编辑 删除 选择	7	大量物品转让	台式机电脑	1000	2007-11-27 13:34:17	jack
编辑 删除 选择	8	酷睿2双核+1G内存+15液晶低价转让	笔记本电脑	2000	2007-11-27 13:35:16	jack
编辑 删除 选择	9	复印机打印机电脑	复印机打印机电脑	2000	2007-11-27 13:36:05	jack
编辑 删除 选择	10	批发冬用太阳能热水器	太阳能热水器	1580	2007-11-27 13:38:18	jack
编辑 删除 选择	11	我厂有一批库存	家具	1222	2007-11-27 13:39:06	jack

1 2

图 8-31　运行结果

8.11　设置命令字段

命令字段(CommandField)用于显示“编辑”、“删除”、“选择”、“更新”、“取消”的按钮，前面的范例用文字来表示按钮，接下来将示范以按钮方式显示编辑命令。

下面介绍如何设置 CommandField。

(1) 在智能标记上，选择“编辑列”选项，如图 8-32 所示。

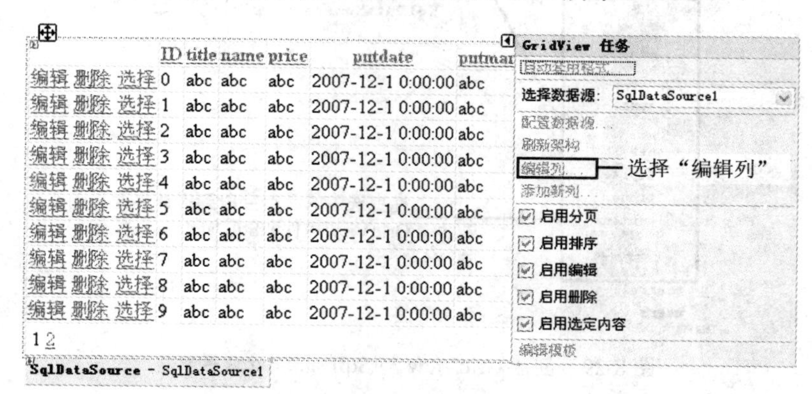

图 8-32　选择“编辑列”选项

(2) 设置 CommandField 的 ButtonType 属性为 Button。在字段编辑页面，先选中要修改的字段，然后右方会出现该字段的属性。其中，ButtonType 属性为设置按钮的类型，用户可以设置为 Button、Image 或 Link 三种方式，本范例设置为 Button，如图 8-33 所示。

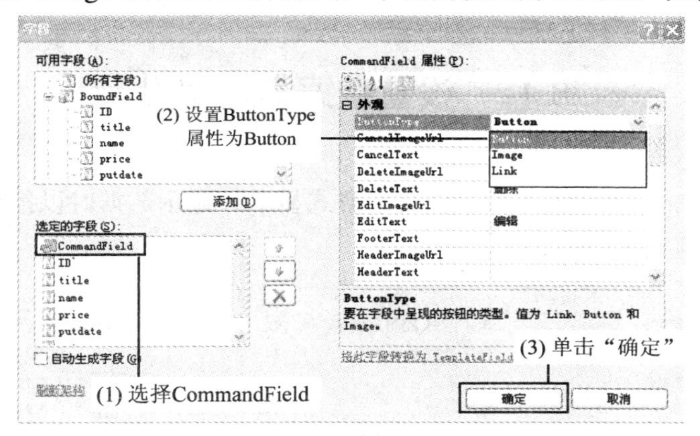

图 8-33　设置 CommandField

(3) 设置完成后，在设计界面将看到以图片形式出现的按钮，如图 8-34 所示。

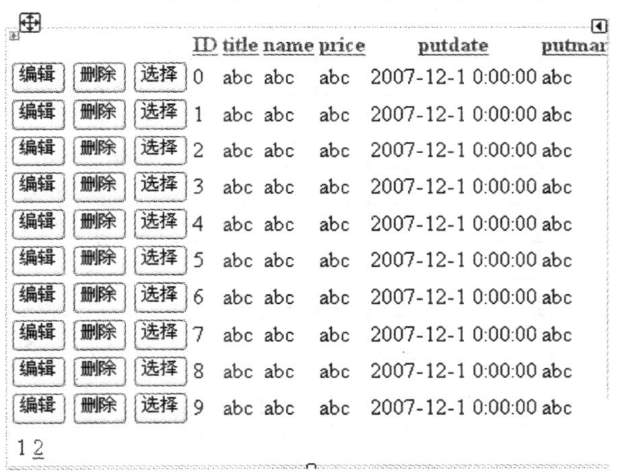

图 8-34　设计完成后的界面

(4) 运行后的按钮图标如图 8-35 所示。

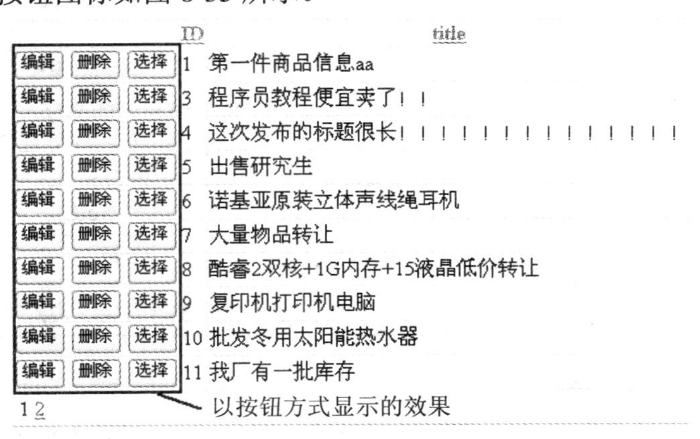

图 8-35　运行后的按钮图标

(5) GridViewCoulmn.aspx CommndField 的相关代码。完成设置后，代码如下：

```
<asp:CommandField ButtonType="Button" ShowDeleteButton="True" ShowEditButton="True"
ShowSelectButton="True" />
```

8.12　设置数据绑定字段

数据绑定字段(BoundField)将数据以文字方式显示，显示数据时以控件显示，编辑数据时以控件显示，如图 8-36 所示。

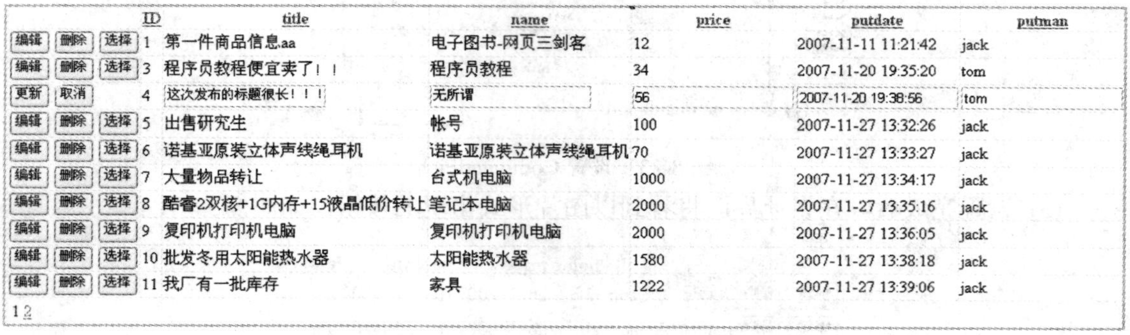

	ID	title	name	price	putdate	putman
编辑 删除 选择	1	第一件商品信息aa	电子图书-网页三剑客	12	2007-11-11 11:21:42	jack
编辑 删除 选择	3	程序员教程便宜卖了！！	程序员教程	34	2007-11-20 19:35:20	tom
更新 取消	4	这次发布的标题很长！！！	无所谓	56	2007-11-20 19:38:56	tom
编辑 删除 选择	5	出售研究生	帐号	100	2007-11-27 13:32:26	jack
编辑 删除 选择	6	诺基亚原装立体声线绳耳机	诺基亚原装立体声线绳耳机	70	2007-11-27 13:33:27	jack
编辑 删除 选择	7	大量物品转让	台式机电脑	1000	2007-11-27 13:34:17	jack
编辑 删除 选择	8	酷睿2双核+1G内存+15液晶低价转让	笔记本电脑	2000	2007-11-27 13:35:16	jack
编辑 删除 选择	9	复印机打印机电脑	复印机打印机电脑	2000	2007-11-27 13:36:05	jack
编辑 删除 选择	10	批发冬用太阳能热水器	太阳能热水器	1580	2007-11-27 13:38:18	jack
编辑 删除 选择	11	我厂有一批库存	家具	1222	2007-11-27 13:39:06	jack
1 2						

图 8-36　范例显示

8.12.1　数据绑定字段简介

1．数据绑定字段的常用属性

数据绑定字段的常用属性如表 8-19 所示。

表 8-19　数据绑定字段的常用属性

属　性	设置值	说　明
DataField	string	这是最重要的字段，设置显示的数据字段，该字段必须对应到 SqlDataSource 控件的 SelectCommand 字段
ApplyFormatInEditMode	true/false	判断编辑模式是否为显示格式
NullDisplayText	text	当数据为 Null 时显示的文字
ReadOnly	true/false	设置此字段是否为只读
ConvertEmptyStringToNull	true/false	是否转换空字符串为 Null
InsertVisible	true/false	判断插入模式是否可见
DataFormatString	string	此属性可设置数据的显示格式

2．DataFormatString 属性设置

DataFormatString 属性用于设置数据显示格式，其设置格式如表 8-20 所示。

表 8-20　DataFormatString 属性设置

格式字符串	说　明	范　例
{0:c}	显示货币符号	￥300
{0:d}	显示十进制整数	300
{0:e}	显示为科学计数	3.000000e+002
{0:f}	显示为固定小数数字	300.00
{0:g}	显示为一般格式	300.0000
{0:n}	显示为数字格式	300.00
{0:x}	显示为十六进制整数	12C

8.12.2　修改 ExampleGridView.aspx 显示货币的格式

例如，price 字段为价格，此时可以设置格式为货币格式。

(1) 设置 price 的 DataFormatString 属性{0，d}，如图 8-37 所示。

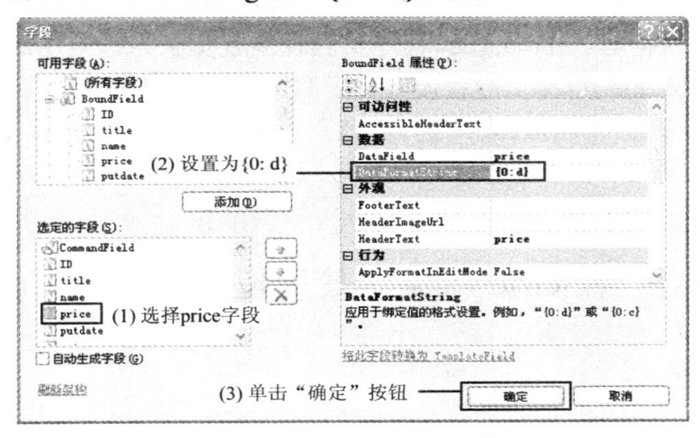

图 8-37　设置 DataFormatString 属性

(2) 设置货币格式后按 F5 键运行，运行后的页面如图 8-38 所示。

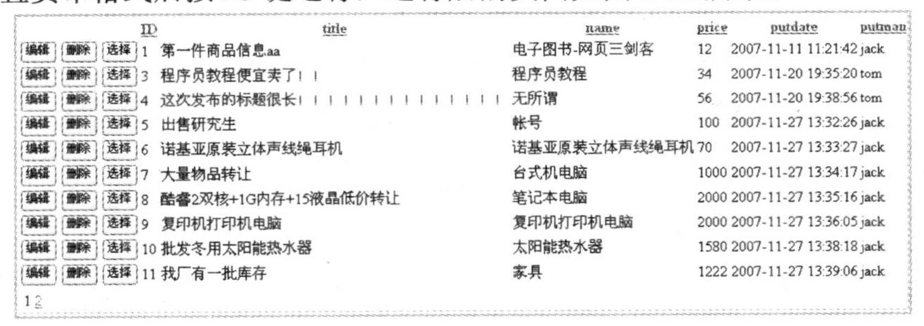

	ID	title	name	price	putdate	putman
编辑 删除 选择	1	第一件商品信息.aa	电子图书-网页三剑客	12	2007-11-11 11:21:42	jack
编辑 删除 选择	3	程序员教程便宜卖了！！	程序员教程	34	2007-11-20 19:35:20	tom
编辑 删除 选择	4	这次发布的标题很长！！！！！！！！！！！！！！！！	无所谓	56	2007-11-20 19:38:56	tom
编辑 删除 选择	5	出售研究生	帐号	100	2007-11-27 13:32:26	jack
编辑 删除 选择	6	诺基亚原装立体声线绳耳机	诺基亚原装立体声线绳耳机	70	2007-11-27 13:33:27	jack
编辑 删除 选择	7	大量物品转让	台式机电脑	1000	2007-11-27 13:34:17	jack
编辑 删除 选择	8	酷睿2双核+1G内存+15液晶低价转让	笔记本电脑	2000	2007-11-27 13:35:16	jack
编辑 删除 选择	9	复印机打印机电脑	复印机打印机电脑	2000	2007-11-27 13:36:05	jack
编辑 删除 选择	10	批发冬用太阳能热水器	太阳能热水器	1580	2007-11-27 13:38:18	jack
编辑 删除 选择	11	我厂有一批库存	家具	1222	2007-11-27 13:39:06	jack

1 2

图 8-38　运行的后页面

8.13　设置超链接字段

超链接字段(HyperLink)可以设置超链接连接到其他网页。当用户单击“title”字段时，可连接到“物品详细信息”网页。

超链接字段将数据以超链接显示，所以用户必须设置两个字段：其一为显示字段，另一个为 URL 字段。超链接字段会在运行期间自动生成超链接字符串。两个字段说明如表 8-21 所示。

表 8-21　字 段 说 明

属　性	设置值	说　明
DataNavigateUrlFormatString	Text	设置生成超链接的格式化字符串
DataNavigateUrlField	Text	设置生成超链接的格式化字符串所传入的参数字段

例如，设置属性值如下：

(1) DataNavigateUrlFormatString 属性为 infodetails.aspx?ID={0}&title={1}。

(2) DataNavigateUrlFormatString 属性为 ID，title。

其中，{0}、{1}代表两个格式化字符串的参数，系统会在运行期间自动置换 ID 和 title 的值来生成超链接。

当读取第 1 条数据时，ProductID=1，title=第一件商品信息 aa，则生成的超链接字符串为 infoDetails.aspx?ProductID=1&title=第一件商品信息 aa。

当读取第 2 条数据时，ID=3,title=程序员教程便宜卖了!!，则生成的超链接字符串为 infodetails.aspx?ID=3&title=程序员教程便宜卖了!!，依次类推。

通过以上介绍，我们对 GridView 控件的特点有了一个基本的了解，并知道在 GridView 中可以通过使用超链接字段来实现页面的跳转。下面通过一个项目任务来实现页面转移。

项目任务 8-1　在 GridView 中使用超链接字段实现页面转移

【要求】

设置一个新的超链接字段，用来显示产品名称，当用户单击超链接字段时，可连接到“物品详细信息”页面。

【步骤】

(1) 首先必须添加 HyperLink 字段，如图 8-39 所示。

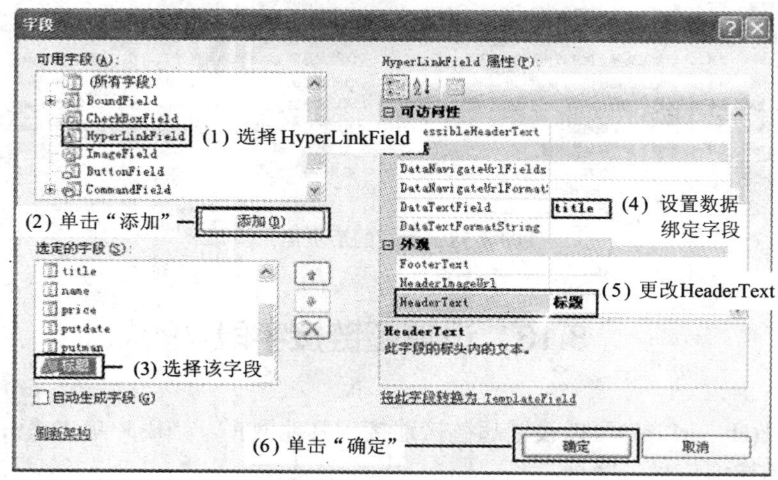

图 8-39　“字段”对话框

(2) 按照表 8-22 所示的属性设置超链接字段，单击“确定”按钮。

表 8-22　属性设置表

属　　性	设　置　值
DataNavigateUrlFormatString	infodetails.aspx?ID={0}
DataNavigateUrlField	ID
HeaderText	标题
DataTextField	title
Target	_blank

其中，设置 Target 属性为_blank，让物品详细信息打开另一个浏览器，如图 8-40 所示。

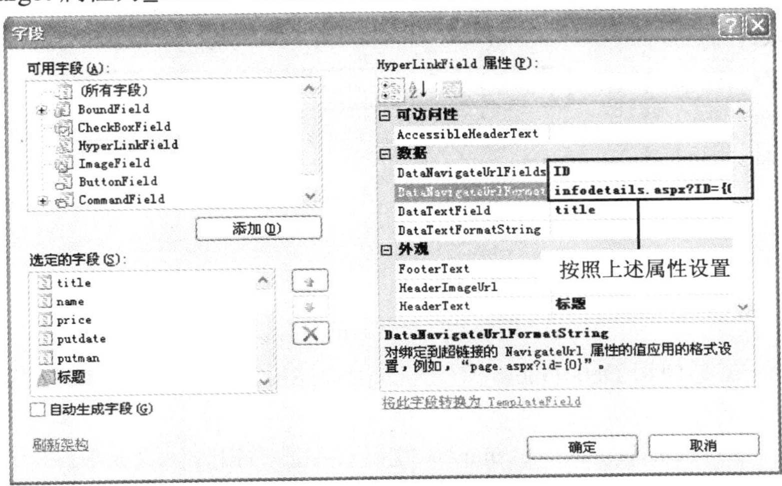

图 8-40　设置超链接字段属性

提示：应该如何选择 DataNavigateUrlField 呢？一般来讲，选择能唯一标识此行记录的几个字段作为 DataNavigateUrlField，也就是主键字段。本例中，ID 是主键字段，只需要选择该字段即可。

(3) 删除已经存在的 title 字段，并调整属性列的次序，如图 8-41 所示。

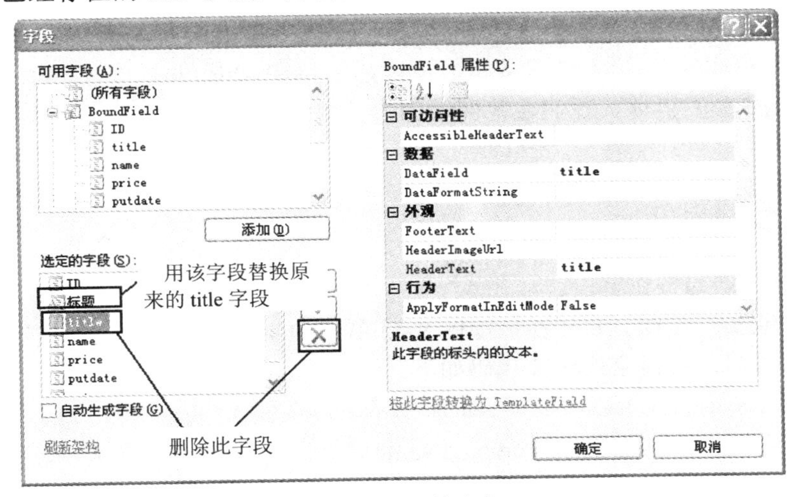

图 8-41　调整次序

(4) 按 F5 键运行。运行后，当单击超链接字段时会链接到“物品详细信息”网页，如图 8-42 所示。注意，infodetails.aspx 页面必须存在。

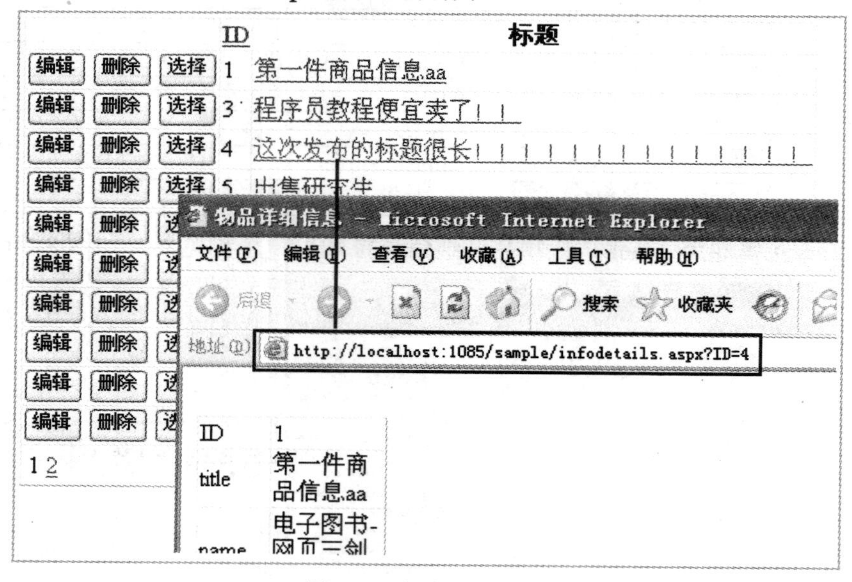

图 8-42　运行后的页面

infodetails.aspx 是使用 DetailView 控件与 SqlDataSource 参数创建的，这部分内容将会在第 9 章中介绍。

(5) 设置完成后，GridViewColumn.aspx 超链接字段的相关代码如下：

```
<asp:HyperLinkField DataNavigateUrlFields="ID"
DataNavigateUrlFormatString="infodetails.aspx?ID={0}"
DataTextField="title" HeaderText="标题" Target="_blank" />
```

8.14　设置按钮字段

按钮字段(ButtonField)用于创建按钮，可以显示为 PushButton 或 LinkButton，单击时会触发 RowCommand 事件。我们在范例中创建了两个按钮：“购买”按钮与“取消购买”按钮。

8.14.1　创建按钮字段

下面介绍如何创建按钮字段。

(1) 添加“购买”按钮。首先按照如图 8-43 所示的步骤添加“购买”按钮。

(2) 设置完成后，按钮字段相关代码如下：

```
<asp:ButtonField CommandName="goumai" HeaderText="购买" Text="购买" />
```

注意： 后续事件代码会判断 CommandName 属性，决定用户按了哪个按钮。这里设置为“goumai”。

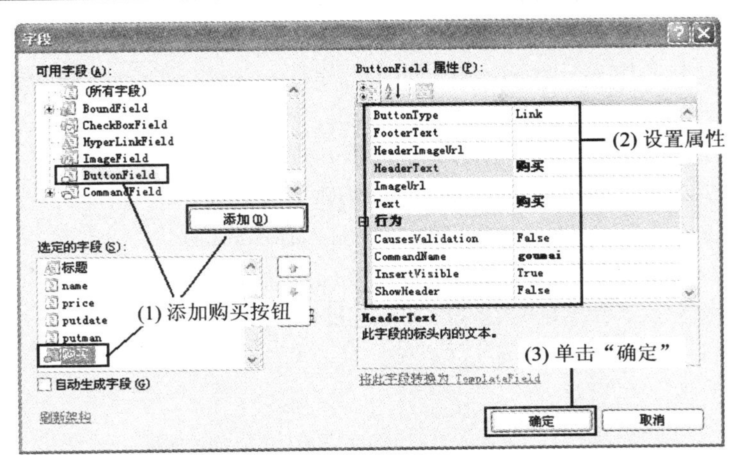

图 8-43　添加“购买”按钮

8.14.2　创建 RowCommand 事件

前面已创建了按钮字段，但是运行后，单击按钮没有任何反应。必须为 RowCommand 添加代码，才能有所反应。

当用户单击更新按钮时触发 RowCommand 事件，但是必须在 GridView 处理该事件之前。RowCommand 事件的语法如下：

```
protected void GridView1_RowCommand(object sender, GridViewCommandEventArgs e)
{
  ...
}
```

其中，GridViewCommandEventArgs 的参数说明如表 8-23 所示。

表 8-23　GridViewCommandEventArgs 的参数说明

GridViewCommandEventArgs	设　置　值	说　　明
e.CommandArgument	true/false	设置为 true，则取消该事件
e.CommandName	IOrderedDictionary	取得主键集合

(1) 创建 GridView1_RowCommand 事件，如图 8-44 所示。

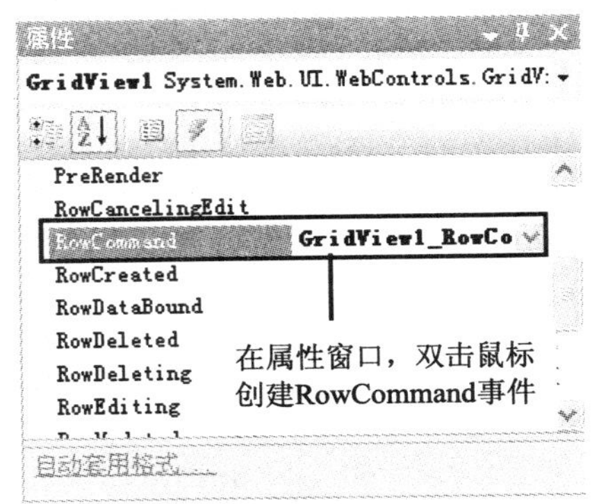

图 8-44　创建 GridView1_RowCommand 事件

(2) 输入事件代码如下：

```
protected void GridView1_RowCommand(object sender, GridViewCommandEventArgs e)
{
        //首先必须判断目前用户单击的是哪一条记录的按钮
        //可以将 e.CommandArgument 转换为数字 rowindex
        int rowindex = Convert.ToInt32(e.CommandArgument);
        //因为设置了 CommandName 属性为 goumai
        //所以这里可以用来判断按了哪个按钮
        if (e.CommandName == "goumai")
        {
            Label1.Text = "您购买了 " + GridView1.Rows[rowindex].Cells[3].Text;
        }
}
```

那么，GridView 控件中是如何定位某一个单元格的呢？图 8-45 给出了说明。

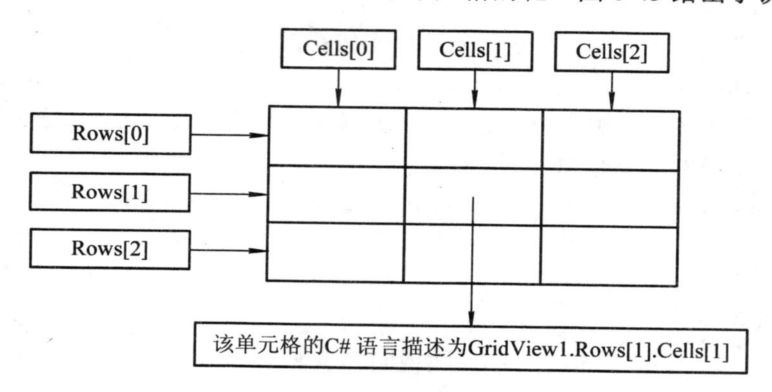

图 8-45　单元格定位

(3) ExampleGridView.aspx 添加按钮后，运行页面如图 8-46 所示。

	ID	标题	name	price	putdate	putman	购买
编辑 删除 选择	1	第一件商品信息aa	电子图书-网页三剑客	12	2007-11-11 11:21:42	jack	购买
编辑 删除 选择	3	程序员教程便宜卖了！！	程序员教程	34	2007-11-20 19:35:20	tom	购买
编辑 删除 选择	4	这次发布的标题很长！！！！！！！！！！！！！！！	无所谓	56	2007-11-20 19:38:56	tom	购买
编辑 删除 选择	5	出售研究生	帐号	100	2007-11-27 13:32:26	jack	购买
编辑 删除 选择	6	诺基亚原装立体声线绳耳机	诺基亚原装立体声线绳耳机	70	2007-11-27 13:33:27	jack	购买
编辑 删除 选择	7	大量物品转让	台式机电脑	1000	2007-11-27 13:34:17	jack	购买
编辑 删除 选择	8	酷睿2双核+1G内存+15液晶低价转让	笔记本电脑	2000	2007-11-27 13:35:16	jack	购买
编辑 删除 选择	9	复印机打印机电脑	复印机打印机电脑	2000	2007-11-27 13:36:05	jack	购买
编辑 删除 选择	10	批发冬用太阳能热水器	太阳能热水器	1580	2007-11-27 13:38:18	jack	购买
编辑 删除 选择	11	我厂有一批库存	家具	1222	2007-11-27 13:39:06	jack	购买

1 2

您购买了程序员教程

图 8-46　运行后的结果

8.15　模板字段介绍

前面的章节已经介绍了 GridView 的各种字段、按钮字段、复选框字段、命令字段、超链接字段和图片字段。但是网页的应用千变万化，仅仅这些字段并不足以完成所有功能。

模板字段(TemplateField)可以让用户使用自定义的控件替换掉 GridView 控件的字段。例如，可在编辑模式下使用 DropDownList 控件替换原来的 TestBox 控件。

模板字段有如表 8-24 所示的类型，这些字段可以替换掉字段的不同部分。

表 8-24　GridView 模板字段

模板字段	说　明	替换字段部分
ItemTemplate	项目模板	替换字段的显示方式
AlternatingItemTemplate	偶数行样式	替换字段的偶数行显示方式
EditItemTemplate	编辑项目模板	替换字段的编辑方式
HeaderTemplate	表头模板	替换字段的表头
FooterTemplate	表尾模板	替换字段的表尾

模板字段的语法如下(后续章节将会看到实际的代码)：

```
<asp:TemplateField HeaderText="putman" SortExpression="putman">
        <EditItemTemplate>
                ...
        </EditItemTemplate>
        <ItemTemplate>
          ...
        </ItemTemplate>
        <AlternatingItemTemplate>
        ...
        </AlternatingItemTemplate>
        <HeaderTemplate>
          ...
        </HeaderTemplate>
        <FooterTemplate>
          ...
        </FooterTemplate>
</asp:TemplateField>
```

下面的项目任务将通过给页面设置模板字段，使得其中一个字段可以通过下拉菜单选择。

项目任务 8-2　为页面设置模板字段

【要求】

配置 ExampleGridView.aspx 的 SqlDataSource 属性，通过为页面设置模板字段，使得 class 字段变成一个可以通过下拉菜单选择的字段。

【步骤】

(1) 配置 ExampleGridView.aspx 的 SqlDataSource 属性，增加一个字段 class，表示物品的类别，如图 8-47 所示。

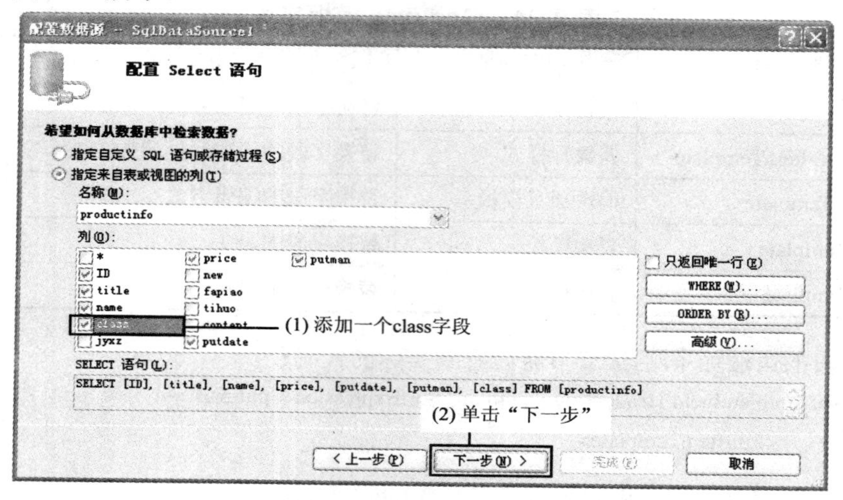

图 8-47　增加 class 字段

(2) 将 class 字段转换为 TemplateField，如图 8-48 所示。

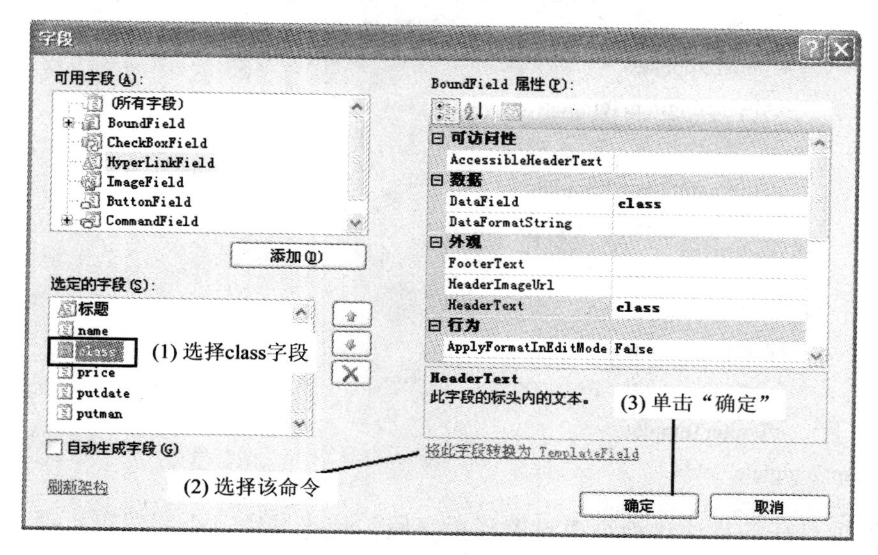

图 8-48　将 class 字段转换为 TemplateField

(3) 单击“编辑模板”选项，进入模板编辑窗口，如图 8-49 所示。

图 8-49　“编辑模板”选项

(4) 选择“Column[4]−class”，打开如图 8-50 所示的编辑界面。

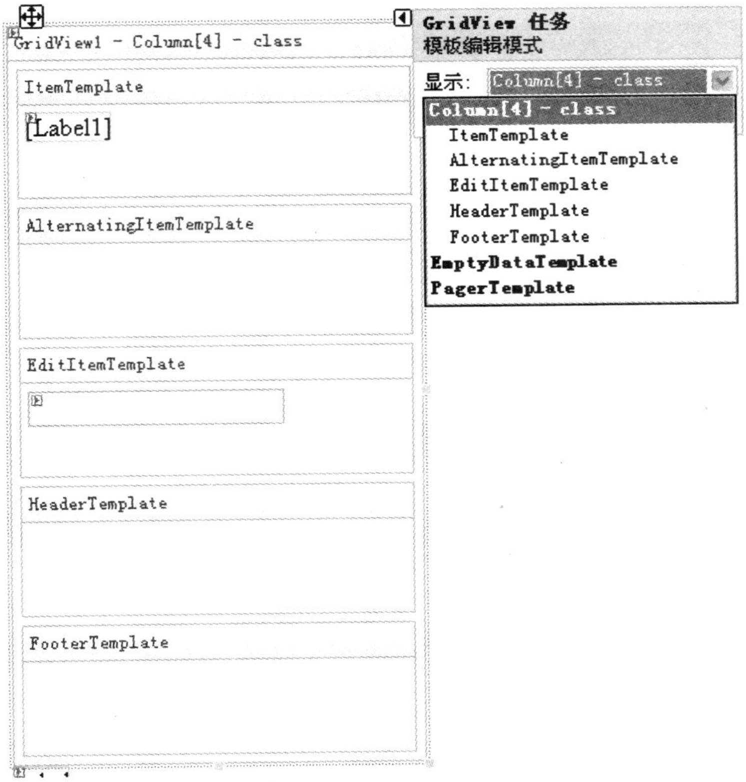

图 8-50　模板编辑界面

(5) 删除 EditItemTemplate 的 TextBox 控件，拖放一个 DropDownList 控件进去，如图 8-51 所示。

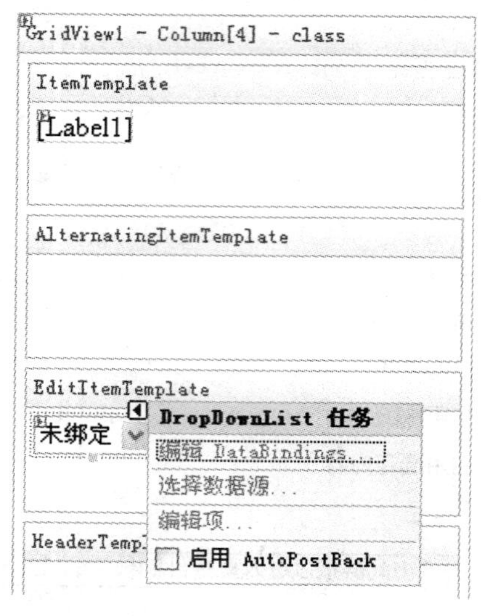

图 8-51　改变 EditItemTemplate 中的控件

(6) 单击右上角的智能标签，选择结束模板编辑，然后向 ExampleGridView.aspx 中添加一个 SqlDataSource 控件，并对其属性进行配置，如图 8-52 所示。

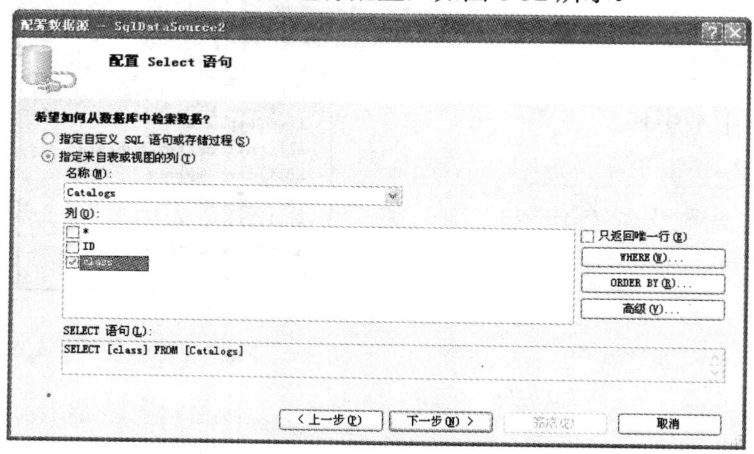

图 8-52　配置 SqlDataSource2 的属性

(7) 重新打开模板编辑窗口，选择 DropDownList 控件的数据源为 SqlDataSource2，如图 8-53 所示。

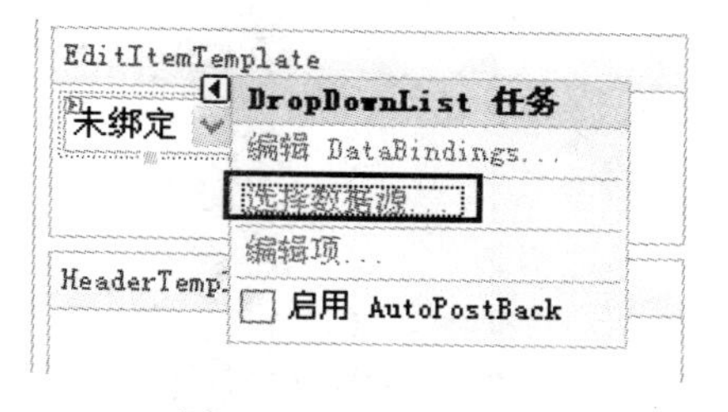

图 8-53　选择数据源

(8) 设置 DropDownList 的数据绑定，结束模板编辑，如图 8-54 所示。

数据源配置向导

选择数据源

选择数据源(S)：

SqlDataSource2

选择要在 DropDownList 中显示的数据字段(E)：

class

为 DropDownList 的值选择数据字段(C)：

class

刷新架构

确定　取消

图 8-54　设置 DropDownList 的数据绑定

(9) 完成后，按 F5 键运行。当我们点击“编辑”按钮时，可以看到 class 字段中变成了一个可供选择的下拉菜单，如图 8-55 所示。

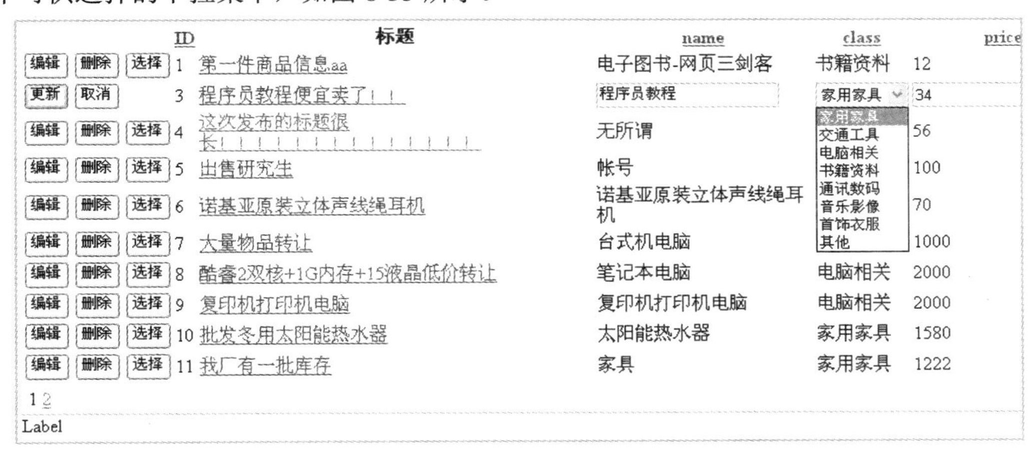

	ID	标题	name	class	price
编辑 删除 选择	1	第一件商品信息aa	电子图书-网页三剑客	书籍资料	12
更新 取消	3	程序员教程便宜卖了！！	程序员教程	家用家具	34
编辑 删除 选择	4	这次发布的标题很长！！！！！！！！！！！！！！！！！	无所谓		56
编辑 删除 选择	5	出售研究生	帐号		100
编辑 删除 选择	6	诺基亚原装立体声线绳耳机	诺基亚原装立体声线绳耳机		70
编辑 删除 选择	7	大量物品转让	台式机电脑		1000
编辑 删除 选择	8	酷睿2双核+1G内存+15液晶低价转让	笔记本电脑	电脑相关	2000
编辑 删除 选择	9	复印机打印机电脑	复印机打印机电脑	电脑相关	2000
编辑 删除 选择	10	批发冬用太阳能热水器	太阳能热水器	家用家具	1580
编辑 删除 选择	11	我厂有一批库存	家具	家用家具	1222

图 8-55　运行结果

以上从一个角度显示了模板字段的使用方法。至此，GridView 控件的内容基本就介绍完了，应该注意，这里介绍的只是 GridView 的几个常用的使用方法。我们可以发现，ASP.NET 2.0 提供的 GridView 控件其功能是非常强大的，它和 SqlDataSource 控件组合，几乎可以实现用户所需要的所有功能，而基本上不需要编写很多代码。希望读者能在使用 GridView 控件中掌握其特性，以便灵活地应用其功能。

本章小结

本章介绍了 GridView 控件与 SqlDataSource 控件组合，可以完成大部分数据处理工作，包含“新增”、“删除”、“修改”、“选择”、“排序”等功能，并且介绍了 GridView

的字段及模板字段功能，可以设计功能更强大的 GridView。通过本章的学习，读者可以发现 ASP.NET 的优势就是能方便地进行各种数据处理，它是 ASP.NET 技术的核心，也是 ASP.NET 技术区别于其他技术的特点。

训 练 任 务

根据附录 I 和附录 II 的有关要求，完成以下训练任务。

标题	利用 GridView 制作各个栏目显示页面
编号	8-1
要求	(1) 工程招标(roleID>=2)　工程预告(roleID>=3)　公开招标(roleID>=2) 编辑内容相似 ID　标题　地区　行业　联系人　电话　入库时间 (2) 筹建项目(roleID>=3) ID　标题　地区　行业　所需设备 (3) 项目预告(roleID>=4) ID　标题　地区　行业　入库时间 (4) 工程追踪(roleID>=2) ID　标题　地区　行业　中标单位　联系人　中标金额　入库时间 (5) 地区工程 ID　标题　地区　行业　入库时间 (6) 重点工程 ID　标题　地区　类别　入库时间 这里的“类别”是指 calling 表中的 classid 为 4 的项
描述	输入：从 history 和 article 表中获取字段值。 处理：对各个字段做处理。 输出：GridView 显示检索结果。 本训练任务涉及到的表包括 article、history、area、calling。
重要程度	高
备注	以上栏目均显示近 2 个月内的数据，个别栏目近 2 个月比较少的，可以显示多一点的数据。也就是说，初始显示的时候从 article 表中查询数据，如果是检索，则从 history 表中查数据。后台添加文章的时候，两个表一起写数据，然后每天利用 Sql Server 作业管理机制删掉 article 表中 2 个月前那天的数据，history 不动。

第 9 章 DetailsView 数据处理控件

DetailsView 控件是 ASP.NET 2.0 中另一个常用的数据处理控件，它的功能和 GridView 的功能非常相似，同样具有编辑、删除、分页等功能，区别在于 Details View 控件每次仅显示一条记录，而 GridView 每次则可以显示多条记录。本章将详细介绍 DetailsView 数据处理控件的使用方法，如果读者已经学习了第 8 章的知识，那么对于本章的学习应该会感到很轻松。

学习目标

- 了解 DetailsView 控件的基本概念；
- 掌握 DetailsView 控件的基本设置；
- 掌握 DetailsView 控件的使用方法。

项目任务

在第 8 章中，我们创建了 ExampleGridView.aspx 页面，该页面可用来显示二手物品的信息。在项目任务 8-1 中，通过设置一个新的超链接字段来显示产品名称，当用户单击超链接字段时，可连接到“物品详细信息”页面。本章要求使用“物品详细信息页面”添加新的记录，并可显示二手物品的详细信息。

在 ExampleGridView.aspx 页面中，信息是一行接一行显示的，这样可以给用户展示所有信息的一个大概情况，如果用户对其中某条信息感兴趣，则可以通过单击标题察看详细信息。那么详细信息页面可以使用什么控件来实现呢？为了解决这个问题，我们首先向读者介绍另外一个常用的数据处理控件 DetailsView。

9.1 DetailsView 简介

DetailsView 与 GridView 的功能非常相似，同样具有编辑、删除、分页等功能，区别在于 DetailsView 控件每次仅显示一条记录，而 GridView 每次则可以显示多条记录。DetailsView 还具备 GridView 所没有的新建数据功能。

使用 DetailsView 控件，用户可以从它的关联数据源中一次显示、编辑、插入或删除一条记录。即使 DetailsView 控件的数据源公开了多条记录，该控件一次也仅显示一条数据记录。默认情况下，DetailsView 控件将记录的每个字段显示在自己的一行内。DetailsView 控件不支持排序。

DetailsView 控件可以自动对其关联数据源中的数据进行分页，若要启用分页，则需将

AllowPaging 属性设置为 True。从关联的数据源选择特定的记录时，可以通过分页到该记录进行选择。由 DetailsView 控件显示的记录是当前选择的记录。

9.1.1 DetailsView 操作界面

1. DetailsView 显示数据界面

图 9-1 所示为 DetailsView 显示数据界面，具有“新建”、“编辑”、“删除”、“分页”等功能。

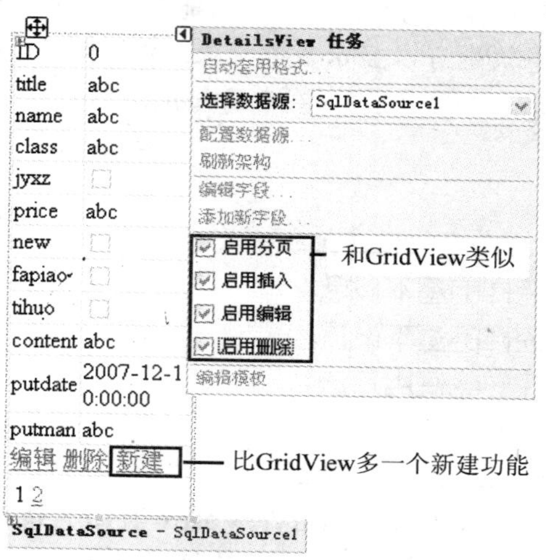

图 9-1 DetailsView 显示数据页面

2. DetailsView 编辑页面

图 9-2 所示为 DetailsView 编辑数据页面，可以在输入数据后，单击“更新”来更新数据，或者单击“取消”来取消更新。

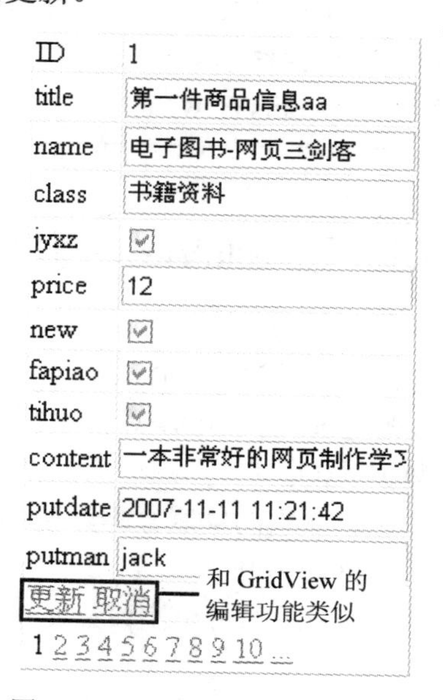

图 9-2 DetailView 编辑数据页面

9.1.2　DetailsView 语法架构

DetailsView 生成的代码如下：

```
<asp:DetailsView ID="DetailsView1" runat="server" AllowPaging="True" AutoGenerateRows=
"False" DataKeyNames="ID" DataSourceID="SqlDataSource1" Height="50px" Width="125px">
<Fields>
<asp:BoundField DataField="ID" HeaderText="ID" InsertVisible="False" ReadOnly="True"
SortExpression="ID" />
<asp:BoundField DataField="title" HeaderText="title" SortExpression="title" />
<asp:BoundField DataField="name" HeaderText="name" SortExpression="name" />
<asp:BoundField DataField="class" HeaderText="class" SortExpression="class" />
<asp:CheckBoxField DataField="jyxz" HeaderText="jyxz" SortExpression="jyxz" />
<asp:BoundField DataField="price" HeaderText="price" SortExpression="price" />
<asp:CheckBoxField DataField="new" HeaderText="new" SortExpression="new" />
<asp:CheckBoxField DataField="fapiao" HeaderText="fapiao" SortExpression="fapiao" />
<asp:CheckBoxField DataField="tihuo" HeaderText="tihuo" SortExpression="tihuo" />
<asp:BoundField DataField="content" HeaderText="content" SortExpression="content" />
<asp:BoundField DataField="putdate" HeaderText="putdate" SortExpression="putdate" />
<asp:BoundField DataField="putman" HeaderText="putman" SortExpression="putman" />
<asp:CommandField ShowDeleteButton="True" ShowEditButton="True" ShowInsertButton="True" />
</Fields>
</asp:DetailsView>
```

以上语法结构与 GridView 非常相似，其不同之处在于字段的语法，GridView 是 Columns，但是 DetailsView 为 Fields。

9.2　DetailsView 控件的基本设置

9.2.1　DetailsView 属性的设置

DetailsView 属性大多同 GridView 类似，在此仅介绍不同的属性。

(1) DefaultMode：可以设置 DetailsView 的默认模式。当用户执行 DetailsView 时为默认模式，包括 Read Only(只读模式)、Edit(编辑模式)和 Insert(新建模式)。

(2) Fields：DetailsView 的字段，相当于 GridView 的 Columns。

9.2.2　DetailsView 字段的设置

DetailsView 包含表 9-1 所列的字段。DetailsView 与 GridView 的主要区别如下：

(1) GridView 字段称为 Column，而且字段语法包含在<Columns></Columns>语法中。

(2) DetailsView 字段称为 Field，而且字段语法也包含在<Fields></Fields>语法中。

表 9-1　DetailsView 字段及说明

DetailsView 字段	说　明
BoundField(数据绑定字段)	将数据以文字方式显示，为默认字段
ButtonField(按钮字段)	可显示为 PushButton 或 LinkButton，单击产生 RowCommand 事件
CheckBoxField(CheckBox 字段)	将数据以 CheckBox 控件方式显示，数据类型为 Boolean 时适用
CommandField(命令字段)	显示编辑、删除、修改、选择时的按钮
HyperLinkField(超链接字段)	将数据以 HyperLink 超链接方式显示
ImageField(图片字段)	将数据以图片方式显示
TemplateField(字段模板)	可将字段替换为任何控件，并实现数据绑定

9.2.3　DetailsView 的字段模板类型

DetailsView 字段模板有下列类型，如表 9-2 所示。

表 9-2　DetailsView 字段模板

字 段 模 板	说　明
ItemTemplate	项目模板
AlternatingItemTemplate	交错行样式
EditItemTemplate	编辑项目模板
HeaderTemplate	表头模板
InsertTemplate	新建模板

DetailsView 字段模板比 GridView 多了“新建模板”(InsertTemplate)，但是少了“表尾模板”(FooterTemplate)。

9.2.4　DetailsView 的表格模板

前面所列为字段模板，另外还有 4 个表格模板，如表 9-3 所示。DetailsView 的表格模板比 GridView 多了“表头模板”(HeaderTemplate)和“表尾模板”(FooterTemplate)。

表 9-3　DetailsView 的表格模板

表 格 模 板	说　明
EmptyDataTemplate	如果没有任何数据时显示的模板
PagerTemplate	分页按钮的模板
HeaderTemplate	表头模板
FooterTemplate	表尾模板

DetailsView 控件和 GridView 控件有很多类似的地方，这里不再详细阐述，如有疑问，可查阅第 8 章的内容。

9.3　在 DetailsView 控件中进行分页

DetailsView 控件具有内置的支持，允许用户一次一条地对记录分页，还支持自定义分页用户界面(UI)。在 DetailsView 控件中，一个数据页就是一个绑定记录。

如果 DetailsView 控件被绑定到某个数据源控件，则此控件将从数据源获取所有记录，显示当前页的记录，并丢弃其余记录。当用户移到另一页时，DetailsView 控件会重复此过程，显示另一条记录。

如果用户正使用 SqlDataSource 控件，并将其 DataSourceMode 属性设置为 DataReader，则 DetailsView 控件无法实现分页。

DetailsView 控件支持对其数据源中的记录进行分页，若要启用分页，则只需将 AllowPaging 属性设置为 True，在控件的最下端会添加页码显示。

用户可以用多种方式自定义 DetailsView 分页的用户界面。在将 AllowPaging 属性设置为 True 时，PagerSettings 属性允许自定义 DetailsView 控件生成的分页用户界面的外观。DetailsView 控件可显示允许向前和向后导航的方向控件以及允许用户移动到特定页的数字控件。

DetailsView 控件的 PagerSettings 属性设置为一个 PagerSettings 类。可以通过将 DetailsView 控件的 Mode 属性设置为 PagerButtons 值来自定义分页模式。例如，用户可以通过以下代码来自定义分页用户界面模式：

```
DetailsView1.PagerSettings.Mode = PagerButtons.NextPreviousFirstLast;
```

也可以通过属性窗口设置 Mode 属性来指定分页用户界面，可用的模式如表 9-4 所示。

表 9-4　PagerSettings.Mode 属性

Mode 设置	说　明	图　例
NextPrevious	只有上一页、下一页	<>
Numeric	只显示数字	123456
NextPreviousFirstLast	显示第一页、上一页、下一页、最后一页	<<<>>>
NumericFirstLast	显示上一页、下一页、数字	<<…456…>>

9.4　使用 DetailsView 控件修改数据

DetailsView 控件具有一项内置功能，用户无需编程即可编辑或删除记录，用户可以使用事件和模板来自定义 DetailsView 控件的编辑功能。在 DetailsView 控件中显示来自数据源的单条记录的值，其中每个数据行表示该记录的一个字段。DetailsView 控件允许用户编辑、删除和插入记录。

用户可以通过将 AutoGenerateEditButton、AutoGenerateInsertButton 和 AutoGenerate-DeleteButton 属性中的一个或多个设置为 True 来启用 DetailsView 控件的内置编辑功能，如

图 9-3 所示。DetailsView 控件将自动添加此功能，使用户能够编辑或删除当前绑定的记录以及插入新记录，但前提是 DetailsView 控件的数据源支持编辑。

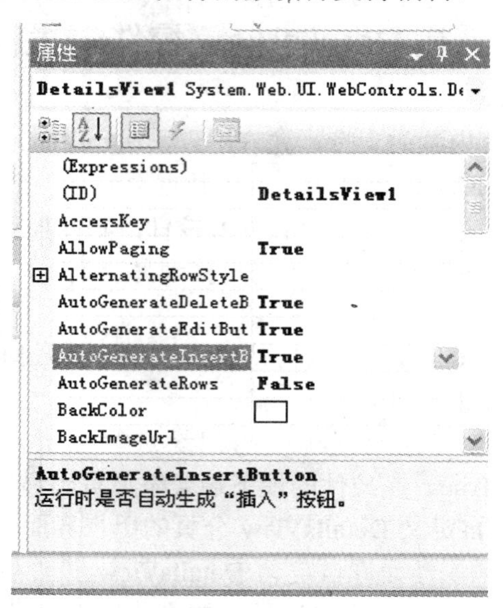

图 9-3　启用 DetailsView 内置编辑功能

DetailsView 控件提供了一个用户界面，使用户能够修改绑定记录的内容。通常在一个可编辑视图中会显示一个附加行，其中包含“编辑”、“新建”和“删除”命令按钮。默认情况下，这一行会添加到 DetailsView 控件的底部。

当用户单击某个命令按钮时，DetailsView 控件会重新显示该行，并在其中显示可让用户修改该行内容的控件，编辑按钮将被替换为可让用户保存更改或取消编辑行的按钮。在完成更新后，DetailsView 控件会引发 ItemUpdated 事件。此事件使用户能够执行更新后的逻辑，如完整性检查。同样，DetailsView 控件会在完成插入后引发其 ItemInserted 事件，而在完成删除后引发其 ItemDeleted 事件。在完成更新且已引发所有事件后，DetailsView 控件会重新绑定到数据源控件以显示更新后的数据。

DetailsView 控件的编辑和删除功能的配置与操作同 GridView 控件的类似，这里不再详细介绍。通过上面的介绍，我们掌握了 DetailsView 控件的基本用法。下面我们根据项目任务的要求，介绍如何向数据表中插入一条新的数据记录。

项目任务 9-1　使用 DetailsView 控件插入记录

【要求】

使用 DetailsView 控件向 Second 数据库的 productinfo 表中插入新的记录。

【步骤】

(1) 添加一个新的页面 ExampleDetailsView.aspx，拖放一个 DetailsView 控件和一个 SqlDataSource 到该页面上。按照如图 9-4 和图 9-5 所示的方法配置 SqlDataSource，即选择 Product 表中的所有数据。

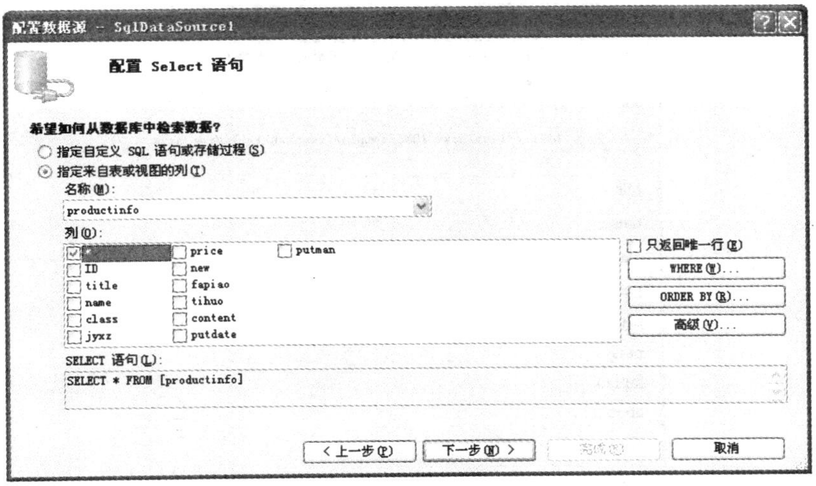

图 9-4 配置“SqlDataSource1”

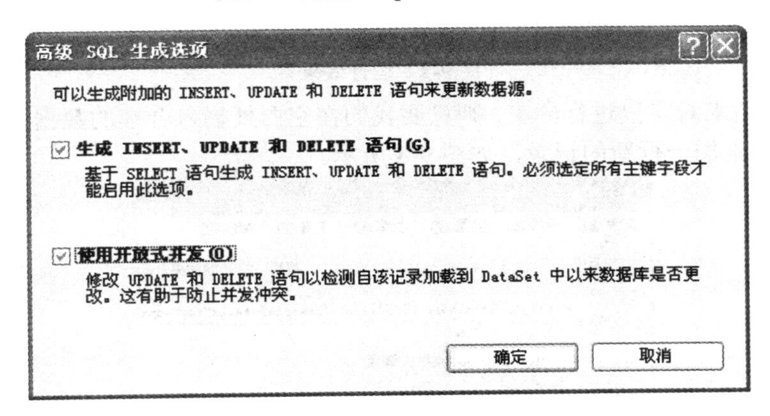

图 9-5 配置“高级 SQL 生成选项”

(2) DetailsView 的智能标记按照图 9-6 设置。

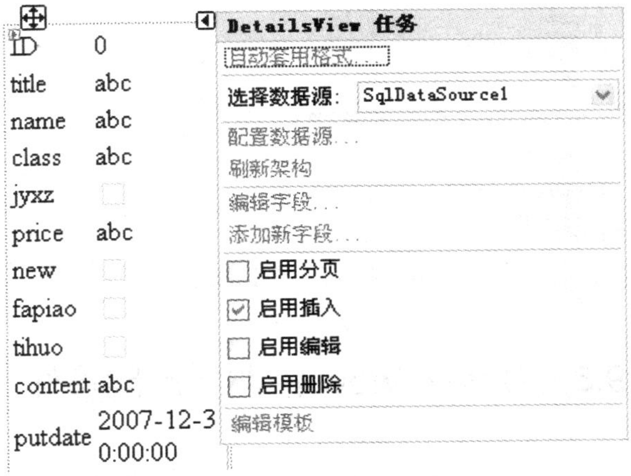

图 9-6 DetailsView 的智能标记设置

(3) 按 F5 键，运行效果如图 9-7 所示。

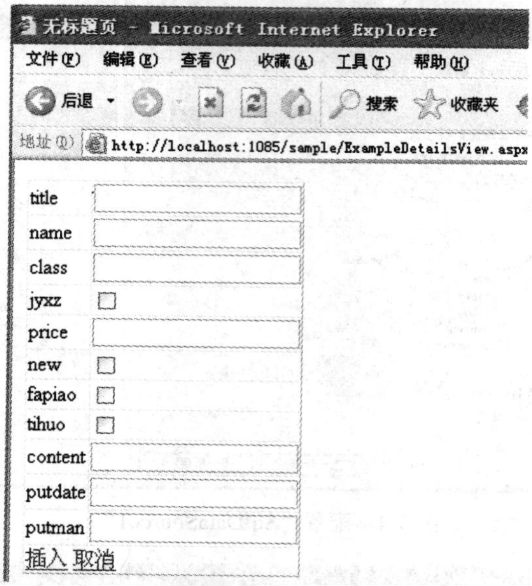

图 9-7　运行效果

(4) 如果不要求对字段进行约束，则只要我们在空白处输入合理的数据，即可按“插入”按钮向数据库中添加一行新的记录，如图 9-8 所示。

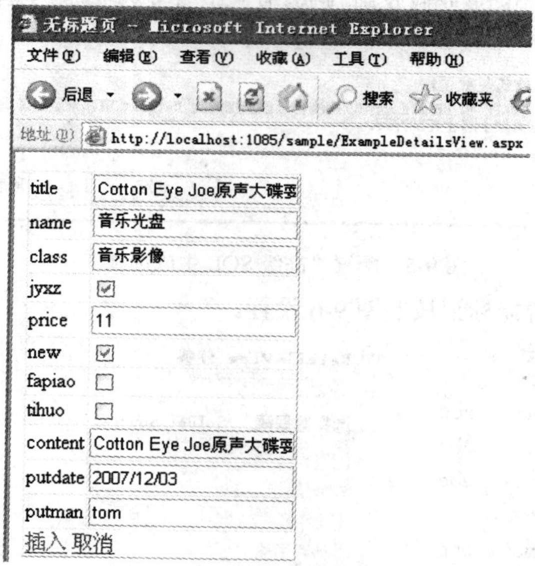

图 9-8　插入新记录

9.5　DetailsView 控件的常用事件

DetailsView 控件可引发一些事件，这些事件在当前记录显示或更改时发生。当单击一个命令控件(如作为 DetailsView 控件的一部分的 Button 控件)时也会引发事件。表 9-5 列出了 DetailsView 控件的常用事件。

表 9-5　DetailsView 控件的常用事件

事件名称	说　明
ItemCommand	在单击 DetailsView 控件中的某个按钮时发生
ItemCreated	在 DetailsView 控件中创建记录时发生
ItemDeleting	在单击 DetailsView 控件中的 Delete 按钮时发生，但在删除操作之前
ItemDeleted	在单击 DetailsView 控件中的 Delete 按钮时发生，但在删除操作之后
ItemInserting	在单击 DetailsView 控件中的 Insert 按钮时发生，但在插入操作之前
ItemInserted	在单击 DetailsView 控件中的 Insert 按钮时发生，但在插入操作之后
ItemUpdating	在单击 DetailsView 控件中的 Update 按钮时发生，但在更新操作之前
ItemUpdated	在单击 DetailsView 控件中的 Update 按钮时发生，但在更新操作之后
ModeChanging	在 DetailsView 控件试图在编辑、插入和只读模式之间切换时发生，但在更新 CurrentMode 属性之前
ModeChanged	在 DetailsView 控件试图在编辑、插入和只读模式之间切换时发生，但在更新 CurrentMode 属性之后

到这里，DetailsView 控件的用法就介绍完了。下面根据项目任务的另外一个要求实现 infodetails.aspx 页面。

项目任务 9-2　实现 infodetail.aspx 页面

【要求】

在第 8 章中，我们介绍了一个示例，是将 title 字段换为 HyperLinkField。在演示效果中，我们看到当单击标题时，可以打开一个网页 infodetails.aspx，显示该物品的详细信息，本任务即要求实现 infodetails.aspx 页面。

【步骤】

(1) 将 infodetails.aspx 切换至设计窗口，拖放一个 DetailsView 控件和 SqlDataSource 控件到页面上，如图 9-9 所示。

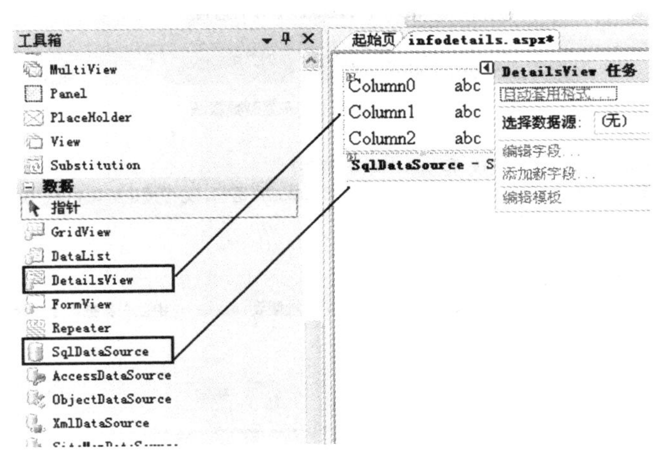

图 9-9　增加一个 DetailsView 控件和一个 SqlDataSource 控件

(2) 配置 SqlDataSource 控件，如图 9-10～图 9-12 所示。

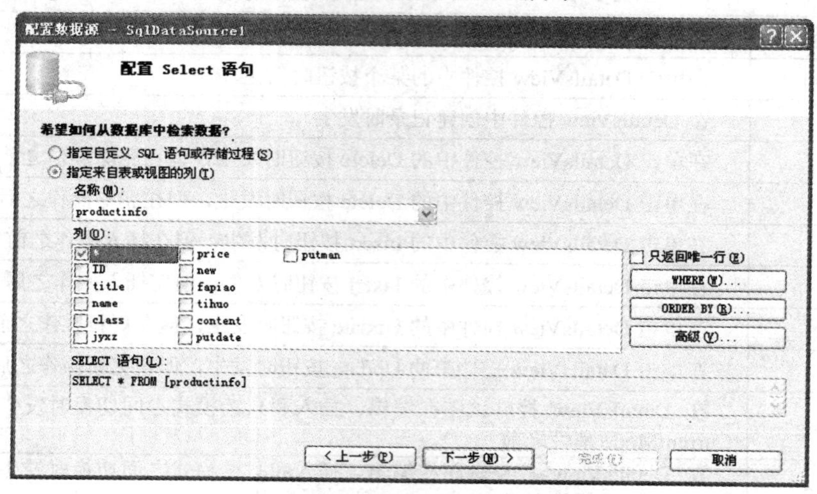

图 9-10　选择 productinfo 表

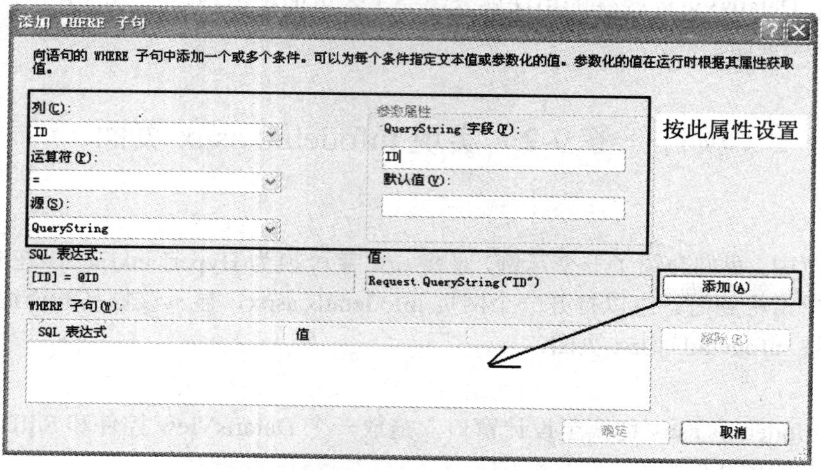

添加 WHERE 子句
向语句的 WHERE 子句中添加一个或多个条件。可以为每个条件指定文本值或参数化的值。参数化的值在运行时根据其属性获取值。
列(C): ID
运算符(P): =
源(S): QueryString
参数属性
QueryString 字段(F): ID
默认值(V):
按此属性设置
SQL 表达式: [ID] = @ID
值: Request.QueryString("ID")
添加(A)
WHERE 子句(W):
SQL 表达式　值
移除(R)
确定　取消

图 9-11　WHERE 窗口配置

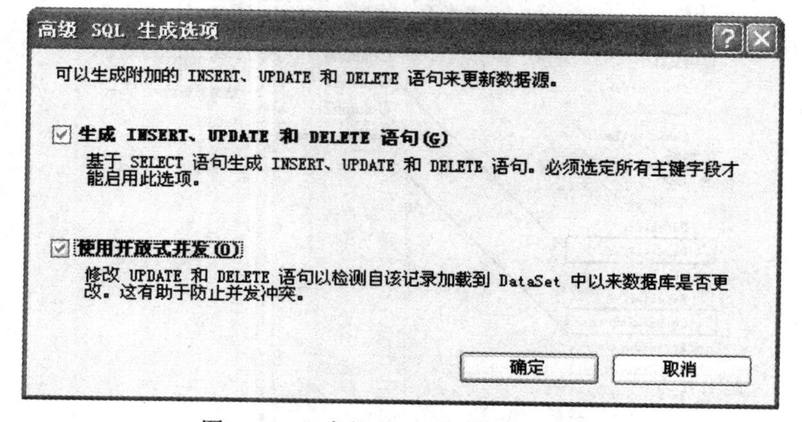

图 9-12　“高级 SQL 生成选项”窗口

(3) 配置 DetailsView 控件的属性，选择数据源为 SqlDataSource1，选择自动套用格式为“彩色型”，如图 9-13 和图 9-14 所示。

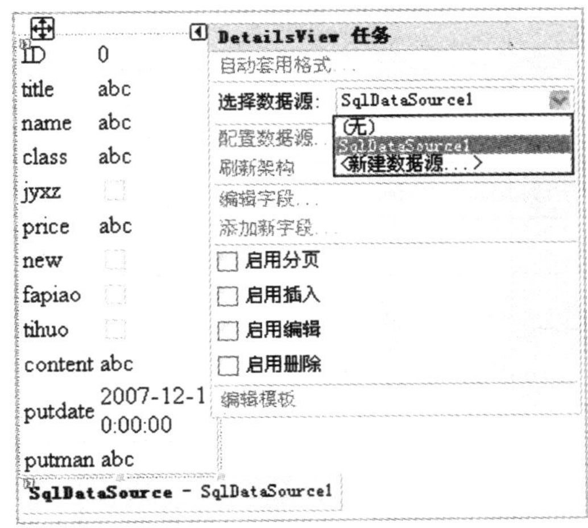

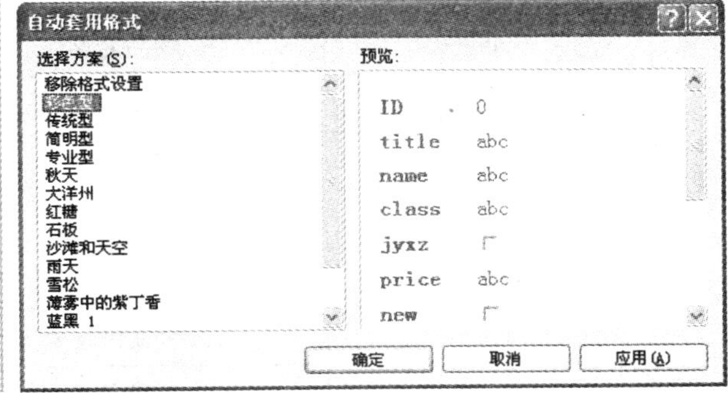

图 9-13　选择数据源　　　　图 9-14　“自动套用格式”窗口

这时，如果我们从 ExampleGridView.aspx 中运行程序，单击其中的某一条记录，则可以看到 infodetails.aspx 的效果如图 9-15 所示。

图 9-15　运行效果

显然，该效果还不是很完美，比如说“jyxz”、“new”、“fapiao”、“tihuo”字段的显示是一个方框，而且我们也不知道这些标题代表什么含义，为了使界面显示得更人性化，我们继续对 DetailsView 控件做如下配置。

(4) 打开 DetailsView 控件的编辑字段，按照表 9-6 列出的要求设置各个字段的属性。

表 9-6　各字段的属性设置

列名称	HeaderText 属性	ItemStyle.Wrap
ID	ID	false
title	标题	false
name	物品名称	false
class	物品类别	false
jyxz	交易性质	false
price	价格	false
new	新旧程度	false
fapiao	是否提供发票	false
tihuo	提货方式	false
content	详细信息	false
putdate	发布日期	false
putman	发布人	false

(5) 为 DetailsView 控件添加 DataBound 事件，使其在显示时比较人性化，如图 9-16 所示。

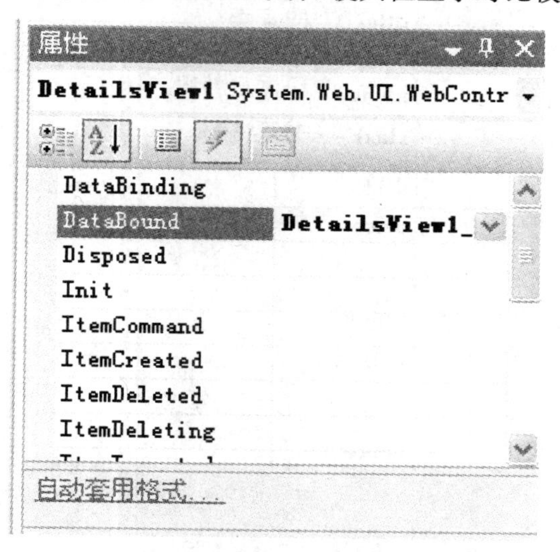

图 9-16　在“属性”窗口中添加 DetailsView1_DataBound 事件

添加的代码如下：

```
if ((DetailsView1.Rows.Count > 8) && (DetailsView1.CurrentMode==DetailsViewMode.ReadOnly))
{
    if (DetailsView1.Rows[4].Cells[1].Text.ToLower() == "true")
        DetailsView1.Rows[4].Cells[1].Text = "转让";
```

```
    else
        DetailsView1.Rows[4].Cells[1].Text = "求购";
    if (DetailsView1.Rows[6].Cells[1].Text.ToLower() == "true")
        DetailsView1.Rows[6].Cells[1].Text = "二手";
    else
        DetailsView1.Rows[6].Cells[1].Text = "全新";
    if (DetailsView1.Rows[7].Cells[1].Text.ToLower() == "true")
        DetailsView1.Rows[7].Cells[1].Text = "否";
    else
        DetailsView1.Rows[7].Cells[1].Text = "是";
    if (DetailsView1.Rows[8].Cells[1].Text.ToLower() == "true")
        DetailsView1.Rows[8].Cells[1].Text = "自提";
    else
        DetailsView1.Rows[8].Cells[1].Text = "送货";
}
```

(6) 按 F5 键运行，效果如图 9-17 所示。

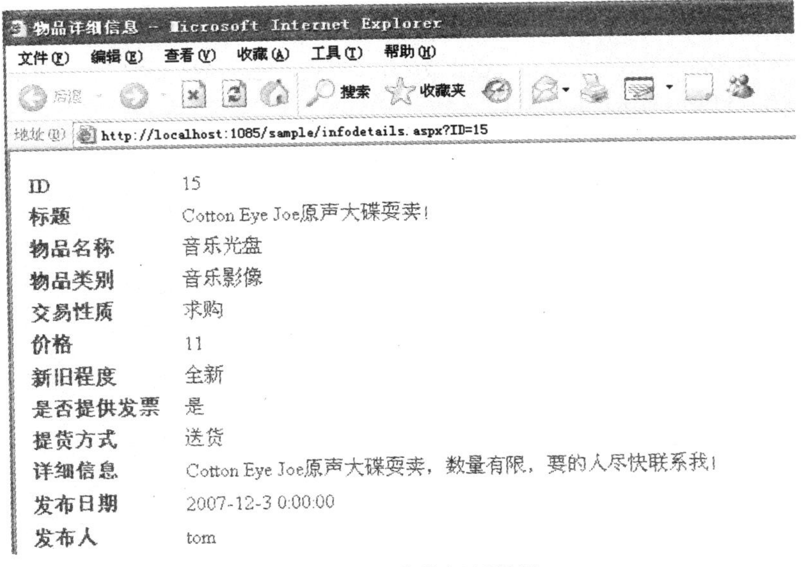

图 9-17　最终的运行效果

本 章 小 结

DetailsView 控件是基于单条记录的控件，而且通常按照垂直方式来显示记录。DetailsView 控件既可以单独使用，也可以与其他控件配合使用。当与其他控件配合使用时非常适合承担子表的任务。利用 DetailsView 控件编辑记录非常方便，特别是用于增添记录时，会自动弹出输入框而不需要附加其他控件。

训 练 任 务

根据附录Ⅰ和附录Ⅱ的有关要求，完成以下训练任务。

标题	实现查看详细招标信息的页面
编号	9-1
要求	设计一个用 GridView 控件作为父页，DetailsView 控件作为子页的同步程序，同时能够在 DetailsView 控件中对招标信息进行编辑(包括增加、删除和修改功能)。
描述	输入：article 表和 history 表相应的信息及文章 ID，增加、删除和修改事件触发。 处理：设置 SqlDataSource，返回文章 ID 所指记录的详细信息，并根据相应的事件作处理。 输出：DetailsView 控件显示的详细信息，返回修改信息的结果。 本训练任务使用到的表包括 article、history、area 和 calling。
重要程度	高
备注	要特别注意，在 article 和 history 表中，地区和行业只是显示的编号，需要使用字段模板将其转换为具体的名称。在修改时也要注意，地区和行业要以下拉列表的形式出现，而写到表中的还是编号。

第 10 章　创建统一风格的网站

创建网站和装修房子一样，在风格上应具有整体一致性，一个网站如果不能有统一的风格，必将是一个失败的作品。本章将介绍站点导航控件和母版页的使用，在 ASP.NET 2.0 中可通过使用这些技术来实现风格统一的网站。

一个大型的网站通常包括很多内容，这些内容分布在网站的各个部分。为了可以快速访问网站的各个部分，我们需要在网站内提供一套导航机制。在 ASP.NET 2.0 以前，开发人员需要自己创建站点导航结构，维护它并且将它转化为适于导航的用户界面元素。但现在在 ASP.NET 2.0 中，开发人员可以利用非常灵活的内置站点导航控件。ASP.NET 2.0 站点导航控件允许开发人员定义一个站点地图，并且提供了可以访问这些信息的函数接口。本章首先结合校园二手信息平台的需求，介绍站点地图的概念，然后分别介绍各个站点导航控件的使用方法，最后通过一个简单的创建过程给读者演示站点导航控件的使用方法。

为了给访问者一个整体一致的效果，网站需要具有统一的风格和布局。例如，整个网站具有相同的网页头尾、导航栏、功能条以及广告区等。在 ASP.NET 2.0 中，可以将 Web 应用程序中的这些公共元素整合到母版页中。可以把母版页看做是页面模板，而且是一种具有多项高级功能的页面模板。和页面模板一样，母版页能够为 ASP.NET 应用程序创建统一的用户界面和样式，这是母版页的核心功能。

学习目标

- 了解站点地图的概念；
- 掌握 TreeView 控件的使用方法；
- 掌握 SiteMapPath 控件的使用方法；
- 掌握 Menu 控件的使用方法；
- 掌握母版页的使用方法。

项目任务

在许多信息量非常丰富的网站上，都需要用到站点导航，这样当在网上浏览页面时，就不会因为超链接过多而无法回到某个曾经访问过的页面。图 10-1 是网易的站点导航地图。

本章要求利用 ASP.NET 2.0 中提供的站点导航控件 SiteMapPath 为校园二手信息发布平台创建统一的风格。

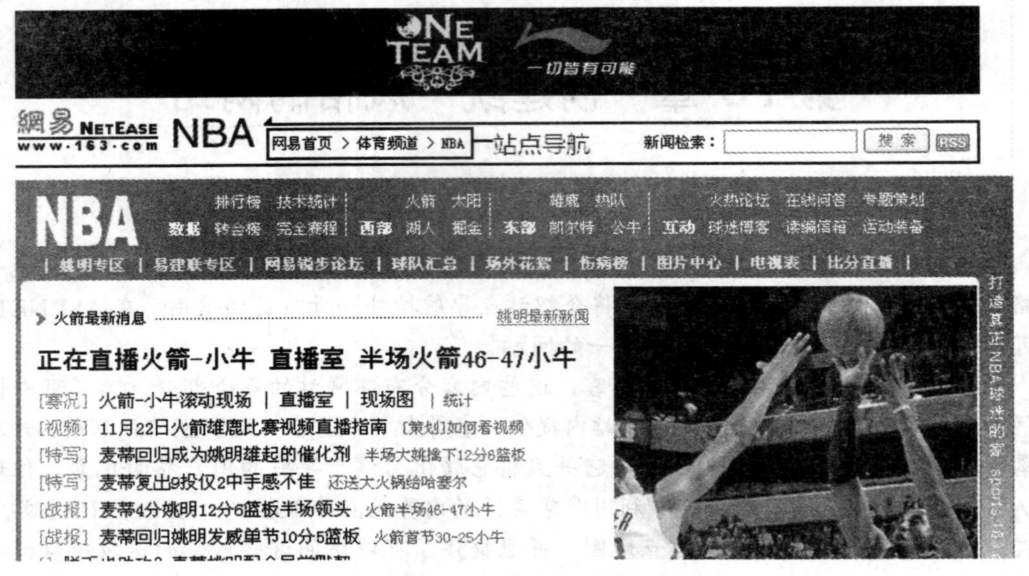

图 10-1　网易的站点导航地图

下面首先介绍一下站点地图的基本概念，然后分别介绍三个站点导航控件。

10.1　站 点 地 图

站点导航控件需要用到站点地图。在介绍站点导航控件之前，我们首先需要知道站点地图的概念。站点地图是描述站点逻辑结构的文件。在网站添加和删除页面时，开发人员只需要更改站点地图文件就可以管理页面导航，而不需要修改各个页面本身的导航链接。下面我们通过一个实例来对站点地图做个初步说明。

假定校园二手信息平台网站的结构如图 10-2 所示。

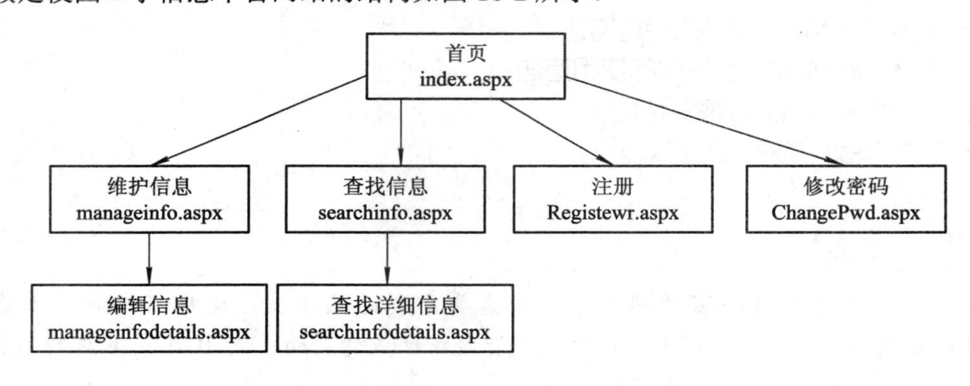

图 10-2　校园二手信息平台网站的结构

从图 10-2 中我们可以看到，校园二手信息平台网站定义了三层结构，首先是网站的首页 index.aspx。在首页中，分别定义了四个功能：维护信息 manageinfo.aspx、查找信息 searchinfo.aspx、注册 Register.aspx 和修改密码 ChangePwd.aspx。在维护信息和查找信息下面又分别包括了编辑信息 manageinfodetails.aspx 和查找详细信息 searchinfodetails.aspx 两个页面，因此将其映射成站点地图文件的示例代码如下：

```
<?xml version="1.0" encoding="utf-8" ?>
<siteMap xmlns="http://schemas.microsoft.com/AspNet/SiteMap-File-1.0" >
 <siteMapNode url="index.aspx" title="首页"   description="主页">
 <siteMapNode url="Register.aspx" title="注册"   description="注册新用户" />
 <siteMapNode url="detailsinfo.aspx" title="查看详细信息"   description="查看详细信息" />
 <siteMapNode url="ChangePwd.aspx" title="修改密码"   description="修改密码" />
 <siteMapNode url="manageinfo.aspx" title="维护信息"   description="可以修改已经发布的信息" >
<siteMapNode url="manageinfodetails.aspx" title="更新修改信息" description="修改选中的信息" />
</siteMapNode>
<siteMapNode url="searchinfo.aspx" title="查找信息" description="根据分类查找已经发布的信息">
<siteMapNode url="searchinfodetails.aspx" title="查看详细信息" description="查看详细信息" />
 </siteMapNode>
</siteMapNode>
</siteMap>
```

如上述代码所示，站点地图中只有两种 XML 节点类型，分别是 siteMap 和 siteMapNode 节点。siteMap 节点是站点地图的根节点，一个站点地图中它是唯一的。siteMapNode 节点是具体描述网站导航页面的节点，它可以多层嵌套。

siteMapNode 节点有三个主要的属性，分别是 url 属性、title 属性和 description 属性。其中，url 属性记录的是该节点所对应的页面地址，它既可以是网站内部的相对路径，也可以是公网上的地址链接；title 属性描述了节点的显示名称；description 属性记录了该页面的具体描述信息，当鼠标悬停在该链接上时，显示的即为 description 记录的信息。

10.2　站点导航控件

创建一个反映站点结构的站点地图只完成了 ASP.NET 站点导航系统的一部分。导航系统的另一部分是在 ASP.NET 网页中显示导航结构，这样用户就可以在站点内轻松地移动，通过站点导航控件可以轻松地在页面中建立导航信息。站点导航控件主要包括三种，分别是 SiteMapPath 控件、TreeView 控件和 Menu 控件，这三种控件的使用方式和效果各不相同。

10.2.1　SiteMapPath 控件

SiteMapPath 控件是站点导航控件中使用起来最简单、导航信息占页面空间比较小的一种控件。此控件通过显示导航路径向用户显示当前页面的位置，它以单行导航的形式显示给用户，并以链接的形式显示返回主页的路径。此控件提供了许多可以自定义显示风格的属性，可以用这些属性完成该控件样式的修改，如 BackColor 属性可以设置控件的背景色，BorderStyle 属性可以设置控件的边框样式。图 10-2 所示的网站结构用 SiteMapPath 控件表现出来，其效果如图 10-3 所示。

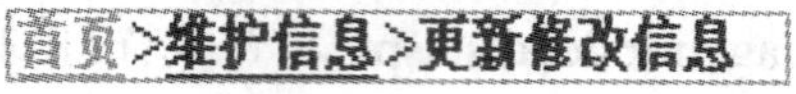

首页>维护信息>更新修改信息

图 10-3　SiteMapPath 控件效果图

使用 SiteMapPath 控件创建站点导航，既不用编写代码，也不用显式绑定数据，可自动读取和呈现站点地图信息。当然，如果需要，也可以使用代码自定义 SiteMapPath 控件。SiteMapPath 控件使用户能够从当前页直接跳转至站点层次结构中较高的页。关于此控件的详细使用，我们将会在后面的项目任务 10-1 中给予解释。

10.2.2　TreeView 控件

TreeView 控件是一个应用很广的服务器端控件，不仅可以用于站点导航功能，其他许多需要以树结构展现的页面也可以使用此控件来实现。TreeView 控件将网站结构以一个树状结构显示给用户，树中的每个节点都可以进行链接，使用户能够迅速定位到想要访问的页面。通过控件本身，可以控制显示树结构的展现效果，例如叶节点是展开还是闭合等效果。图 10-2 所示的网站结构用 TreeView 控件表现出来，其效果如图 10-4 所示。

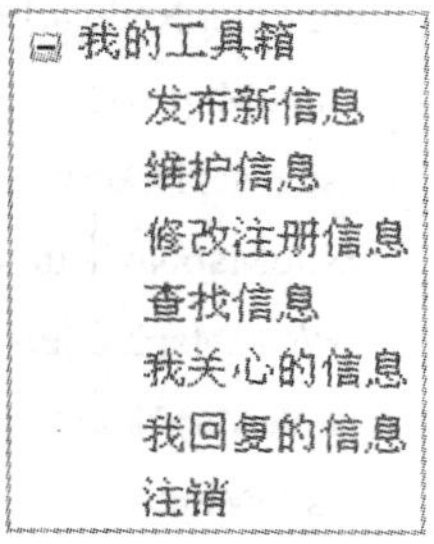

我的工具箱
发布新信息
维护信息
修改注册信息
查找信息
我关心的信息
我回复的信息
注销

图 10-4　TreeView 控件效果图

不同于 SiteMapPath 控件，TreeView 控件在显示站点地图数据时需要使用站点导航数据源控件 SiteMapDataSource，因此该控件允许 TreeView 控件从站点地图中检索导航数据，然后将数据传递给 TreeView 控件。TreeView 控件由一个或多个节点构成，树中的每一项都是一个节点。节点使用 TreeNode 对象来描述。根据节点位置的不同，可以将节点分为三种，即根节点、父节点和叶节点。每一个节点对象都有 Text 和 Value 属性，Text 属性用来显示节点的名称，而 Value 属性用来存放节点的其他附加信息。关于此控件的详细使用，我们会在后面的项目任务 10-2 中给予解释。

10.2.3　Menu 控件

Menu 控件可以通过层次关系显示站点的导航信息。从这一功能来看，它与 TreeView 控件很相似，不同的是，TreeView 控件以树结构的形式展现出来，而 Menu 控件则是以菜单的形式展现出来。图 10-2 所示的网站结构用 Menu 控件表现出来，其效果如图 10-5 所示。

首页
注册
查看详细信息
修改密码
发布信息
维护信息
更新修改信息
查找信息
修改选中的信息

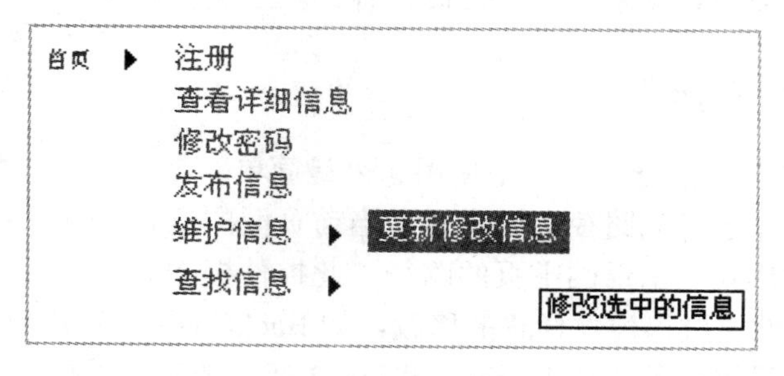

图 10-5　Menu 控件效果图

Menu 控件在显示站点地图数据时也需要使用站点导航数据源控件 SiteMapDataSource，因此该控件允许 Menu 控件从站点地图中检索导航数据，然后将数据传递给 Menu 控件。它和 TreeView 控件一样，除了可以应用到站点导航之外，还可以应用在其他的 ASP.NET 页面上，比如，某个页面需要以菜单的形式展现一个应用。

10.3　SiteMapPath 控件的编辑和使用

下面以项目任务的形式使用 SiteMapPath 控件为校园二手物品信息发布平台添加导航效果。

项目任务 10-1　SiteMapPath 控件的使用

【要求】

利用 SiteMapPath 控件为校园二手物品信息发布平台添加导航效果。

【步骤】

(1) 打开校园二手物品信息平台网站。打开 VisualStudio2005，通过菜单项“文件”|“打开”|“网站...”找到 Second 网站所在的目录并打开。

(2) 创建站点地图文件。在“解决方案资源管理器”窗口中右击网站名称，选择“添加新项...”命令，弹出“添加新项”对话框，选择“站点地图”文件类型，并使用默认的站点地图文件名 Web.sitemap，点击“添加”按钮，完成页面的新建，如图 10-6 所示。添加完毕后，可以看到在网站的根目录下产生了一个名为 Web.sitemap 的站点地图文件。

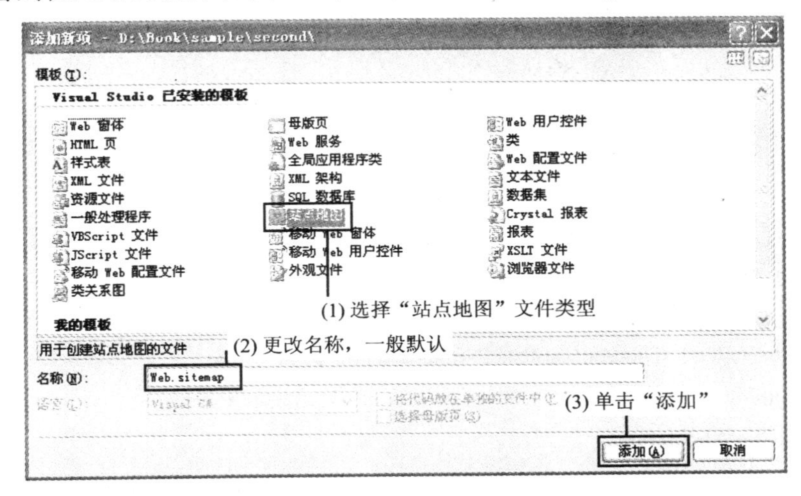

图 10-6　添加一个站点地图文件

(3) 编辑站点地图文件。双击 Web.sitemap 文件，打开该页面的源编辑视图，可以看到该文件是一个标准的 XML 格式文件。用下面的代码覆盖原有代码。

```
<?xml version="1.0" encoding="utf-8" ?>
<siteMap xmlns="http://schemas.microsoft.com/AspNet/SiteMap-File-1.0" >
```

```
<siteMapNode url="index.aspx" title="首页"  description="主页">
<siteMapNode url="Register.aspx" title="注册"  description="注册新用户" />
<siteMapNode url="detailsinfo.aspx" title="查看详细信息"  description="查看详细信息" />
<siteMapNode url="ChangePwd.aspx" title="修改密码"  description="修改密码" />
<siteMapNode url="putinfo.aspx" title="发布信息"  description="发布新信息" />
<siteMapNode url="manageinfo.aspx" title="维护信息"  description="可以修改已经发布的信息">
<siteMapNode url="manageinfodetails.aspx" title="更新修改信息" description="修改选中的信息"/>
</siteMapNode>
<siteMapNode url="searchinfo.aspx" title="查找信息" description="根据分类查找已经发布的信息">
<siteMapNode url="searchinfodetails.aspx" title="查看详细信息" description="查看详细信息" />
 </siteMapNode>
</siteMapNode>
</siteMap>
```

(4) 向现有站点上添加一个新的 Web 页面，命名为 sitemapdemo.aspx。

(5) 创建 SiteMapPath 控件。切换 sitemapdemo 页到设计视图，如图 10-7 所示，打开“工具箱”窗口，选择“导航”菜单栏，选中“SiteMapPath”控件，将其拖动到页面上，这时页面上就创建了 SiteMapPath 控件。

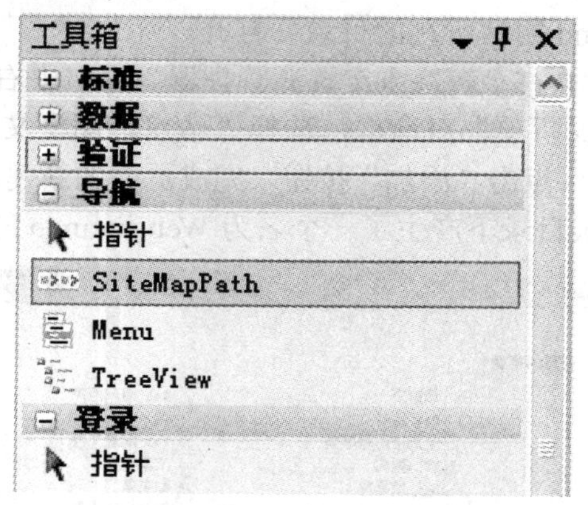

图 10-7　从工具箱中选择 SiteMapPath 控件

由于此控件不用显示绑定数据，因而至此已简单完成了 SiteMapPath 控件的创建。切换至源视图，我们可以看到它的相关代码如下：

```
<asp:SiteMapPath ID="SiteMapPath1" runat="server">
</asp:SiteMapPath>
```

其效果图如图 10-8 所示。

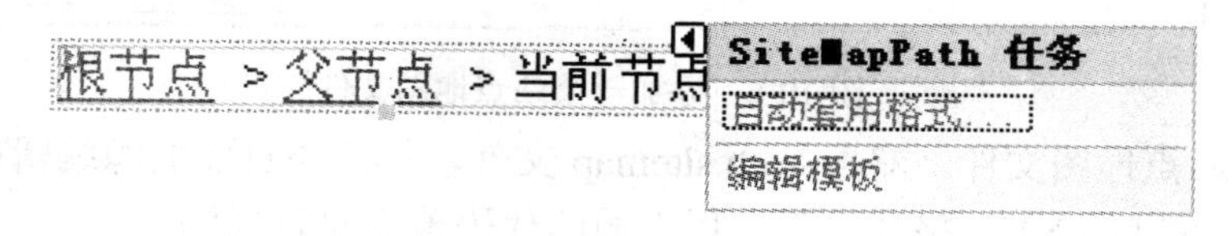

图 10-8　未作任何设置的效果图

(6) 选择“自动套用格式”，可以设置 SiteMapPath 控件的外观属性。打开“自动套用格式”对话框，选择“彩色型”，如图 10-9 所示。

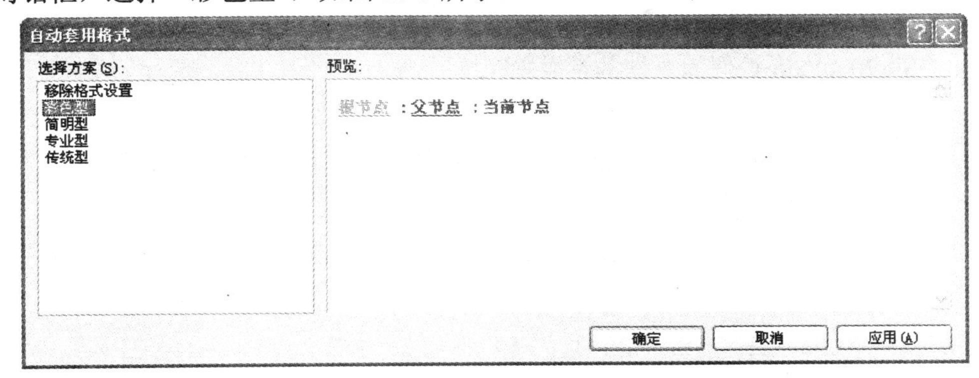

图 10-9　“自动套用格式”对话框

(7) 更改 PathSeparator 属性。我们可以发现 SiteMapPath 控件节点与节点间的分隔符号是“：”，我们可以通过修改 SiteMapPath 控件的 PathSeparator 属性来修改分隔符号。选择 SiteMapPath1 控件，在属性窗口中找到 PathSeparator 属性，将其修改为“>”，如图 10-10 所示。

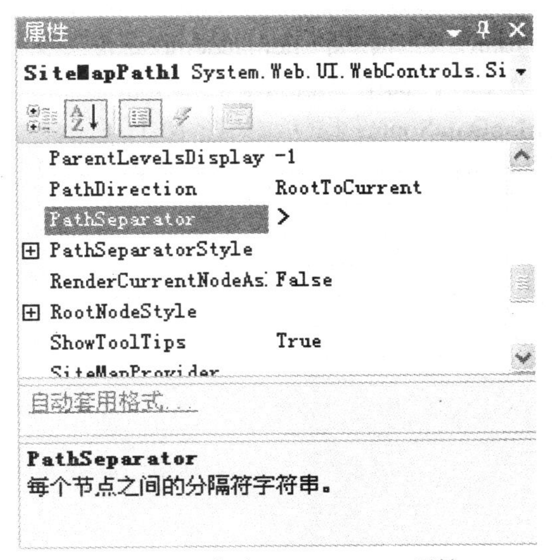

图 10-10　修改 PathSeparator 属性

将 sitemapdemo.aspx 页面切换到源视图，可以发现 SiteMapPath 控件的代码如下：

```
<asp:SiteMapPath ID="SiteMapPath1" runat="server" Font-Names="Verdana" Font-Size="0.8em"
        PathSeparator=">">
        <PathSeparatorStyle Font-Bold="True" ForeColor="#990000" />
        <CurrentNodeStyle ForeColor="#333333" />
        <NodeStyle Font-Bold="True" ForeColor="#990000" />
        <RootNodeStyle Font-Bold="True" ForeColor="#FF8000" />
</asp:SiteMapPath>
```

和前一个源代码相比，我们可以看出，在此段代码中多了几个属性。其中，NodeStyle 属性用来设置节点的样式，这里设置了父节点的样式；PathSeparator 属性自定义显示在链接之间的分隔字符。

至此，SiteMapPath 控件的属性基本设置完成。

10.4 TreeView 控件的创建与编辑

下面以项目任务的形式使用 TreeView 控件为校园二手物品信息发布平台添加导航效果。

项目任务 10-2 TreeView 控件的使用

【要求】

利用 TreeView 控件为校园二手物品信息发布平台添加导航效果。

【步骤】

(1) 创建 SiteMapDataSource 控件。将 sitemapdemo.aspx 页面切换到设计视图，打开工具箱窗口，选择“数据”菜单栏，选中“SiteMapDataSource”控件，将其拖动到页面上，这时页面上就创建了 SiteMapDataSource 控件，如图 10-11 所示。这是一个数据源控件，其作用是数据绑定，从站点地图提供的程序中检索导航数据，然后将数据传递给可以显示该数据的导航控件。

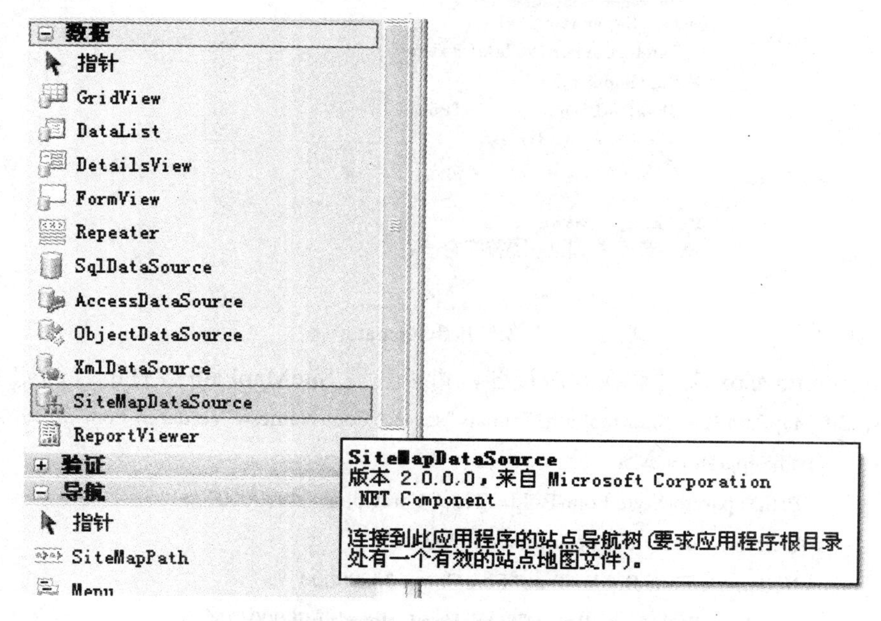

图 10-11 从工具栏中选择 SiteMapDataSource 控件

下面几步将创建 TreeView 控件，并与 SiteMapDataSource 控件建立数据绑定的关系。

(2) 创建 TreeView 控件。打开工具箱窗口，选择“导航”菜单栏，选中“TreeView”控件，将其拖动到页面左侧、SiteMapPath 控件下方，这时页面上就创建了 TreeView 控件，同时会出现 TreeView 任务栏选项，如图 10-12 所示。

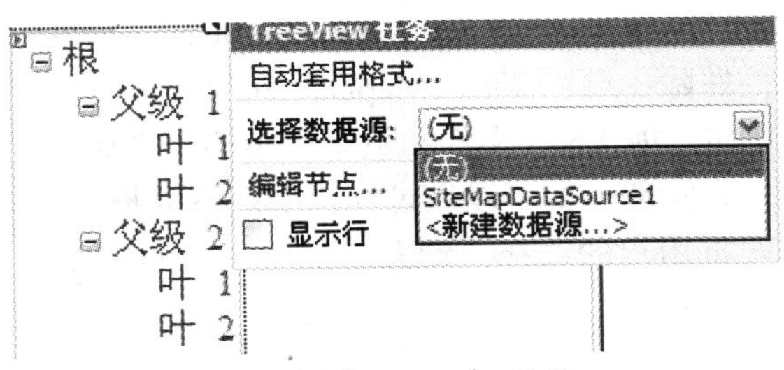

图 10-12　创建 TreeView 控件

(3) 选择数据源为 SiteMapDataSource1 以后，就完成了站点地图和 TreeView 控件的数据绑定。其效果如图 10-13 所示。

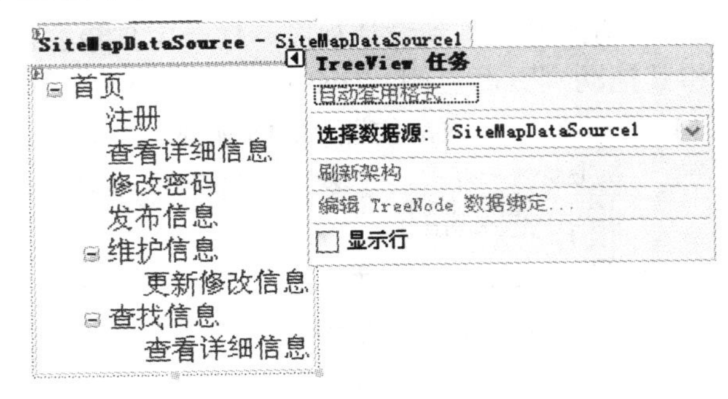

图 10-13　将 TreeView 控件和 SiteMapDataSource 绑定

(4) 选择“自动套用格式”，可以设置 TreeView 控件的外观属性。打开“自动套用格式”对话框，选择“FAQ”，如图 10-14 所示。

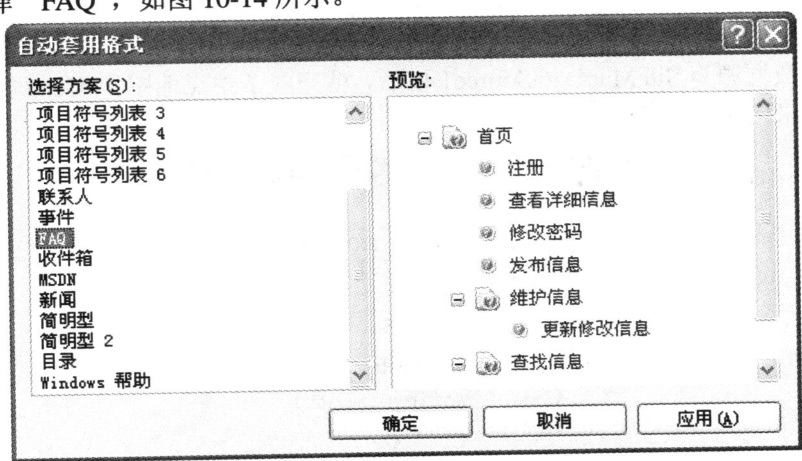

图 10-14　更改 TreeView 控件的外观属性

切换 sitemapdemo.aspx 页面至源视图，可以看到增加了如下代码：

```
<asp:TreeView ID="TreeView1" runat="server" DataSourceID="SiteMapDataSource1"ImageSet="Faq">
    <ParentNodeStyle Font-Bold="False" />
```

```
<HoverNodeStyle Font-Underline="True" ForeColor="Purple" />
<SelectedNodeStyle Font-Underline="True" HorizontalPadding="0px" VerticalPadding="0px" />
<NodeStyle Font-Names="Tahoma" Font-Size="8pt" ForeColor="DarkBlue" HorizontalPadding=
        "5px" NodeSpacing="0px" VerticalPadding="0px" />    </asp:TreeView>
```

当然，TreeView 控件除了可以和 SiteMapDataSource 数据源控件绑定以外，它还可以和其他数据源控件进行绑定，如 XML 文件和数据库中的表直接绑定。另外，此控件的数据显示还可以通过其他方式来实现，如可以通过控件的静态数据来填充，还可以通过 TreeView 控件事件驱动模型，根据用户的选择，动态地加载树上的节点信息。由于篇幅原因，这里不再一一细述。

10.5　Menu 控件的创建与编辑

(1) 创建 Menu 控件。切换母版页到设计视图，打开工具箱窗口，选择“导航”菜单栏，选中“Menu”控件，将其拖动到页面左侧、TreeView 控件下方，这时页面上就创建了 Menu 控件，同时也会出现 Menu 任务栏选项，如图 10-15 所示。

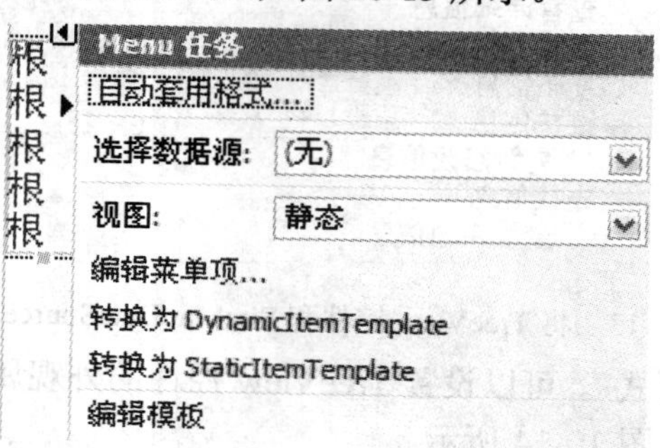

图 10-15　添加 Menu 控件

(2) 选择数据源为 SiteMapDataSource1 以后，就完成了站点地图和 Menu 控件的数据绑定。其效果如图 10-16 所示。

图 10-16　将 Menu 控件和 SiteMapDataSource 控件绑定

(3) 更改 Menu 控件的外观属性。和前面两个站点导航控件一样，我们可以打开“自动套用格式”对话框选择 Menu 控件外观，如图 10-17 所示。

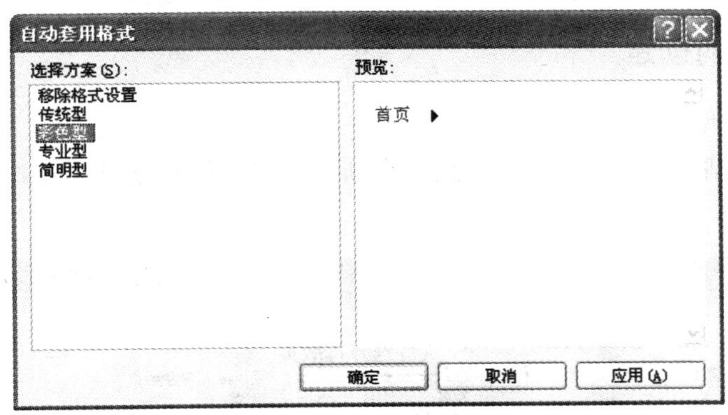

图 10-17　Menu 控件的“自动套用格式”对话框

切换 sitemapdemo.aspx 页面至源视图，可以看到增加了如下代码：

```
<asp:Menu ID="Menu1" runat="server" BackColor="#FFFBD6" DataSourceID="SiteMapDataSource1"
        DynamicHorizontalOffset="2" Font-Names="Verdana" Font-Size="0.8em" ForeColor=
        "#990000" StaticSubMenuIndent="10px">
        <StaticMenuItemStyle HorizontalPadding="5px" VerticalPadding="2px" />
        <DynamicHoverStyle BackColor="#990000" ForeColor="White" />
        <DynamicMenuStyle BackColor="#FFFBD6" />
        <StaticSelectedStyle BackColor="#FFCC66" />
        <DynamicSelectedStyle BackColor="#FFCC66" />
        <DynamicMenuItemStyle HorizontalPadding="5px" VerticalPadding="2px" />
        <StaticHoverStyle BackColor="#990000" ForeColor="White" />
</asp:Menu>
```

(4) 将视图格式由静态切换为动态，如图 10-18 所示。

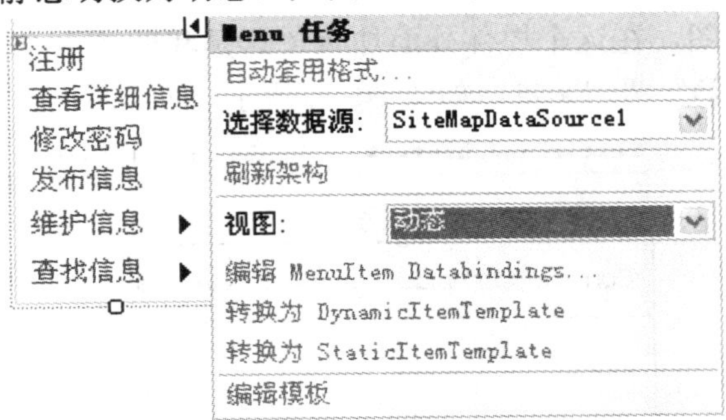

图 10-18　切换到动态视图效果

10.6　母版页的创建和使用

为了减少在网页设计时出现的变一页则动全网站的问题，ASP.NET 2.0 新增了母版页的概念，可以把它想象为“网页模板”。然而与“网页模板”不同的是，开发人员再也不必去更新每个页面了，只需修改一页，所有的网页都会改变，这一页就是母版页。

10.6.1　母版页的创建

下面介绍创建母版页的方法。

(1) 在现有网站 Sample 上右键添加一个新项，在“添加新项”窗口中选择母版页，如图 10-19 所示。

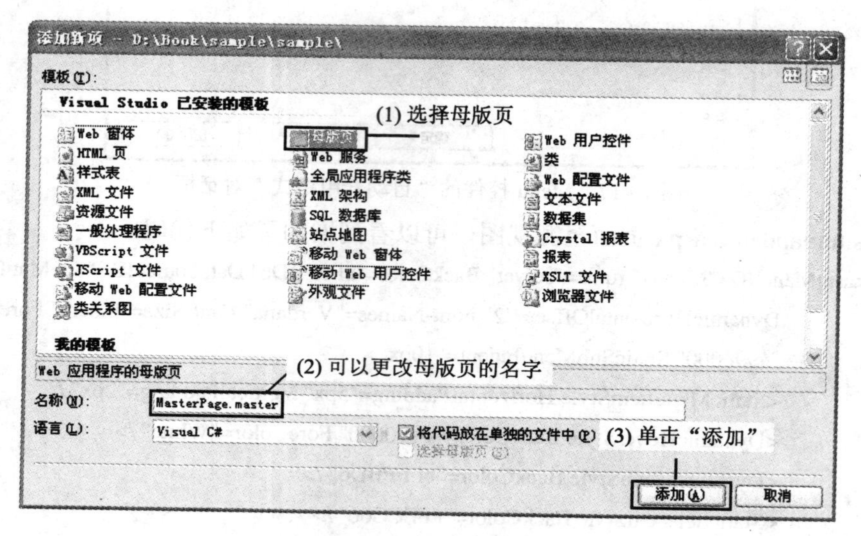

图 10-19　选择母版页

(2) 打开 MasterPage.master，里面有一个 ContentPlaceHolder 控件，注意不要在控件里写任何东西。下面是 ContentPlaceHolder 控件的源代码：

```
<asp:contentplaceholder id="ContentPlaceHolder1" runat="server">
</asp:contentplaceholder>
```

(3) 切换到设计视图，在这个控件外面加上“这是我的第一个母版页”和“ASP.NET 程序设计与开发(入门篇)”两句文本，如图 10-20 所示。

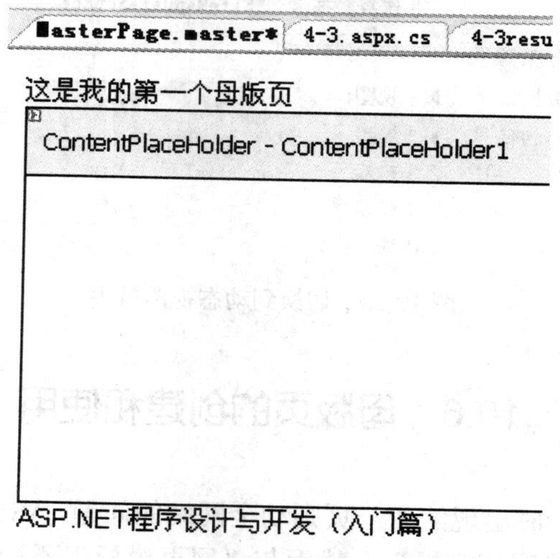

图 10-20　为母版页添加表头和表尾

10.6.2　使用母版页创建内容页

将母版页保存后，就可以用它作为其他页面的模板了。可以使用两种方法来创建带母版页的网页：一是在母版页任意位置右键点击“添加内容页”，如图 10-21 所示；二是在新建 Web 窗体时勾选“选择母版页”。

图 10-21 所示为第一种创建方法。

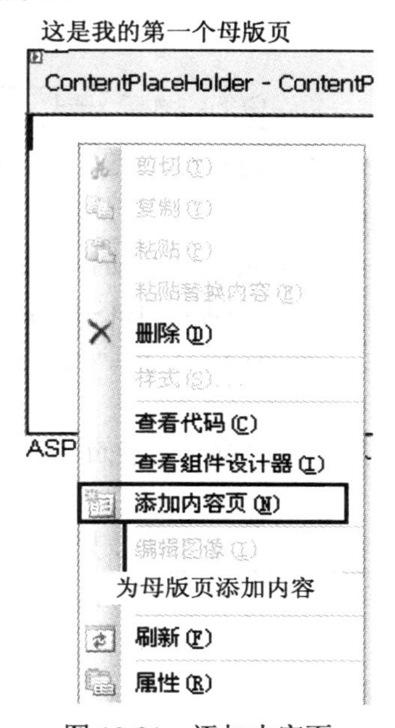

图 10-21　添加内容页

下面演示第二种创建方法。

(1) 在现有网站 Sample 上右键添加一个新项，在“添加新项”窗口中选择 Web 窗体，并且勾选“选择母版页”选项，如图 10-22 所示。

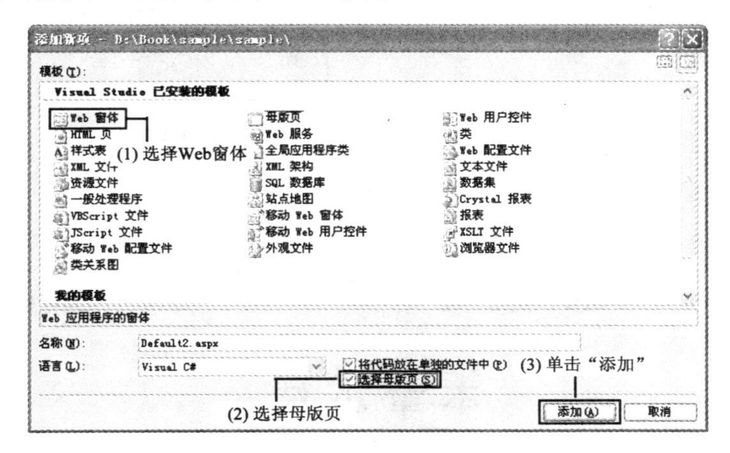

图 10-22　创建带母版页的 Web 窗体

(2) 选择相应的母版页，如图 10-23 所示。

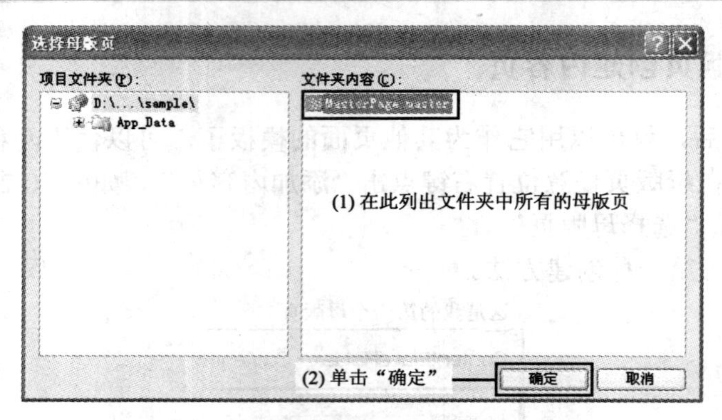

图 10-23 选择 MasterPage.master

(3) 新生成的页面中的源代码如下：

```
<%@ Page Language="C#" MasterPageFile="~/MasterPage.master" AutoEventWireup="true"
CodeFile="Default2.aspx.cs" Inherits="Default2" Title="Untitled Page" %>
<asp:Content ID="Content1" ContentPlaceHolderID="ContentPlaceHolder1" Runat="Server">
</asp:Content>
```

其中，我们可以看到一个 Content 控件，它对应母版页的 ContentPlaceHolder1 控件。切换到设计视图页面，如图 10-24 所示。

(4) 图 10-24 中，页头和页脚的文字都是灰色的，只能在 Content 中进行编辑。在 Content 页面中写入“欢迎使用母版页!”，保存后按 F5 访问 Default2.aspx 的这个页面，看到的效果如图 10-25 所示。

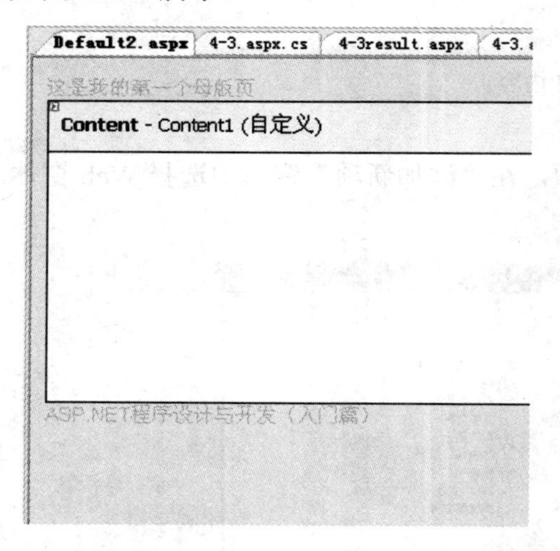

图 10-24 Default2.aspx 的设计视图页面

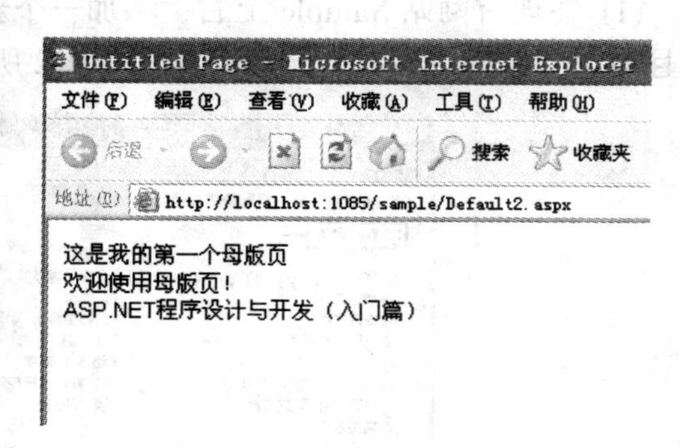

图 10-25 运行效果

本 章 小 结

本章介绍了用于网站导航的 ASP.NET 新技术——站点导航技术的基础知识，包括站点地图、SiteMapPath 控件、TreeView 控件以及 Menu 控件的基本创建方法。

训练任务

根据附录 I 和附录 II 的有关要求，完成以下训练任务。

<table>
<tr><td>标题</td><td>创建后台主页面</td></tr>
<tr><td>编号</td><td>10-1</td></tr>
<tr><td>要求</td><td>实现如下格式的后台主页面，列表内容可动态修改。
● 高级会员
● 初级会员
● 免费用户
● 数据压缩|备份|恢复
管理文章
● 添加文章
　工程招标
　筹建项目
　地区工程
　重点工程
　十五工程
　国际项目
　工程追踪
　投资政策
　招标实务
　企业天地
　在线推荐
● 分类管理
● 行业管理
● 招标周刊
管理员管理
● 发布标讯
● 意见反馈
● 流量统计
● 广告管理
● 招聘中心
● 首页 POP 窗口
● 查看在线会员
→退出系统</td></tr>
<tr><td>描述</td><td>输入：XML 文件或者数据表。
处理：循环读取 XML 文件或者数据表中的所有内容。
输出：以树型列表输出结果。
本训练任务可以使用 XML 文件或者数据表实现。</td></tr>
<tr><td>重要程度</td><td>中</td></tr>
<tr><td>备注</td><td>可以使用本章介绍的 TreeView 控件实现。</td></tr>
</table>

第 11 章　一个完整的 ASP.NET 项目

在第 3 章中，我们提出了“校园二手物品信息发布平台”这样一个软件项目。通过第 4～11 章的学习，我们对 ASP.NET 开发动态网页有了比较深入的了解。本章将利用前面各章所学的知识，对该软件项目进行完善，使之能够实现 3.2 节中提出的各项功能。

本章首先给出了该项目的功能模块图，并根据功能模块图给数据库增加了四个存储过程，然后给出了系统每个页面的实现，最后演示了运行的效果。

学习目标

➢ 学习 ASP.NET 的相关知识，完整地实现校园二手物品信息发布平台。

项目任务

利用所学的 ASP.NET 相关知识完整地实现校园二手物品信息发布平台。

11.1　系统功能设计

11.1.1　系统功能模块

根据 3.2 节系统分析提出的功能要求，我们设计出如图 11-1 所示的系统功能模块图。

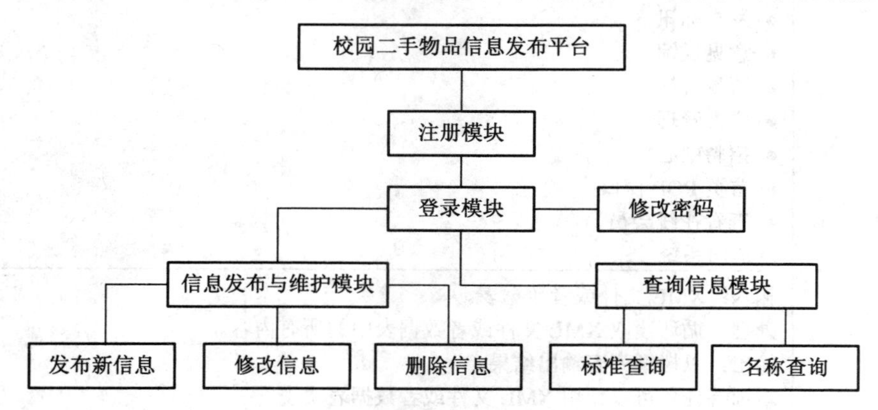

图 11-1　系统功能模块图

11.1.2　系统页面概述

本项目共包括 11 个页面，它们均存放在 second 文件夹下。其中：

(1) MasterPage.master：网站的母版页。
(2) register.aspx：新用户注册页面。
(3) login.aspx：用户登录页面。
(4) index.aspx：主页，默认显示所有二手物品的信息。
(5) changePwd.aspx：更改密码页面。
(6) putinfo.aspx：发布新的二手物品信息页面。
(7) detailsinfo.aspx：查看某条记录的详细信息。
(8) manageinfo.aspx：信息维护页面。
(9) manageinfodetails.aspx：信息维护-修改信息页面。
(10) searchinfo.aspx：查询信息页面。
(11) searchinfodetails.aspx：查看查询到的某条记录的详细信息。

11.2 数据库设计

11.2.1 productinfo 表结构设计

在第 3 章中已经对数据库设计的需求分析做了详细的说明，本节不再赘述，这里只对原来的发布信息表 info 做一下修改，即用表 productinfo(见表 11-1)替换。

表 11-1 productinfo

列　名	数据类型	主键	默认值	是否可空	说　明
ID	标识列(自增)	√		×	序号
title	char(100)			×	标题
name	char(100)			×	物品名称
class	nchar(20)			×	分类
jyxz	bit			√	交易性质
price	char(10)			√	价格
new	bit			√	新旧程度
fapiao	bit			√	是否提供发票
tihuo	bit			√	提货方式
content	nvarchar(1000)			√	详细内容
putdate	datetime		getdate()	×	发布日期
putman	char			×	发布人

11.2.2 向表中添加数据

我们需要向表 Catalogs 和表 userrole 中添加数据，因为这两个表的数据不通过程序编辑，其他的表可以在程序里维护。图 11-2 和图 11-3 所示为两表中的数据。

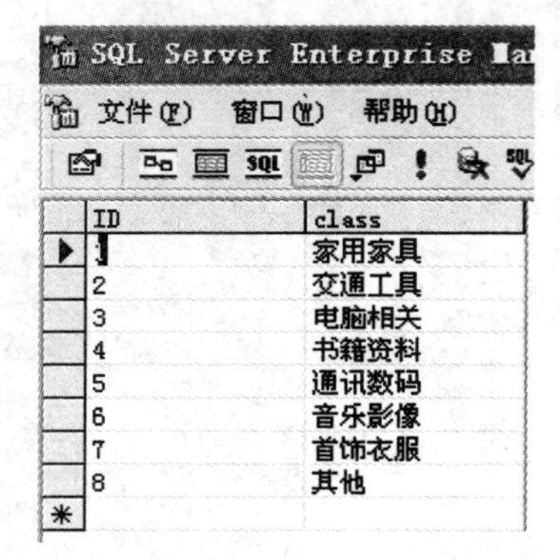

ID	class
1	家用家具
2	交通工具
3	电脑相关
4	书籍资料
5	通讯数码
6	音乐影像
7	首饰衣服
8	其他

图 11-2　表 Catalogs 中的数据

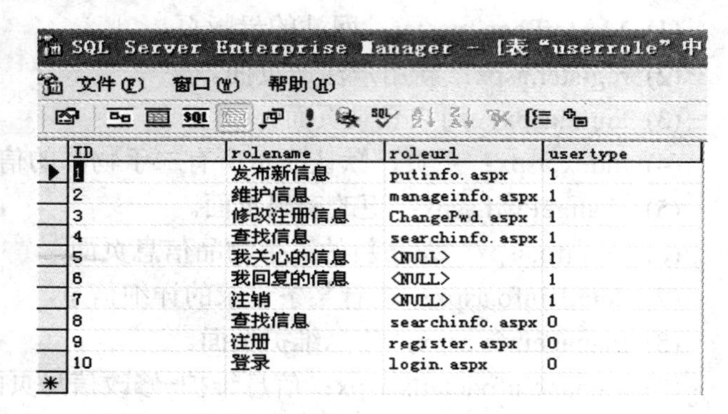

ID	rolename	roleurl	usertype
1	发布新信息	putinfo.aspx	1
2	维护信息	manageinfo.aspx	1
3	修改注册信息	ChangePwd.aspx	1
4	查找信息	searchinfo.aspx	1
5	我关心的信息	<NULL>	1
6	我回复的信息	<NULL>	1
7	注销	<NULL>	1
8	查找信息	searchinfo.aspx	0
9	注册	register.aspx	0
10	登录	login.aspx	0

图 11-3　表 userrole 中的数据

11.2.3　添加存储过程

为了完成本项目，还需要为数据库添加一些存储过程，使用存储过程可以把对数据的访问放到数据库服务器中处理，而且在以后需要维护时，只需要修改 SqlServer 即可，不需要再修改程序。使用存储过程可以起到高效和易维护的作用。

(1) CreateNewUser：注册新用户时用到的存储过程。代码如下：

```
CREATE PROCEDURE   CreateNewUser
@username char(20),
@pwd char(100),
@num char(20),
@realname char(20),
@class char(20)
AS
--如果插入的用户名已存在，则不能插入
if not exists(select * from users where username=@username)
begin
    insert into users
    values(@username,@pwd,@num,@realname,@class,'1')
end
GO
```

(2) PutInfo：发布新信息用到的存储过程。代码如下：

```
CREATE PROCEDURE PutInfo
@title char(100),
@name char(100),
@class nchar(20),
@jyxz bit,
@price char(10),
@new bit,
```

```
@fapiao bit,
@tihuo bit,
@content nvarchar(1000),
@putman char(20)
 AS
 insert into productinfo
(title,[name],class,jyxz,price,new,fapiao,tihuo,content,putman)
values
(@title,@name,@class,@jyxz,@price,@new,@fapiao,@tihuo,@content,@putman)
GO
```

(3) UpdateInfo：修改物品信息用到的存储过程。代码如下：

```
CREATE PROCEDURE UpdateInfo
@ID int,
@title char(100),
@name char(100),
@class nchar(20),
@jyxz bit,
@price char(10),
@new bit,
@fapiao bit,
@tihuo bit,
@content nvarchar(1000)
 AS
update productinfo
set title=@title,[name]=@name,class=@class,jyxz=@jyxz,price=@price,new=@new,
fapiao=@fapiao,tihuo=@tihuo,content=@content
where [ID]=@ID
GO
```

(4) UpdateUserPwd：修改用户密码用到的存储过程。代码如下：

```
CREATE PROCEDURE UpdateUserPwd
@username char(20),
@oldpwd char(100),
@newpwd char(100)
 AS
if exists (select * from users where username=@username and pwd=@oldpwd and
usertype='1')
begin
    update users
    set pwd=@newpwd
```

```
        where username=@username and usertype='1'
    end
    GO
```

11.3 系 统 实 现

以上就完成了数据库的设计，并给相应的表添加了一些必备的数据，下面即可开始进行系统的开发。本节按照页面实现的顺序，通过图文并茂的方式为读者讲解开发本项目的过程。

首先，在 VS.NET 集成开发环境中建立一个名为“second”的网站，创建网站的方法在第 2 章中已经做过介绍，这里不再赘述。

11.3.1 母版页(MasterPage.master)的实现

(1) 在“解决方案资源管理器”中右击网站“second”，在弹出的快捷菜单中选择添加新项，在弹出的对话框中选择“母版页”，命名为 MasterPage.master，如图 11-4 所示。

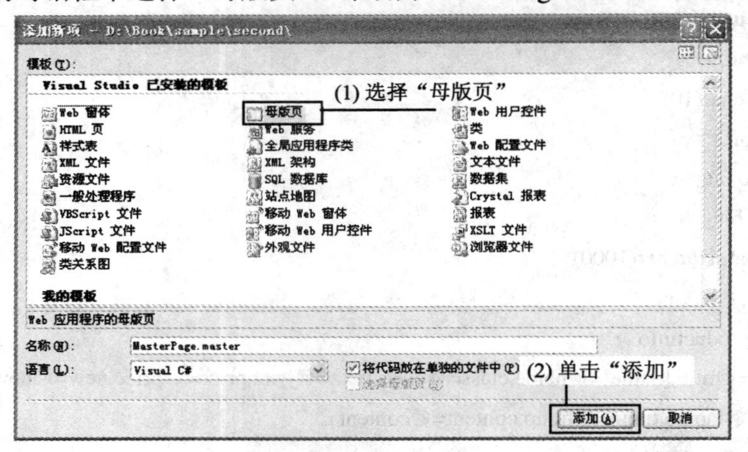

图 11-4　添加母版页

(2) 母版页的结构分成四个部分，如图 11-5 所示，在页面中按照如下的代码设计母版页，设计完的页面效果如图 11-6 所示。

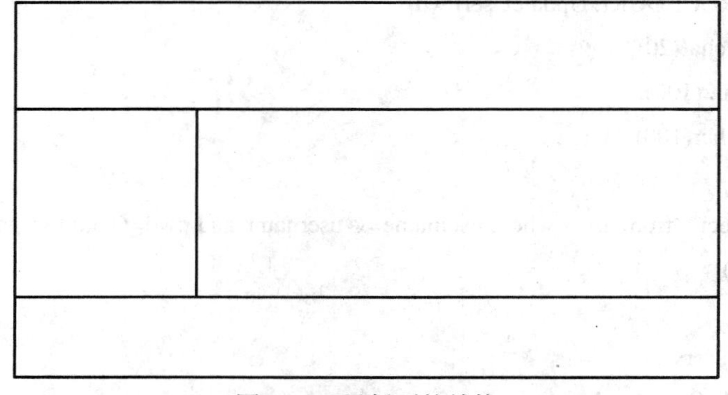

图 11-5　母版页的结构

图 11-6　设计完的页面效果

```
<%@ Master Language="C#" AutoEventWireup="true" CodeFile="MasterPage.master.cs"
Inherits="MasterPage"%>
<!DOCTYPE html PUBLIC "-//W3C//DTD XHTML 1.0 Transitional//EN" "http://www.w3.org/TR/
xhtml1/DTD/xhtml1-transitional.dtd">
<html xmlns="http://www.w3.org/1999/xhtml" >
<head runat="server">
    <title>无标题页</title>
   <style>
   <!--
/*基本信息*/
body {font:12px Tahoma;margin:0px;text-align:center;background:#FFF;}
/*页面层容器*/
#container {width:100%}
/*页面头部*/
#banner {
       width: 800px;
       margin: 0 auto;
       height: 100px;
       background: #0099FF;
       font-family:宋体, Arial, Helvetica, sans-serif;
        font-size: 14px;
}
/*页面主体*/
#pagebody {width:800px;margin:0 auto;height:auto}
```

```
/*页面底部*/
#footer {
        clear: both;
        text-align: center;
        width: 800px;
        margin: 0 auto;
        height: 50px;
        background: #0099FF
}
.style1 {
        text-align: center;
}
-->
    </style>
</head>
<body>
        <form id="form1" runat="server">
        <div id="container" style="left: 43px; top: 22px">
            <div id="banner">
            <img src="img/banner1.jpg" /> <br />
              首页|家用家具|交通工具|电脑资料|书籍资料|通讯数码|音乐影像|首饰衣服|其他物品|
              关于我们<br />
 
            </div>
            <div id="pagebody">

            <div style="text-align: left">

            <table cellpadding="0" cellspacing="0" style="width: 793px; height:auto">
              <!-- MSTableType="layout" -->
              <tr>
                    <td style="float:left;width: 15%;" valign="top" rowspan="2">
                    <asp:TreeView ID="TreeView1" runat="server" Font-Size="12px" Width="61px"
                    OnSelectedNodeChanged="TreeView1_SelectedNodeChanged"
                    OnTreeNodeCheckChanged="TreeView1_TreeNodeCheckChanged" Height="22px"
                    BorderColor="White" BorderStyle="None" ForeColor="#0099FF">
                      <Nodes>
                      <asp:TreeNode Text="我的工具箱" Value="我的工具箱"></asp:TreeNode>
                      </Nodes>
```

```
                </asp:TreeView>
               </td>
              <td style="float:right;width:85%; height:5%" valign="top" align="left">
              <asp:SiteMapPath ID="SiteMapPath1" runat="server" Font-Names="Verdana"
               Font-Size="Small"
                    PathSeparator="&gt;">
                    <PathSeparatorStyle Font-Bold="True" ForeColor="#990000" />
                    <CurrentNodeStyle ForeColor="#333333" />
                    <NodeStyle Font-Bold="True" ForeColor="#990000" />
                    <RootNodeStyle Font-Bold="True" ForeColor="#FF8000" />
                </asp:SiteMapPath>
            </td>
         </tr>
         <tr>
              <td style="float:right;width:85%; height:95% " valign="top" class="style1">
              <asp:contentplaceholder id="ContentPlaceHolder1" runat="server">
              </asp:contentplaceholder>
             </td>
         </tr>
     </table>


     </div>
     </div>
     <div id="footer">《ASP.NET 2.0 程序设计与开发》专用案例<br />
          2007 年 11 月
     </div>
    </div>
    </form>
     <p>
         </p>
</body>
</html>
```

(3) 在“解决方案资源管理器”中右击网站“second”，在弹出的快捷菜单中选择添加新项，在弹出的对话框中选择“站点地图”，命名为 Web.sitemap(见图 11-7)。在打开的 Web.sitemap 中添加如下代码：

```
<?xml version="1.0" encoding="utf-8" ?>
<siteMap xmlns="http://schemas.microsoft.com/AspNet/SiteMap-File-1.0" >
    <siteMapNode url="index.aspx" title="首页"   description="主页">
      <siteMapNode url="Register.aspx" title="注册"   description="注册新用户" />
```

```
        <siteMapNode url="detailsinfo.aspx" title="查看详细信息" description="查看详细信息" />
        <siteMapNode url="ChangePwd.aspx" title="修改密码" description="修改密码" />
        <siteMapNode url="putinfo.aspx" title="发布信息" description="发布新信息" />
        <siteMapNode url="manageinfo.aspx" title="维护信息" description="可以修改已经发布的信息" >
        <siteMapNode url="manageinfodetails.aspx" title="更新修改信息" description="修改选中的信息" />
        </siteMapNode>
        <siteMapNode url="searchinfo.aspx" title="查找信息"description="根据分类查找已经发布的信息" >
        <siteMapNode url="searchinfodetails.aspx" title="查看详细信息"description="查看详细信息" />
          </siteMapNode>
        </siteMapNode>
    </siteMap>
```

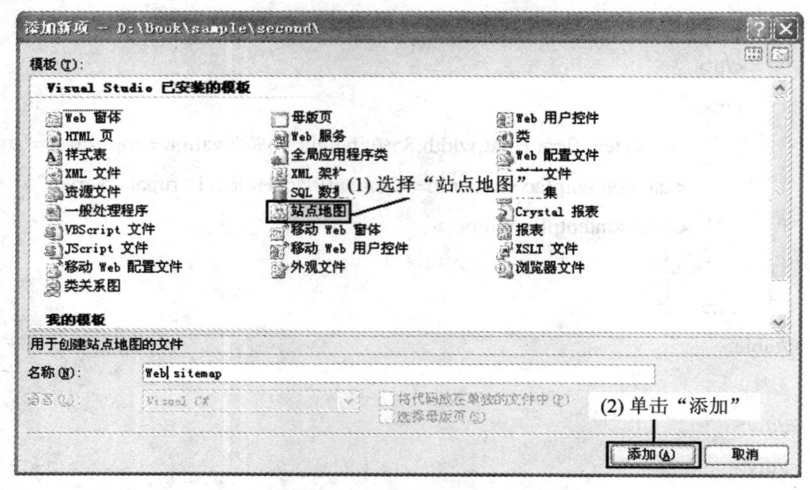

图 11-7　添加 Web.sitemap

(4) 为 MasterPage.master 添加 PageLoad 事件，以使页面在装载的时候可以加载不同权限用户的功能。该事件的代码如下：

```
protected void Page_Load(object sender, EventArgs e)
{
    if (!IsPostBack)
    {
        if (Session["UserName"] == "" || Session["UserName"] == null)
        {
            Session["UserType"] = "0";
        }

        string sql = "select * from userrole where usertype='" + Session["UserType"] + "'";
        using (SqlConnection con = new
        SqlConnection(ConfigurationManager.ConnectionStrings["second"].ConnectionString))
        {
```

```
                con.Open();
                using (SqlCommand cmd = new SqlCommand(sql, con))
                {
                    SqlDataReader MyReader = cmd.ExecuteReader();
                    if (MyReader.HasRows)
                    {
                        TreeView1.Nodes[0].ChildNodes.Clear();
                        while (MyReader.Read())
                        {
                            TreeNode tn1 = new TreeNode();
                            tn1.Value = MyReader["rolename"].ToString().Trim();
                            tn1.NavigateUrl = MyReader["roleurl"].ToString().Trim();
                            TreeView1.Nodes[0].ChildNodes.Add(tn1);
                        }
                        TreeView1.Font.Size = FontUnit.Small;
                        MyReader.Close();
                    }
                }
            }
        }
    }
```

(5) 为 TreeView1 控件添加 SelectedNodeChanged 事件，当点击“注销”时，可以实现用户注销功能。代码如下：

```
protected void TreeView1_SelectedNodeChanged(object sender, EventArgs e)
{
    if (TreeView1.SelectedValue.Trim() == "注销")
    {
        Session["UserName"] = null;
        Session["UserType"] = "0";
        Response.Write("<script language=javascript>window.parent.close();</script>");
    }
}
```

11.3.2　新用户注册页面(register.aspx)的实现

(1) 在“解决方案资源管理器”中右击网站“second”，在弹出的快捷菜单中选择添加新项，在弹出的对话框中选择“Web 页面”，并在“选择母版页”前面打钩，将其命名为 register.aspx。选择的母版页为 MasterPage.master。

(2) 在 Content 页面中添加控件并按图 11-8 布置。

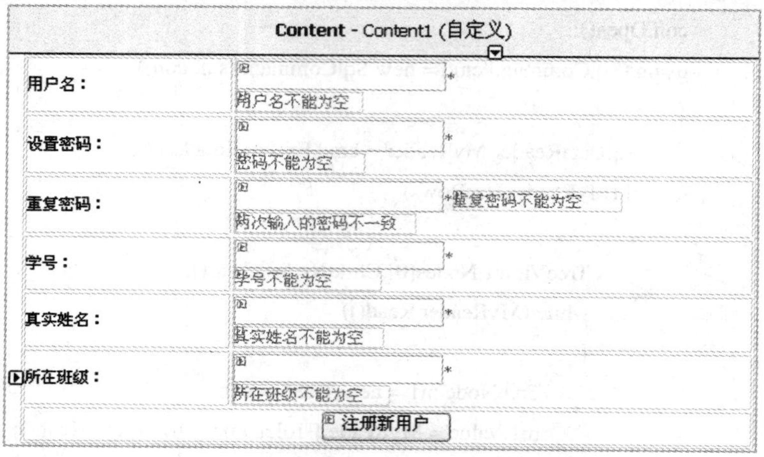

Content - Content1 (自定义)

用户名：　用户名不能为空

设置密码：　密码不能为空

重复密码：　重复密码不能为空　两次输入的密码不一致

学号：　学号不能为空

真实姓名：　真实姓名不能为空

所在班级：　所在班级不能为空

注册新用户

图 11-8　register.aspx 页面控件布置图

(3) 各控件的属性设置如表 11-2 所示。

表 11-2　register.aspx 页面控件的属性设置

控 件 名 称	属　性	值	说　明
TextBox	ID	username	用户名
	MaxLength	20	最多可输入 20 个字符
TextBox	ID	pwd	用户密码
	TextMode	Password	密码输入设置为不可见
	MaxLength	100	最多可输入 100 个字符
TextBox	ID	pwd2	用户重复输入密码
	TextMode	Password	密码输入设置为不可见
	MaxLength	100	最多可输入 100 个字符
TextBox	ID	num	学号
	MaxLength	20	最多可输入 20 个字符
TextBox	ID	realname	真实姓名
	MaxLength	10	最多可输入 10 个字符
TextBox	ID	myclass	所在班级
	MaxLength	20	最多可输入 20 个字符
Button	Text	注册新用户	“确定”按钮
RequiredFieldValidator	ControlToValidate	username	验证用户名输入不为空
	ErrorMessage	用户名不能为空	
RequiredFieldValidator	ControlToValidate	pwd	验证密码输入不为空
	ErrorMessage	密码不能为空	
RequiredFieldValidator	ControlToValidate	pwd2	验证重复密码输入不为空
		重复密码不能为空	
CompareValidator	ControlToValidate	pwd2	验证两次密码输入是否一致
	ControlToCompare	pwd	
	ErrorMessage	两次密码输入不一致	
RequiredFieldValidator	ControlToValidate	num	验证学号输入不为空
	ErrorMessage	学号不能为空	
RequiredFieldValidator	ControlToValidate	realname	验证真实姓名输入不为空
	ErrorMessage	真实姓名不能为空	
RequiredFieldValidator	ControlToValidate	myclass	验证所在班级输入不为空
	ErrorMessage	所在班级不能为空	

(4) 为 Button1(注册新用户)按钮添加 Button1_Click 事件，通过调用 CreateNewUser 存储过程完成新用户的注册，代码如下：

```
protected void Button1_Click(object sender, EventArgs e)
{
  if (username.Text.Trim() != "")
  {
      if (pwd.Text.Trim() == pwd2.Text.Trim())
      {
          using (SqlConnection con = new
          SqlConnection(ConfigurationManager.ConnectionStrings["second"].ConnectionString))
          {
              con.Open();
              using (SqlCommand cmd = new SqlCommand("CreateNewUser", con))
              {
                  cmd.CommandType = CommandType.StoredProcedure;
                  SqlParameter p1 = new SqlParameter();
                  p1.ParameterName = "@username";
                  p1.SqlValue = username.Text.Trim();
                  cmd.Parameters.Add(p1);
                  SqlParameter p2 = new SqlParameter();
                  p2.ParameterName = "@pwd";
                  p2.SqlValue = FormsAuthentication.HashPasswordForStoringInConfigFile
                  (pwd2.Text.Trim(),"MD5");
                  cmd.Parameters.Add(p2);
                  SqlParameter p3 = new SqlParameter();
                  p3.ParameterName = "@num";
                  p3.SqlValue = num.Text.Trim();
                  cmd.Parameters.Add(p3);
                  SqlParameter p4 = new SqlParameter();
                  p4.ParameterName = "@realname";
                  p4.SqlValue = realname.Text.Trim();
                  cmd.Parameters.Add(p4);
                  SqlParameter p5 = new SqlParameter();
                  p5.ParameterName = "@class";
                  p5.SqlValue = myclass.Text.Trim();
                  cmd.Parameters.Add(p5);
                  cmd.Prepare();
                  int fetchnum = cmd.ExecuteNonQuery();
                  if (fetchnum >= 1)
                  {
```

```
                    Response.Write("<script language=javascript>alert('新用户注册成功！');
                    </script>");

                }
                else
                {

                    Response.Write("<script language=javascript>alert('新用户注册失败！');
                    </script>");
                }
            }
        }
    }
}
}
```

11.3.3 登录页面(login.aspx)的实现

(1) 在“解决方案资源管理器”中右击网站“second”，在弹出的快捷菜单中选择添加新项，在弹出的对话框中选择“Web 页面”，将其命名为 login.aspx。

(2) 为页面添加控件，并按照图 11-9 布置控件。

(3) 各控件的属性设置如表 11-3 所示。

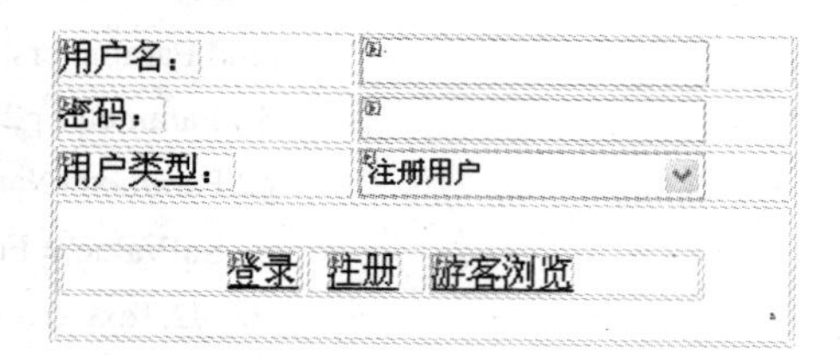

图 11-9 login.aspx 页面控件布置

表 11-3 login.aspx 页面控件的属性设置

控 件 名 称	属 性	值	说 明
Label	Text	用户名	显示用户名
Label	Text	密码	显示密码
Label	Text	用户类型	显示用户类型
TextBox	MaxLength	20	输入用户名
TextBox	MaxLength	100	输入密码
	TextMode	Password	密码输入为不可见
DropDownList	Items.Text	注册用户	选择何种权限登录
	Value	1	
	Items.Text	系统管理员	
	Value	2	
LinkButton	Text	登录	登录按钮
LinkButton	Text	注册	转向注册页面
	PostBackUrl	~/register.aspx	
LinkButton	Text	游客浏览	非注册用户登录
	PostBackUrl	~/index.aspx	

(4) 为“登录”按钮添加 LinkButton2_Click 事件，使注册用户在输入正确的用户名和密码后能够登录系统。代码如下：

```
protected void LinkButton2_Click(object sender, EventArgs e)
{
        string username = TextBox1.Text.ToString().Trim();
        string userpass = FormsAuthentication.HashPasswordForStoringInConfigFile
        (TextBox2.Text.Trim(), "MD5");
        string usertype = DropDownList1.SelectedValue;
        string sql="select * from users where username='"+username+"'and pwd='"+userpass+
        "'and usertype='"+usertype+"'";
        using (SqlConnection con = new
        SqlConnection(ConfigurationManager.ConnectionStrings["second"].ConnectionString))
        {
            con.Open();
            using (SqlCommand cmd = new SqlCommand(sql,con))
            {

                SqlDataReader MyReader = cmd.ExecuteReader();
                if (MyReader.HasRows)
                {
                    while (MyReader.Read())
                    {
                        Session["UserName"] = username;
                        Session["UserType"] = usertype;
                    }
                    MyReader.Close();
                    Response.Redirect("index.aspx", true);
                }
                else
                {
                  MyReader.Close();
                  Response.Write("<script language=javascript>alert('用户名或者密码不正确！');
                  </script>");
                }
                con.Close();
            }
        }
}
```

(5) 为“游客浏览”按钮添加 LinkButton3_Click 事件，使得非注册用户能够浏览信息。代码如下：

```
protected void LinkButton3_Click(object sender, EventArgs e)
{
    Session["UserName"] = "未注册用户";
    Session["UserType"] = "0";
    Response.Redirect("index.aspx", true);
}
```

11.3.4 更改密码页面(changePwd.aspx)的实现

(1) 在“解决方案资源管理器”中右击网站“second”，在弹出的快捷菜单中选择添加新项，在弹出的对话框中选择“Web 页面”，并在“选择母版页”前面打钩，将其命名为 changePwd.aspx，选择的母版页为 MasterPage.master。

(2) 在 Content 页面中添加控件，并按图 11-10 布置。

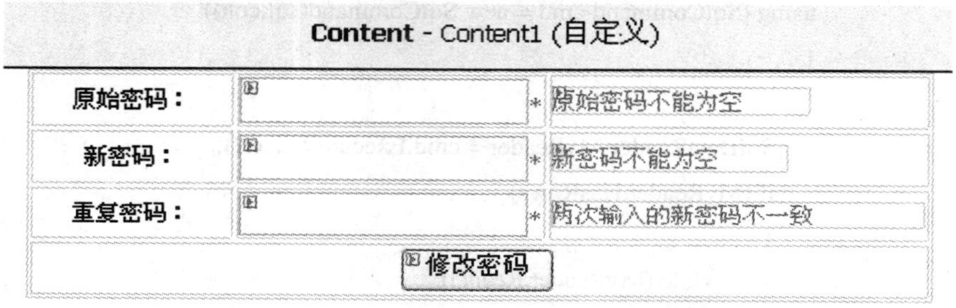

Content - Content1 (自定义)
原始密码： * 原始密码不能为空
新密码： * 新密码不能为空
重复密码： * 两次输入的新密码不一致
修改密码

图 11-10　changePwd.aspx 页面控件布置图

(3) 各控件的属性设置如表 11-4 所示。

表 11-4　changePwd.aspx 页面控件的属性设置

控 件 名 称	属　性	值	说　明
TextBox	ID	pwd1	初始密码
	MaxLength	20	密码输入的最大长度
	TextMode	Password	密码输入为不可见模式
TextBox	ID	pwd2	新密码
	MaxLength	20	密码输入的最大长度
	TextMode	Password	密码输入为不可见模式
TextBox	ID	pwd3	重复一次密码
	MaxLength	20	密码输入的最大长度
	TextMode	Password	密码输入为不可见模式
RequiredFieldValidator	ControlToValidate	pwd1	验证密码输入不为空
	ErrorMessage	密码不能为空	
RequiredFieldValidator	ControlToValidate	pwd2	验证重复密码输入不为空
	ErrorMessage	重复密码不能为空	
CompareValidator	ControlToValidate	pwd3	验证两次密码输入是否一致
	ControlToCompare	pwd2	
	ErrorMessage	两次密码输入不一致	
Button	Text	修改密码	修改密码按钮

(4) 为页面加载事件 Page_Load 添加代码，保证用户在打开修改密码页面前已经登录成功(下面还有几个页面用到这段代码，将不再赘述)。代码如下：

```
protected void Page_Load(object sender, EventArgs e)
{
    if (!IsPostBack)
    {
        if (Session["UserName"] ==""||Session["UserName"]==null)
        {
            Response.Write("<script language=javascript>alert('您还没有登录，请先登录！');
            top.opener=null;top.close();window.open('login.aspx');</script>");
        }
    }
}
```

(5) 为修改密码按钮添加 Button1_Click 事件，单击该按钮时，将调用 UpdateUserPwd 存储过程完成密码修改功能。代码如下：

```
protected void Button1_Click(object sender, EventArgs e)
{
    string username = Session["UserName"].ToString().Trim();
    string userpwd = pwd1.Text.Trim();
    string old = pwd2.Text.Trim();
    if (pwd2.Text.Trim() == pwd3.Text.Trim())
    {
        using (SqlConnection con = new
            SqlConnection(ConfigurationManager.ConnectionStrings["second"].ConnectionString))
        {
            con.Open();
            using (SqlCommand cmd = new SqlCommand("UpdateUserPwd", con))
            {
                cmd.CommandType = CommandType.StoredProcedure;
                SqlParameter p1 = new SqlParameter();
                p1.ParameterName = "@username";
                p1.SqlValue = Session["UserName"].ToString().Trim();
                cmd.Parameters.Add(p1);
                SqlParameter p2 = new SqlParameter();
                p2.ParameterName = "@oldpwd";
                p2.SqlValue = FormsAuthentication.HashPasswordForStoringInConfigFile
                        (pwd1.Text.Trim(), "MD5");
                cmd.Parameters.Add(p2);
                SqlParameter p3 = new SqlParameter();
                p3.ParameterName = "@newpwd";
```

```
                p3.SqlValue = FormsAuthentication.HashPasswordForStoringInConfigFile
                        (pwd3.Text.Trim(), "MD5");
                cmd.Parameters.Add(p3);
                cmd.Prepare();
                int fetchnum = cmd.ExecuteNonQuery();
                if (fetchnum >= 1)
                {
                    Response.Write("<script language=javascript>alert('修改密码成功！');</script>");
                }
                else
                {
                    Response.Write("<script language=javascript>alert('修改密码失败！');</script>");
                }
            }
        }
    }
}
```

11.3.5　发布二手物品信息页面(putinfo.aspx)的实现

(1) 在“解决方案资源管理器”中右击网站“second”，在弹出的快捷菜单中选择添加新项，在弹出的对话框中选择“Web 页面”，并在“选择母版页”前面打钩，将其命名为 putinfo.aspx。选择的母版页为 MasterPage.master。

(2) 在 Content 页面中添加控件，并按图 11-11 布置。

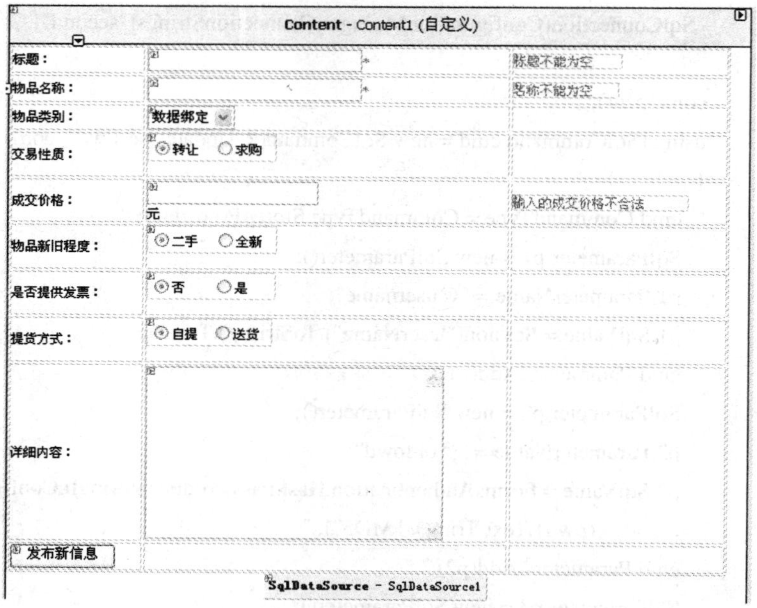

图 11-11　putinfo.aspx 控件布置图

(3) 各控件的属性设置如表 11-5 所示。

表 11-5　putinfo.aspx 页面控件的属性设置

控件名称	属　性	值	说　明
TextBox	ID	title	输入标题
	MaxLength	100	最大长度
TextBox	ID `	name	输入物品名称
	MaxLength	100	最大长度
DropDownList	ID	myclass	物品类别
	DataSourceID	SqlDataSource1	绑定的数据源
	DataTextField	class	绑定的数据字段
	DataValueField	class	绑定的数据值
RadioButtonList	ID	jyxz	交易性质
	RepeatDirection	Horizontal	位置布局
	Items.Text	转让	
	Items.Text	求购	
TextBox	ID	price	成交价格
	MaxLength	10	最大长度
RadioButtonList	ID	newold	新旧程度
	RepeatDirection	Horizontal	位置布局
	Items.Text	二手	
	Items.Text	全新	
RadioButtonList	ID	fapiao	是否提供发票
	RepeatDirection	Horizontal	位置布局
	Items.Text	否	
	Items.Text	是	
RadioButtonList	ID	tihuo	提货方式
	RepeatDirection	Horizontal	位置布局
	Items.Text	自提	
	Items.Text	送货	
TextBox	ID	content	详细内容
	MaxLength	1000	最大长度
	TextMode	Multiply	允许换行
RequiredFieldValidator	ControlToValidate	title	验证标题输入
	ErrorMessage	标题不能为空	
RequiredFieldValidator	ControlToValidate	name	验证名称输入
	ErrorMessage	名称不能为空	
RangeValidator1	ControlToValidate	price	验证价格输入
	ErrorMessage	价格输入不合法	
	MaximumValue	999999999	
	MinimumValue	1	
Button	Text	发布新信息	发布信息按钮
SqlDataSource	另配置		用于绑定 myclass

(4) 配置 SqlDataSource1，使之可被 myclass 控件绑定。下面给出配置完成后生成的代码，具体步骤请参阅第 7 章的内容(下同)。

```
<asp:SqlDataSource ID="SqlDataSource1" runat="server" ConnectionString="<%$
    ConnectionStrings:second %>"
        SelectCommand="SELECT [class] FROM [Catalogs]">
</asp:SqlDataSource>
```

(5) 为“发布新信息”按钮添加 Click 事件代码，该代码将通过调用 PutInfo 存储过程完成二手物品信息发布工作。代码如下：

```
protected void Button1_Click(object sender, EventArgs e)
    {
        using (SqlConnection con = new
            SqlConnection(ConfigurationManager.ConnectionStrings["second"].ConnectionString))
        {
            con.Open();
            using (SqlCommand cmd = new SqlCommand("PutInfo", con))
            {
                cmd.CommandType = CommandType.StoredProcedure;
                SqlParameter p1 = new SqlParameter();
                p1.ParameterName = "@title";
                p1.SqlValue = title.Text.Trim();
                cmd.Parameters.Add(p1);
                SqlParameter p2 = new SqlParameter();
                p2.ParameterName = "@name";
                p2.SqlValue = name.Text.Trim();
                cmd.Parameters.Add(p2);
                SqlParameter p3 = new SqlParameter();
                p3.ParameterName = "@class";
                p3.SqlValue = myclass.SelectedItem.Text.Trim();
                cmd.Parameters.Add(p3);
                SqlParameter p4 = new SqlParameter();
                p4.ParameterName = "@jyxz";
                p4.SqlValue = jyxz.SelectedValue;
                cmd.Parameters.Add(p4);
                SqlParameter p5 = new SqlParameter();
                p5.ParameterName = "@price";
                p5.SqlValue = price.Text.Trim();
                cmd.Parameters.Add(p5);
                SqlParameter p6 = new SqlParameter();
                p6.ParameterName = "@new";
```

```
                p6.SqlValue = newold.SelectedValue;
                cmd.Parameters.Add(p6);
                SqlParameter p7 = new SqlParameter();
                p7.ParameterName = "@fapiao";
                p7.SqlValue = fapiao.SelectedValue;
                cmd.Parameters.Add(p7);
                SqlParameter p8 = new SqlParameter();
                p8.ParameterName = "@tihuo";
                p8.SqlValue = tihuo.SelectedValue;
                cmd.Parameters.Add(p8);
                SqlParameter p9 = new SqlParameter();
                p9.ParameterName = "@content";
                p9.SqlValue = content.Text.Trim();
                cmd.Parameters.Add(p9);
                SqlParameter p10 = new SqlParameter();
                p10.ParameterName = "@putman";
                p10.SqlValue = Session["UserName"].ToString().Trim();
                cmd.Parameters.Add(p10);
                cmd.Prepare();
                int fetchnum = cmd.ExecuteNonQuery();
                if (fetchnum >= 1)
                {
                 Response.Write("<script language=javascript>alert('发布新消息成功！');</script>");
                }
                else
                {
                 Response.Write("<script language=javascript>alert('发布新消息失败！');</script>");
                }
            }
        }
    }
```

(6) 为页面加载事件 Page_Load 添加代码，代码如 11.3.4 节第(4)步所示。

11.3.6　主页(index.aspx)的实现

(1) 在“解决方案资源管理器”中右击网站“second”，在弹出的快捷菜单中选择添加新项，在弹出的对话框中选择“Web 页面”，并在“选择母版页”前面打钩，将其命名为 index.aspx。选择的母版页为 MasterPage.master。

(2) 在 Content 页面中添加控件，并按图 11-12 布置。

Content - Content1 (自定义)

序号	标题	交易性质	价格	发布日期	发布者	更多信息
数据绑定	数据绑定	数据绑定	数据绑定	数据绑定	数据绑定	详细信息
数据绑定	数据绑定	数据绑定	数据绑定	数据绑定	数据绑定	详细信息
数据绑定	数据绑定	数据绑定	数据绑定	数据绑定	数据绑定	详细信息
数据绑定	数据绑定	数据绑定	数据绑定	数据绑定	数据绑定	详细信息
数据绑定	数据绑定	数据绑定	数据绑定	数据绑定	数据绑定	详细信息

SqlDataSource - SqlDataSource1

图 11-12　index.aspx 页面的控件布置图

(3) 该页面主要通过一个 GridView 控件和 SqlDataSource 控件进行绑定，用来显示二手物品信息表中的记录，所以只需对这两个控件配置即可，具体配置步骤请参阅第 8 章的内容，这里只给出生成的源代码。

① SqlDataSource1 控件的源代码：

```
<asp:SqlDataSource ID="SqlDataSource1" runat="server" ConnectionString="<%$
                    ConnectionStrings:second %>"
  SelectCommand="SELECT [ID], [title], [name], [jyxz], [price], [putdate], [putman] FROM
  [productinfo]"> </asp:SqlDataSource>
```

② GridView1 控件的源代码：

```
<asp:GridView ID="GridView1" runat="server" AutoGenerateColumns="False" CellPadding="4"
    DataKeyNames="ID" DataSourceID="SqlDataSource1" Font-Size="12px"ForeColor="#333333"
    GridLines="None" OnRowDataBound="GridView1_RowDataBound" Width="667px">
    <FooterStyle BackColor="#507CD1" Font-Bold="True" ForeColor="White" />
    <Columns>
        <asp:BoundField DataField="ID"HeaderText="序号"InsertVisible="False" eadOnly="True"
            SortExpression="ID" >
             <ItemStyle Wrap="True" />
        </asp:BoundField>
        <asp:BoundField DataField="title" HeaderText="标题" SortExpression="title" >
            <ItemStyle Wrap="True" />
        </asp:BoundField>
        <asp:BoundField DataField="jyxz" HeaderText="交易性质" SortExpression="jyxz" >
            <ItemStyle Wrap="True" />
        </asp:BoundField>
        <asp:BoundField DataField="price" HeaderText="价格" SortExpression="price" >
            <ItemStyle Wrap="True" />
        </asp:BoundField>
        <asp:BoundField DataField="putdate" HeaderText="发布日期" SortExpression="putdate" >
            <ItemStyle Wrap="True" />
```

```
        </asp:BoundField>
        <asp:BoundField DataField="putman" HeaderText="发布者" SortExpression="putman" >
            <ItemStyle Wrap="True" />
        </asp:BoundField>
        <asp:HyperLinkField DataNavigateUrlFields="ID" DataNavigateUrlFormatString=
            "detailsinfo.aspx?ID={0}"
            HeaderText="更多信息" Text="详细信息" >
            <ItemStyle Wrap="True" />
        </asp:HyperLinkField>
    </Columns>
    <RowStyle BackColor="#EFF3FB" />
    <EditRowStyle BackColor="#2461BF" />
    <SelectedRowStyle BackColor="#D1DDF1" Font-Bold="True" ForeColor="#333333" />
    <PagerStyle BackColor="#2461BF" ForeColor="White" HorizontalAlign="Center" />
    <HeaderStyle BackColor="#507CD1" Font-Bold="True" ForeColor="White" />
    <AlternatingRowStyle BackColor="White" />
</asp:GridView>
```

(4) 由于 jyxz 字段为 bit 类型，因此需要为 GridView 添加 GridView1_RowDataBound 事件代码，使之在显示时可以显示为“求购”和“转让”，而不是显示为 0 或 1。代码如下：

```
protected void GridView1_RowDataBound(object sender, GridViewRowEventArgs e)
{
    if (e.Row.Cells[2].Text.ToLower()=="true")
    {
        e.Row.Cells[2].Text = "转让";
    }
    else
    {
        e.Row.Cells[2].Text = "求购";
    }
}
```

11.3.7　查看详细信息页面(detailsinfo.aspx)的实现

(1) 在“解决方案资源管理器”中右击网站“second”，在弹出的快捷菜单中选择添加新项，在弹出的对话框中选择“Web 页面”，并在“选择母版页”前面打钩，将其命名为 detailsinfo.aspx。选择的母版页为 MasterPage.master。

(2) 在 Content 页面中添加控件，并按图 11-13 进行布置。

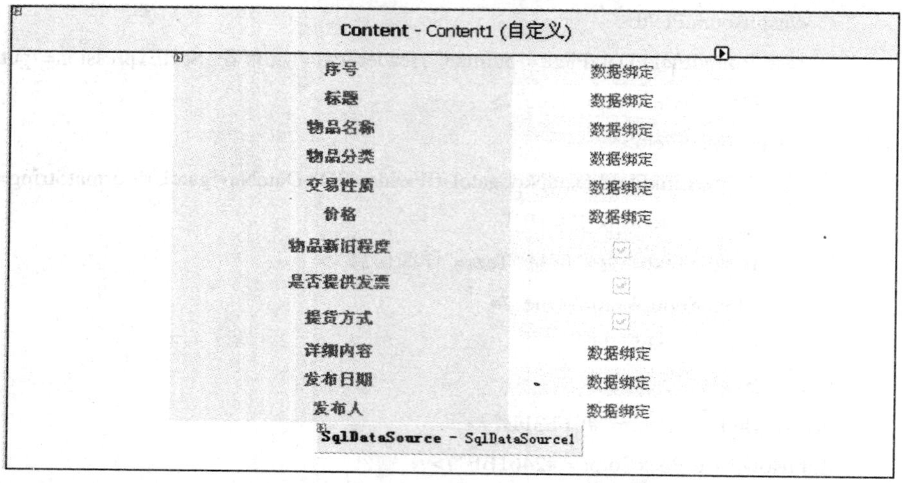

Content - Content1 (自定义)

序号	数据绑定
标题	数据绑定
物品名称	数据绑定
物品分类	数据绑定
交易性质	数据绑定
价格	数据绑定
物品新旧程度	☑
是否提供发票	☑
提货方式	☑
详细内容	数据绑定
发布日期	数据绑定
发布人	数据绑定

SqlDataSource - SqlDataSource1

图 11-13　detailsinfo.aspx 页面的控件布置图

(3) 该页面主要通过一个 DetailsView 控件和 SqlDataSource 控件进行绑定，用来在 index.aspx 中单击“详细信息”时，显示该记录的具体信息。注意：在 index.aspx 页面中为“详细信息”按钮生成的代码“DataNavigateUrlFormatString="detailsinfo.aspx?ID={0}”很重要，detailsinfo.aspx 页面正是通过 index.aspx 页面传来的 ID 值来显示具体信息的。下面给出这两个控件的配置源代码，具体配置步骤请参阅第 9 章的内容。

① SqlDataSource1 控件的源代码：

```
<asp:SqlDataSource ID="SqlDataSource1" runat="server" ConnectionString="<%$
                    ConnectionStrings:second %>"
        SelectCommand="SELECT * FROM [productinfo] WHERE ([ID] = @ID)">
        <SelectParameters>
            <asp:QueryStringParameter Name="ID" QueryStringField="ID" Type="Int32" />
        </SelectParameters>
  </asp:SqlDataSource>
```

② DetailsView1 控件的源代码：

```
<asp:DetailsView ID="DetailsView1" runat="server" AutoGenerateRows="False" CellPadding="4"
   DataKeyNames="ID" DataSourceID="SqlDataSource1" ForeColor="#333333" GridLines="None"
   Height="50px" OnDataBound="DetailsView1_DataBound1" Width="425px">
   <FooterStyle BackColor="#507CD1" Font-Bold="True" ForeColor="White" />
   <CommandRowStyle BackColor="#D1DDF1" Font-Bold="True" />
   <EditRowStyle BackColor="#2461BF" />
   <RowStyle BackColor="#EFF3FB" />
   <PagerStyle BackColor="#2461BF" ForeColor="White" HorizontalAlign="Center" />
   <Fields>
       <asp:BoundField DataField="ID" HeaderText="序号" InsertVisible="False" ReadOnly="True"
           SortExpression="ID" />
       <asp:BoundField DataField="title" HeaderText="标题" SortExpression="title" />
```

```
<asp:BoundField DataField="name" HeaderText="物品名称" SortExpression="name">
    <ItemStyle Wrap="False" />
</asp:BoundField>
<asp:BoundField DataField="class" HeaderText="物品分类" SortExpression="class">
    <ItemStyle Wrap="False" />
</asp:BoundField>
<asp:TemplateField HeaderText="交易性质" SortExpression="jyxz">
    <EditItemTemplate>
        <asp:CheckBox ID="CheckBox1" runat="server" Checked='<%# Bind("jyxz") %>' />
    </EditItemTemplate>
    <InsertItemTemplate>
        <asp:CheckBox ID="CheckBox1" runat="server" Checked='<%# Bind("jyxz") %>' />
    </InsertItemTemplate>
    <ItemStyle Wrap="False" />
    <ItemTemplate>
        <asp:Label ID="Label1" runat="server" OnDataBinding="Label1_DataBinding"
                    Text='<%# Eval("jyxz") %>'></asp:Label>
    </ItemTemplate>
</asp:TemplateField>
<asp:BoundField DataField="price" HeaderText="价格" SortExpression="price">
    <ItemStyle Wrap="False" />
</asp:BoundField>
<asp:CheckBoxField DataField="new" HeaderText="物品新旧程度" SortExpression="new">
    <ItemStyle Wrap="False" />
</asp:CheckBoxField>
<asp: CheckBoxField DataField="fapiao" HeaderText="是否提供发票" SortExpression
     ="fapiao">
    <ItemStyle Wrap="False" />
</asp:CheckBoxField>
<asp:CheckBoxField DataField="tihuo" HeaderText="提货方式" SortExpression="tihuo">
    <ItemStyle Wrap="False" />
</asp:CheckBoxField>
<asp:BoundField DataField="content" HeaderText="详细内容" SortExpression="content">
    <ItemStyle Wrap="False" />
</asp:BoundField>
<asp:BoundField DataField="putdate" HeaderText="发布日期" SortExpression="putdate">
    <ItemStyle Wrap="False" />
</asp:BoundField>
<asp:BoundField DataField="putman" HeaderText="发布人" SortExpression="putman">
```

```
                <ItemStyle Wrap="False" />
            </asp:BoundField>
        </Fields>
        <FieldHeaderStyle BackColor="#DEE8F5" Font-Bold="True" />
        <HeaderStyle BackColor="#507CD1" Font-Bold="True" ForeColor="White" />
        <AlternatingRowStyle BackColor="White" />
    </asp:DetailsView>
```

(4) 转换 bit 数据类型字段的显示方式，并添加 DetailsView1_DataBound 事件代码。代码如下：

```
protected void DetailsView1_DataBound(object sender, EventArgs e)
{
    //当 detailsview 控件中有值时，改变其显示的值
    //取 8 保证程序不出错
    if (DetailsView1.Rows.Count > 8)
    {
        if (DetailsView1.Rows[4].Cells[1].Text.ToLower() == "true")
        {
            DetailsView1.Rows[4].Cells[1].Text = "转让";
        }
        else
        {
            DetailsView1.Rows[4].Cells[1].Text = "求购";
        }
        if (DetailsView1.Rows[6].Cells[1].Text.ToLower() == "true")
        {
            DetailsView1.Rows[6].Cells[1].Text = "二手";
        }
        else
        {
            DetailsView1.Rows[6].Cells[1].Text = "全新";
        }
        if (DetailsView1.Rows[7].Cells[1].Text.ToLower() == "true")
        {
            DetailsView1.Rows[7].Cells[1].Text = "否";
        }
        else
        {
            DetailsView1.Rows[7].Cells[1].Text = "是";
        }
        if (DetailsView1.Rows[8].Cells[1].Text.ToLower() == "true")
```

```
            {
                DetailsView1.Rows[8].Cells[1].Text = "自提";
            }
            else
            {
                DetailsView1.Rows[8].Cells[1].Text = "送货";
            }
        }
    }
```

11.3.8　信息维护页面(manageinfo.aspx)的实现

(1) 在“解决方案资源管理器”中右击网站“second”，在弹出的快捷菜单中选择添加新项，在弹出的对话框中选择“Web 页面”，并在“选择母版页”前面打勾，将其命名为 manageinfo.aspx。选择的母版页为 MasterPage.master。

(2) 在 Content 页面中添加控件，并按图 11-14 进行布置。

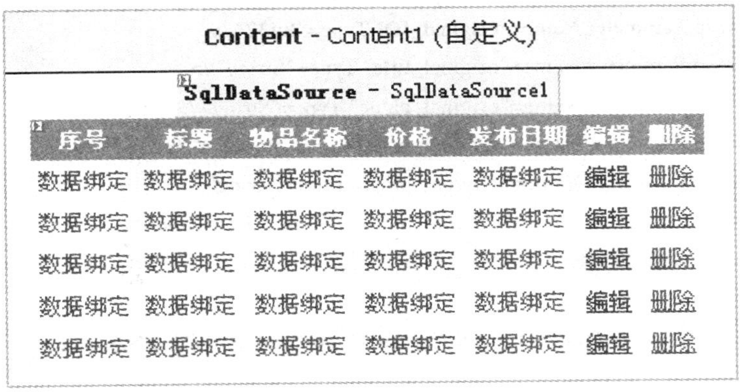

Content - Content1 (自定义)

SqlDataSource - SqlDataSource1

序号	标题	物品名称	价格	发布日期	编辑	删除
数据绑定	数据绑定	数据绑定	数据绑定	数据绑定	编辑	删除
数据绑定	数据绑定	数据绑定	数据绑定	数据绑定	编辑	删除
数据绑定	数据绑定	数据绑定	数据绑定	数据绑定	编辑	删除
数据绑定	数据绑定	数据绑定	数据绑定	数据绑定	编辑	删除
数据绑定	数据绑定	数据绑定	数据绑定	数据绑定	编辑	删除

图 11-14　manageinfo.aspx 页面的控件布置图

(3) 该页面主要通过一个 GridView 控件和 SqlDataSource 控件进行绑定，用来显示当前登录用户所发布的二手物品信息，所以只需对这两个控件进行配置，具体配置步骤请参阅第 8 章的内容，这里只给出生成的源代码。

① SqlDataSource1 控件的源代码：

```
<asp:SqlDataSource ID="SqlDataSource1" runat="server" ConflictDetection="CompareAllValues"
    ConnectionString="<%$ ConnectionStrings:second %>" DeleteCommand="DELETE FROM
[productinfo] WHERE [ID] = @original_ID"
    InsertCommand="INSERT INTO [productinfo] ([title], [name], [jyxz], [price], [putdate])
VALUES (@title, @name, @jyxz, @price, @putdate)"
    OldValuesParameterFormatString="original_{0}" SelectCommand="SELECT [ID], [title], [name],
    [jyxz], [price], [putdate] FROM [productinfo] WHERE ([putman] = @putman)"
    UpdateCommand="UPDATE [productinfo] SET [title] = @title, [name] = @name, [jyxz] = @jyxz,
[price] = @price, [putdate] = @putdate WHERE [ID] = @original_ID AND [title] = @original_title AND
```

```
[name] = @original_name AND [jyxz] = @original_jyxz AND [price] = @original_price AND [putdate] =
@original_putdate">
        <DeleteParameters>
            <asp:Parameter Name="original_ID" Type="Int32" />
            <asp:Parameter Name="original_title" Type="String" />
            <asp:Parameter Name="original_name" Type="String" />
            <asp:Parameter Name="original_jyxz" Type="Boolean" />
            <asp:Parameter Name="original_price" Type="String" />
            <asp:Parameter Name="original_putdate" Type="DateTime" />
        </DeleteParameters>
        <UpdateParameters>
            <asp:Parameter Name="title" Type="String" />
            <asp:Parameter Name="name" Type="String" />
            <asp:Parameter Name="jyxz" Type="Boolean" />
            <asp:Parameter Name="price" Type="String" />
            <asp:Parameter Name="putdate" Type="DateTime" />
            <asp:Parameter Name="original_ID" Type="Int32" />
            <asp:Parameter Name="original_title" Type="String" />
            <asp:Parameter Name="original_name" Type="String" />
            <asp:Parameter Name="original_jyxz" Type="Boolean" />
            <asp:Parameter Name="original_price" Type="String" />
            <asp:Parameter Name="original_putdate" Type="DateTime" />
        </UpdateParameters>
        <SelectParameters>
            <asp:SessionParameter Name="putman" SessionField="UserName" Type="String" />
        </SelectParameters>
        <InsertParameters>
            <asp:Parameter Name="title" Type="String" />
            <asp:Parameter Name="name" Type="String" />
            <asp:Parameter Name="jyxz" Type="Boolean" />
            <asp:Parameter Name="price" Type="String" />
            <asp:Parameter Name="putdate" Type="DateTime" />
        </InsertParameters>
    </asp:SqlDataSource>
```

② GridView1 控件的源代码：

```
<asp:GridView ID="GridView1" runat="server" AutoGenerateColumns="False" CellPadding="4"
    DataKeyNames="ID" DataSourceID="SqlDataSource1" ForeColor="#333333" GridLines="None"
    OnRowDataBound="GridView1_RowDataBound">
    <FooterStyle BackColor="#507CD1" Font-Bold="True" ForeColor="White" />
    <Columns>
```

```
        <asp:BoundField DataField="ID" HeaderText="序号" InsertVisible="False" ReadOnly="True"
            SortExpression="ID" />
        <asp:BoundField DataField="title" HeaderText="标题" SortExpression="title" />
        <asp:BoundField DataField="name" HeaderText="物品名称" SortExpression="name" />
        <asp:BoundField DataField="price" HeaderText="价格" SortExpression="price" />
        <asp:BoundField DataField="putdate" HeaderText="发布日期" SortExpression="putdate" />
        <asp:HyperLinkField DataNavigateUrlFields="ID"
            DataNavigateUrlFormatString="manageinfodetails.aspx?ID={0}"
            HeaderText="编辑" Text="编辑" />
        <asp:CommandField HeaderText="删除" ShowDeleteButton="True" />
    </Columns>
    <RowStyle BackColor="#EFF3FB" />
    <EditRowStyle BackColor="#2461BF" />
      <SelectedRowStyle BackColor="#D1DDF1" Font-Bold="True" ForeColor="#333333" />
    <PagerStyle BackColor="#2461BF" ForeColor="White" HorizontalAlign="Center" />
    <HeaderStyle BackColor="#507CD1" Font-Bold="True" ForeColor="White" />
    <AlternatingRowStyle BackColor="White" />
</asp:GridView>
```

(4) 为页面加载事件 Page_Load 添加代码，代码如 11.3.4 节第(4)步所示。

11.3.9　信息维护-修改信息页面(manageinfodetails.aspx)的实现

(1) 在“解决方案资源管理器”中右击网站“second”，在弹出的快捷菜单中选择添加新项，在弹出的对话框中选择“Web 页面”，并在“选择母版页”前面打钩，将其命名为 manageinfodetails.aspx。选择的母版页为 MasterPage.master。

(2) 在 Content 页面中添加控件，并按图 11-15 进行布置。

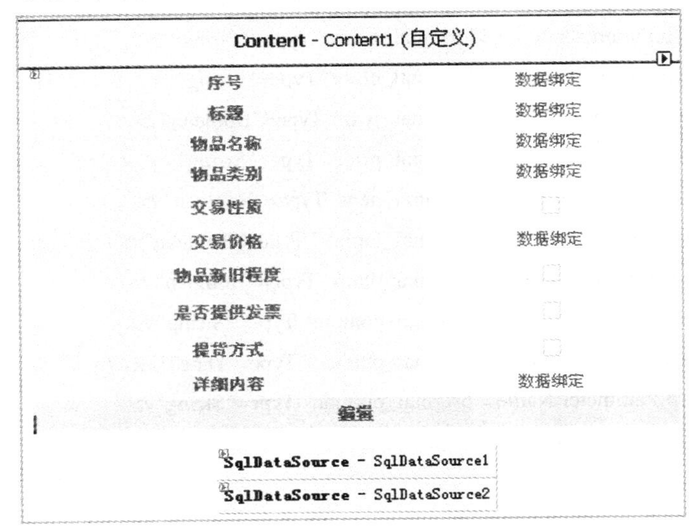

图 11-15　manageinfodetails.aspx 页面的控件布置图

(3) 该页面主要通过一个 DetailsView 控件和 SqlDataSource 控件进行绑定，用来在 manageinfo.aspx 中单击“编辑”按钮时编辑该记录的具体信息。注意：在 index.aspx 页面中为“编辑”按钮生成的代码“DataNavigateUrlFormatString=" manageinfodetails.aspx?ID={0}” 很重要，manageinfodetails.aspx 页面正是通过 manageinfo.aspx 页面传来的 ID 值来编辑具体信息的。下面给出这两个控件的配置源代码，具体配置步骤请参阅第 9 章的内容。

① SqlDataSource1 控件的源代码：

```
<asp:SqlDataSource ID="SqlDataSource1"runat="server" ConnectionString="<%$ConnectionStrings:
   second %>"
  SelectCommand="SELECT * FROM [productinfo] WHERE ([ID] = @ID)"
ConflictDetection="CompareAllValues" DeleteCommand="DELETE FROM [productinfo] WHERE [ID] =
@original_ID AND [title] = @original_title AND [name] = @original_name AND [class] = @original_class
AND [jyxz] = @original_jyxz AND [price] = @original_price AND [new]= @original_new AND [fapiao] =
@original_fapiao AND [tihuo] = @original_tihuo AND [content] = @original_content AND [putdate] =
@original_putdate AND [putman] = @original_putman" InsertCommand="INSERT INTO [productinfo]
([title], [name], [class], [jyxz], [price], [new], [fapiao], [tihuo], [content], [putdate], [putman]) VALUES
(@title, @name, @class, @jyxz, @price, @new, @fapiao, @tihuo, @content, @putdate, @putman)"
OldValuesParameterFormatString="original_{0}" UpdateCommand="UPDATE [productinfo] SET [title] =
@title, [name] = @name, [class] = @class, [jyxz] = @jyxz, [price] = @price, [new] = @new, [fapiao] =
@fapiao, [tihuo] = @tihuo, [content] = @content WHERE [ID] = @original_ID">
    <SelectParameters>
        <asp:QueryStringParameter Name="ID" QueryStringField="ID" Type="Int32" />
    </SelectParameters>
    <DeleteParameters>
        <asp:Parameter Name="original_ID" Type="Int32" />
        <asp:Parameter Name="original_title" Type="String" />
        <asp:Parameter Name="original_name" Type="String" />
        <asp:Parameter Name="original_class" Type="String" />
        <asp:Parameter Name="original_jyxz" Type="Boolean" />
        <asp:Parameter Name="original_price" Type="String" />
        <asp:Parameter Name="original_new" Type="Boolean" />
        <asp:Parameter Name="original_fapiao" Type="Boolean" />
        <asp:Parameter Name="original_tihuo" Type="Boolean" />
        <asp:Parameter Name="original_content" Type="String" />
        <asp:Parameter Name="original_putdate" Type="DateTime" />
        <asp:Parameter Name="original_putman" Type="String" />
    </DeleteParameters>
    <UpdateParameters>
        <asp:Parameter Name="title" Type="String" />
        <asp:Parameter Name="name" Type="String" />
```

```
        <asp:Parameter Name="class" Type="String" />
        <asp:Parameter Name="jyxz" Type="Boolean" />
        <asp:Parameter Name="price" Type="String" />
        <asp:Parameter Name="new" Type="Boolean" />
        <asp:Parameter Name="fapiao" Type="Boolean" />
        <asp:Parameter Name="tihuo" Type="Boolean" />
        <asp:Parameter Name="content" Type="String" />
        <asp:Parameter Name="putdate" Type="DateTime" />
        <asp:Parameter Name="putman" Type="String" />
        <asp:Parameter Name="original_ID" Type="Int32" />
        <asp:Parameter Name="original_title" Type="String" />
        <asp:Parameter Name="original_name" Type="String" />
        <asp:Parameter Name="original_class" Type="String" />
        <asp:Parameter Name="original_jyxz" Type="Boolean" />
        <asp:Parameter Name="original_price" Type="String" />
        <asp:Parameter Name="original_new" Type="Boolean" />
        <asp:Parameter Name="original_fapiao" Type="Boolean" />
        <asp:Parameter Name="original_tihuo" Type="Boolean" />
        <asp:Parameter Name="original_content" Type="String" />
    </UpdateParameters>
    <InsertParameters>
        <asp:Parameter Name="title" Type="String" />
        <asp:Parameter Name="name" Type="String" />
        <asp:Parameter Name="class" Type="String" />
        <asp:Parameter Name="jyxz" Type="Boolean" />
        <asp:Parameter Name="price" Type="String" />
        <asp:Parameter Name="new" Type="Boolean" />
        <asp:Parameter Name="fapiao" Type="Boolean" />
        <asp:Parameter Name="tihuo" Type="Boolean" />
        <asp:Parameter Name="content" Type="String" />
        <asp:Parameter Name="putdate" Type="DateTime" />
        <asp:Parameter Name="putman" Type="String" />
    </InsertParameters>
</asp:SqlDataSource>
```

② SqlDataSource2 控件的源代码：

```
<asp:SqlDataSource ID="SqlDataSource2" runat="server" ConnectionString="<%$
ConnectionStrings:second %>"
        SelectCommand="SELECT [class] FROM [Catalogs]">
</asp:SqlDataSource>
```

③ DetailsView1 控件的源代码：

```
<asp:DetailsView ID="DetailsView1" runat="server" AutoGenerateRows="False" CellPadding="4"
DataKeyNames="ID" DataSourceID="SqlDataSource1" ForeColor="#333333"
GridLines="None" Height="50px" Width="469px" OnDataBound="DetailsView1_DataBound">
<FooterStyle BackColor="#507CD1" Font-Bold="True" ForeColor="White" />
<CommandRowStyle BackColor="#D1DDF1" Font-Bold="True" />
<EditRowStyle BackColor="#2461BF" />
<RowStyle BackColor="#EFF3FB" />
<PagerStyle BackColor="#2461BF" ForeColor="White" HorizontalAlign="Center" />
<Fields>
    <asp:BoundField DataField="ID" HeaderText="序号" InsertVisible="False" ReadOnly="True"
        SortExpression="ID">
        <ItemStyle Wrap="False" />
    </asp:BoundField>
    <asp:TemplateField HeaderText="标题" SortExpression="title">
        <EditItemTemplate>
             <asp:TextBox ID="TextBox1" runat="server" MaxLength="100" Text='<%#
            Bind("title") %>'></asp:TextBox>
            <asp:RequiredFieldValidator ID="RequiredFieldValidator2" runat="server"
            ControlToValidate="TextBox1"
                ErrorMessage="标题不能为空"></asp:RequiredFieldValidator>
        </EditItemTemplate>
        <InsertItemTemplate>
            <asp:TextBox ID="TextBox1" runat="server" Text='<%# Bind("title")%>'>
            </asp:TextBox>
        </InsertItemTemplate>
        <ItemStyle Wrap="False" />
        <ItemTemplate>
            <asp:Label ID="Label1" runat="server" Text='<%# Bind("title") %>'></asp:Label>
        </ItemTemplate>
    </asp:TemplateField>
    <asp:TemplateField HeaderText="物品名称" SortExpression="name">
        <EditItemTemplate>
             <asp:TextBox ID="TextBox2" runat="server" MaxLength="100" Text='<%#
            Bind("name") %>'></asp:TextBox>
            <asp:RequiredFieldValidator ID="RequiredFieldValidator1" runat="server"
            ControlToValidate="TextBox2"
                ErrorMessage="物品名称不允许为空"></asp:RequiredFieldValidator>
        </EditItemTemplate>
        <InsertItemTemplate>
```

```
            <asp:TextBox ID="TextBox2" runat="server" Text='<%# Bind("name") %>'>
            </asp:TextBox>
        </InsertItemTemplate>
        <ItemStyle Wrap="False" />
        <ItemTemplate>
            <asp:Label ID="Label2" runat="server" Text='<%# Bind("name") %>'></asp:Label>
        </ItemTemplate>
    </asp:TemplateField>
    <asp:TemplateField HeaderText="物品类别" SortExpression="class">
        <EditItemTemplate>
            <asp:DropDownList ID="DropDownList1" runat="server"
             DataSourceID="SqlDataSource2"
                DataTextField="class" DataValueField="class"
                SelectedValue='<%# Bind("class") %>'>
            </asp:DropDownList>
        </EditItemTemplate>
        <InsertItemTemplate>
            <asp:TextBox ID="TextBox3" runat="server" Text='<%# Bind("class") %>'>
            </asp:TextBox>
            </InsertItemTemplate>
            <ItemStyle Wrap="False" />
            <ItemTemplate>
                <asp:Label ID="Label3" runat="server" Text='<%# Bind("class") %>'>
                </asp:Label>
            </ItemTemplate>
        </asp:TemplateField>
        <asp:TemplateField HeaderText="交易性质" SortExpression="jyxz">
            <EditItemTemplate>
            <asp:RadioButtonList ID="RadioButtonList1" runat="server"
             RepeatDirection="Horizontal"
                SelectedValue='<%# Bind("jyxz") %>'>
                <asp:ListItem Value="True">转让</asp:ListItem>
                <asp:ListItem Value="False">收购</asp:ListItem>
             </asp:RadioButtonList>
        </EditItemTemplate>
        <InsertItemTemplate>
          <asp:CheckBox ID="CheckBox1" runat="server" Checked='<%# Bind("jyxz") %>' />
        </InsertItemTemplate>
        <ItemStyle Wrap="False" />
        <ItemTemplate>
```

```
                <asp:CheckBox ID="CheckBox1" runat="server" Checked='<%# Bind("jyxz") %>'
                 Enabled="false" />
            </ItemTemplate>
        </asp:TemplateField>
        <asp:TemplateField HeaderText="交易价格" SortExpression="price">
            <EditItemTemplate>
                 <asp:TextBox ID="TextBox4" runat="server" Text='<%# Bind("price") %>'>
                </asp:TextBox>
                <asp:RangeValidator ID="RangeValidator1" runat="server"
                 ControlToValidate="TextBox4"
                    ErrorMessage="交易价格输入不合法" MaximumValue="999999999"
                    MinimumValue="1" Type="Currency"></asp:RangeValidator>
            </EditItemTemplate>
            <InsertItemTemplate>
                <asp:TextBox ID="TextBox4" runat="server" Text='<%# Bind("price") %>'>
                </asp:TextBox>
            </InsertItemTemplate>
            <ItemStyle Wrap="False" />
            <ItemTemplate>
                <asp:Label ID="Label4" runat="server" Text='<%# Bind("price") %>'></asp:Label>
            </ItemTemplate>
        </asp:TemplateField>
        <asp:TemplateField HeaderText="物品新旧程度" SortExpression="new">
            <EditItemTemplate>
                <asp:RadioButtonList ID="RadioButtonList2" runat="server"
                 RepeatDirection="Horizontal"
                    SelectedValue='<%# Bind("new") %>'>
                    <asp:ListItem Value="True">二手</asp:ListItem>
                    <asp:ListItem Value="False">全新</asp:ListItem>
                </asp:RadioButtonList>
            </EditItemTemplate>
            <InsertItemTemplate>
                <asp:CheckBox ID="CheckBox2" runat="server" Checked='<%# Bind("new") %>' />
            </InsertItemTemplate>
            <ItemStyle Wrap="False" />
            <ItemTemplate>
                <asp:CheckBox ID="CheckBox2" runat="server" Checked='<%# Bind("new") %>'
                 Enabled="false" />
            </ItemTemplate>
        </asp:TemplateField>
        <asp:TemplateField HeaderText="是否提供发票" SortExpression="fapiao">
```

```
    <EditItemTemplate>
        <asp:RadioButtonList ID="RadioButtonList3" runat="server"
         RepeatDirection="Horizontal"
            SelectedValue='<%# Bind("fapiao") %>'>
            <asp:ListItem Value="True">否</asp:ListItem>
            <asp:ListItem Value="False">是</asp:ListItem>
        </asp:RadioButtonList>
    </EditItemTemplate>
    <InsertItemTemplate>
       <asp:CheckBox ID="CheckBox3" runat="server" Checked='<%# Bind("fapiao") %>' />
       </InsertItemTemplate>
       <ItemStyle Wrap="False" />
       <ItemTemplate>
       <asp:CheckBox ID="CheckBox3" runat="server" Checked='<%# Bind("fapiao") %>'
        Enabled="false" />
    </ItemTemplate>
</asp:TemplateField>
<asp:TemplateField HeaderText="提货方式" SortExpression="tihuo">
 <EditItemTemplate>
        <asp:RadioButtonList ID="RadioButtonList4" runat="server"
          RepeatDirection="Horizontal"
            SelectedValue='<%# Bind("tihuo") %>'>
            <asp:ListItem Value="True">自提</asp:ListItem>
            <asp:ListItem Value="False">送货</asp:ListItem>
        </asp:RadioButtonList>
    </EditItemTemplate>
    <InsertItemTemplate>
        <asp:CheckBox ID="CheckBox4" runat="server" Checked='<%# Bind("tihuo") %>' />
    </InsertItemTemplate>
    <ItemStyle Wrap="False" />
    <ItemTemplate>
        <asp:CheckBox ID="CheckBox4" runat="server" Checked='<%# Bind("tihuo") %>'
          Enabled="false" />
    </ItemTemplate>
</asp:TemplateField>
<asp:TemplateField HeaderText="详细内容" SortExpression="content">
    <EditItemTemplate>
        <asp:TextBox ID="TextBox6" runat="server" Height="126px" TextMode="MultiLine"
         Width="239px" Text='<%# Bind("content") %>'></asp:TextBox><br />
        <asp:RequiredFieldValidator ID="RequiredFieldValidator3" runat="server"
```

```
                    ControlToValidate="TextBox6"
                     ErrorMessage="详细介绍不允许为空"></asp:RequiredFieldValidator>
                </EditItemTemplate>
                <InsertItemTemplate>
                    <asp:TextBox ID="TextBox5" runat="server" Text='<%# Bind("content") %>'>
                    </asp:TextBox>
                </InsertItemTemplate>
                <ItemStyle Wrap="False" />
                <ItemTemplate>
                    <asp:Label ID="Label5" runat="server" Text='<%# Bind("content") %>'></asp:Label>
                </ItemTemplate>
            </asp:TemplateField>
            <asp:CommandField ShowEditButton="True" />
        </Fields>
        <FieldHeaderStyle BackColor="#DEE8F5" Font-Bold="True" />
        <HeaderStyle BackColor="#507CD1" Font-Bold="True" ForeColor="White" />
        <AlternatingRowStyle BackColor="White" />
    </asp:DetailsView>
```

(4) 为页面加载事件 Page_Load 添加代码，代码如 11.3.4 节第(4)步所示。

(5) 转换 bit 数据类型字段的显示方式，添加 DetailsView1_DataBound 事件代码，如 11.3.7 第(4)步所示。

11.3.10　查询信息页面(searchinfo.aspx)的实现

(1) 在“解决方案资源管理器”中右击网站“second”，在弹出的快捷菜单中选择添加新项，在弹出的对话框中选择“Web 页面”，并在“选择母版页”前面打勾，将其命名为 searchinfo.aspx。选择的母版页为 MasterPage.master。

(2) 在 Content 页面中添加控件，并按图 11-16 进行布置。

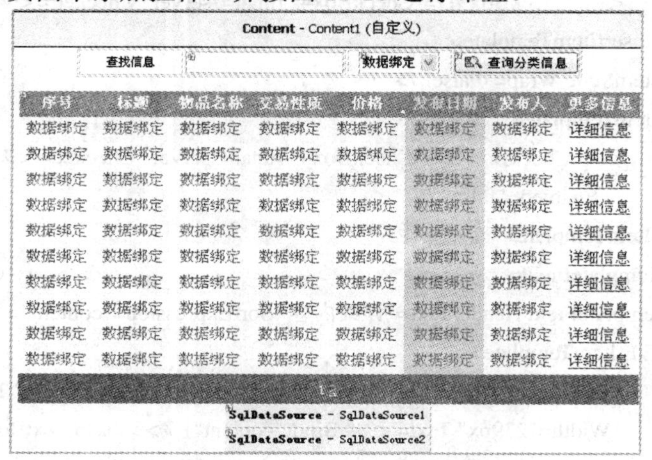

图 11-16　searchinfo.aspx 页面控件布置图

(3) 各个控件的属性设置如表 11-6 所示。

表 11-6　searchinfo.aspx 页面控件的属性设置

控件名称	属　性	值	说　明
TextBox	TextMode	SingleLine	输入标题
DropDownList	DataSourceID	SqlDataSource1	选择分类
	DataTextField	class	
	DataValueField	class	
ImageButton	ImageUrl	~/img/but_search_info1.gif	图片按钮
SqlDataSource1	另配置		DropDownList 绑定数据源
SqlDataSource2	另配置		GridView1 的绑定数据源
GridView1	另配置		显示查询的结果

(4) 该页面主要通过一个 GridView 控件和 SqlDataSource 控件进行绑定，用来显示查询到的二手物品信息，所以只需对这两个控件配置即可，具体配置步骤请参阅第 8 章的内容，这里只给出生成的源代码。

① SqlDataSource1 控件的源代码：

```
<asp:SqlDataSource ID="SqlDataSource1" runat="server"
        ConnectionString="<%$ ConnectionStrings:second %>"
        SelectCommand="SELECT [class] FROM [Catalogs]">
</asp:SqlDataSource>
```

② SqlDataSource2 控件的源代码：

```
<asp:SqlDataSource ID="SqlDataSource2" runat="server"
ConnectionString="<%$ ConnectionStrings:second %>"
    SelectCommand="SELECT * FROM [productinfo] WHERE (([class] = @class)
                AND ([title] LIKE '%' + @title + '%'))">
    <SelectParameters>
        <asp:ControlParameter ControlID="DropDownList1" Name="class"
         PropertyName="SelectedValue"
            Type="String" />
        <asp:ControlParameter ControlID="TextBox1" Name="title" PropertyName="Text"
            Type="String" />
    </SelectParameters>
</asp:SqlDataSource>
```

③ GridView1 控件的源代码：

```
<asp:GridView ID="GridView1" runat="server" AllowPaging="True" AutoGenerateColumns="False"
    CellPadding="4" DataKeyNames="ID" DataSourceID="SqlDataSource2" ForeColor="#333333"
    GridLines="None" OnRowDataBound="GridView1_RowDataBound" Width="609px"
            Font-Size="Small">
    <FooterStyle BackColor="#507CD1" Font-Bold="True" ForeColor="White" />
    <Columns>
```

```
            <asp:BoundField DataField="ID" HeaderText="序号" InsertVisible="False" ReadOnly="True"
                SortExpression="ID" />
            <asp:BoundField DataField="title" HeaderText="标题" SortExpression="title" />
            <asp:BoundField DataField="name" HeaderText="物品名称" SortExpression="name" />
            <asp:BoundField DataField="jyxz" HeaderText="交易性质" SortExpression="jyxz" />
            <asp:BoundField DataField="price" HeaderText="价格" SortExpression="price" />
            <asp:BoundField DataField="putdate" HeaderText="发布日期" SortExpression="putdate" />
            <asp:BoundField DataField="putman" HeaderText="发布人" SortExpression="putman" />
            <asp:HyperLinkField DataNavigateUrlFields="ID"
                DataNavigateUrlFormatString="searchinfodetails.aspx?ID={0}"
                HeaderText="更多信息" Text="详细信息" />
        </Columns>
        <RowStyle BackColor="#EFF3FB" />
        <EditRowStyle BackColor="#2461BF" />
        <SelectedRowStyle BackColor="#D1DDF1" Font-Bold="True" ForeColor="#333333" />
        <PagerStyle BackColor="#2461BF" ForeColor="White" HorizontalAlign="Center" />
        <HeaderStyle BackColor="#507CD1" Font-Bold="True" ForeColor="White" />
        <AlternatingRowStyle BackColor="White" />
    </asp:GridView>
```

(5) 由于 jyxz 字段为 bit 类型，因此需要为 GridView 添加 GridView1_RowDataBound 事件代码，使之在显示时可以显示为“求购”和“转让”，而不是显示为 0 或 1。代码如下：

```
protected void GridView1_RowDataBound(object sender, GridViewRowEventArgs e)
    {
        if (e.Row.Cells.Count > 3)
        {
            if (e.Row.Cells[3].Text.ToLower() == "true")
            {
                e.Row.Cells[3].Text = "转让";
            }
            else
            {
                e.Row.Cells[3].Text = "求购";
            }
        }
    }
```

(6) 为 ImageButton1 控件添加 Click 事件，使得用户在单击该按钮时可以实现查询。其代码如下：

```
protected void ImageButton1_Click(object sender, ImageClickEventArgs e)
{
```

```
        SqlDataSource2.DataBind();
    }
```

11.3.11　查看详细查询信息页面(searchinfodetails.aspx)的实现

(1) 在“解决方案资源管理器”中右击网站“second”，在弹出的快捷菜单中选择添加新项，在弹出的对话框中选择“Web 页面”，并在“选择母版页”前面打钩，将其命名为searchinfodetails.aspx。选择的母版页为 MasterPage.master。

(2) 在 Content 页面中添加控件，并按图 11-17 进行布置。

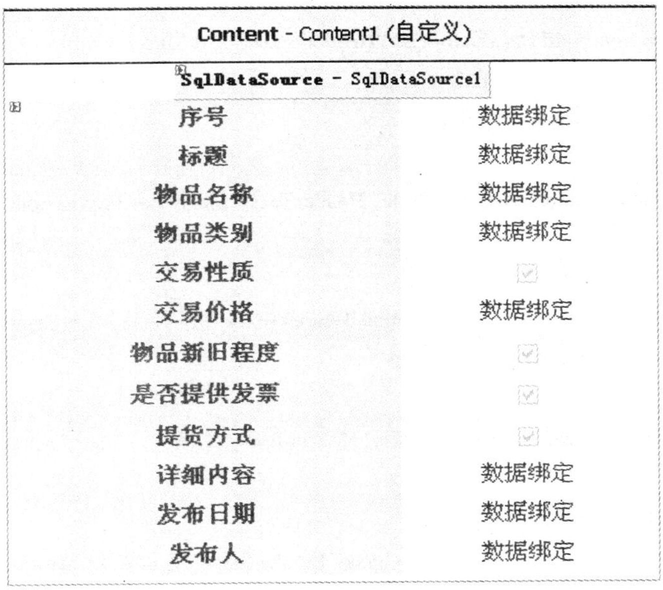

Content - Content1 (自定义)

SqlDataSource - SqlDataSource1

序号	数据绑定
标题	数据绑定
物品名称	数据绑定
物品类别	数据绑定
交易性质	☑
交易价格	数据绑定
物品新旧程度	☑
是否提供发票	☑
提货方式	☑
详细内容	数据绑定
发布日期	数据绑定
发布人	数据绑定

图 11-17　searchinfodetails.aspx 页面控件布置图

(3) 该页面主要通过一个 DetailsView 控件和 SqlDataSource 控件进行绑定，用来在searchinfo.aspx 中单击“详细信息”时显示该记录的具体信息。注意：在 searchinfo.aspx 页面中为“详细信息”按钮生成的代码“DataNavigateUrlFormatString=" searchinfodetails.aspx?ID={0}”很重要，searchinfodetails.aspx 页面正是通过 searchinfo.aspx 页面传来的 ID 值来显示具体信息的。下面给出这两个控件的配置源代码，具体配置步骤请参阅第 9 章的内容。

① SqlDataSource1 控件的源代码：

```
<asp: SqlDataSource ID="SqlDataSource1" runat="server"
 ConnectionString="<%$ ConnectionStrings:second %>"
    SelectCommand="SELECT * FROM [productinfo] WHERE ([ID] = @ID)">
    <SelectParameters>
        <asp:QueryStringParameter Name="ID" QueryStringField="ID" Type="Int32" />
    </SelectParameters>
</asp:SqlDataSource>
```

② DetailsView1 控件的源代码：

```
<asp:DetailsView ID="DetailsView1" runat="server" AutoGenerateRows="False" CellPadding="4"
  DataKeyNames="ID" DataSourceID="SqlDataSource1" ForeColor="#333333" GridLines="None"
  Height="50px" OnDataBound="DetailsView1_DataBound" Width="412px" Font-Size="Small">
  <FooterStyle BackColor="#507CD1" Font-Bold="True" ForeColor="White" />
  <CommandRowStyle BackColor="#D1DDF1" Font-Bold="True" />
  <EditRowStyle BackColor="#2461BF" />
  <RowStyle BackColor="#EFF3FB" />
  <PagerStyle BackColor="#2461BF" ForeColor="White" HorizontalAlign="Center" />
  <Fields>
      <asp:BoundField DataField="ID" HeaderText="序号" InsertVisible="False" ReadOnly="True"
          SortExpression="ID">
          <ItemStyle Wrap="False" />
      </asp:BoundField>
      <asp:BoundField DataField="title" HeaderText="标题" SortExpression="title">
          <ItemStyle Wrap="False" />
      </asp:BoundField>
      <asp:BoundField DataField="name" HeaderText="物品名称" SortExpression="name">
          <ItemStyle Wrap="False" />
      </asp:BoundField>
      <asp:BoundField DataField="class" HeaderText="物品类别" SortExpression="class">
          <ItemStyle Wrap="False" />
      </asp:BoundField>
      <asp:CheckBoxField DataField="jyxz" HeaderText="交易性质" SortExpression="jyxz">
          <ItemStyle Wrap="False" />
      </asp:CheckBoxField>
      <asp:BoundField DataField="price" HeaderText="交易价格" SortExpression="price">
          <ItemStyle Wrap="False" />
      </asp:BoundField>
      <asp:CheckBoxField DataField="new" HeaderText="物品新旧程度" SortExpression="new">
          <ItemStyle Wrap="False" />
      </asp:CheckBoxField>
      <asp:CheckBoxField DataField="fapiao" HeaderText="是否提供发票" SortExpression="fapiao">
          <ItemStyle Wrap="False" />
      </asp:CheckBoxField>
      <asp:CheckBoxField DataField="tihuo" HeaderText="提货方式" SortExpression="tihuo">
          <ItemStyle Wrap="False" />
      </asp:CheckBoxField>
        <asp:BoundField DataField="content" HeaderText="详细内容" SortExpression="content">
```

```
            <ItemStyle Wrap="False" />
        </asp:BoundField>
        <asp:BoundField DataField="putdate" HeaderText="发布日期" SortExpression="putdate">
            <ItemStyle Wrap="False" />
        </asp:BoundField>
        <asp:BoundField DataField="putman" HeaderText="发布人" SortExpression="putman">
            <ItemStyle Wrap="False" />
        </asp:BoundField>
    </Fields>
    <FieldHeaderStyle BackColor="#DEE8F5" Font-Bold="True" />
    <HeaderStyle BackColor="#507CD1" Font-Bold="True" ForeColor="White" />
    <AlternatingRowStyle BackColor="White" />
</asp:DetailsView>
```

(4) 转换 bit 数据类型字段的显示方式，添加 DetailsView1_DataBound 事件代码，具体代码见 11.3.7 节。

11.4　系 统 运 行

到此为止，所有的页面均已经设置完成，下面演示系统运行时的结果。在“解决方案资源管理器”中右键点击 login.aspx，在弹出的菜单中选择“设为起始页”选项，使得网页运行总是从 login.aspx 开始，如图 11-18 所示。

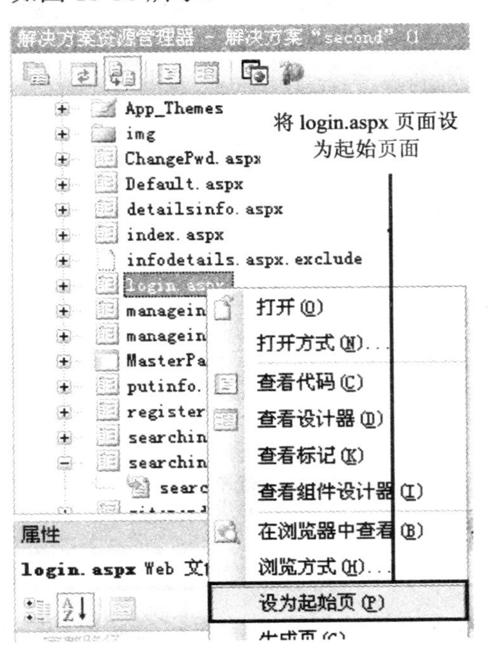

图 11-18　将 login.aspx 设为起始页

(1) 按 F5 键运行，打开 login.aspx 页面，在页面中单击“注册”，首先注册一个新用户，如图 11-19 和图 11-20 所示。

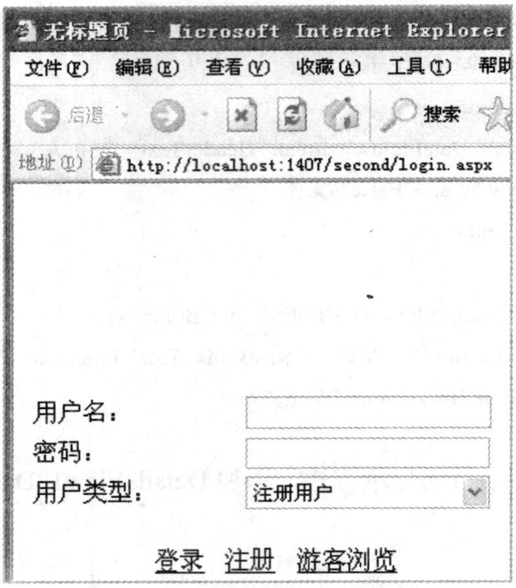

图 11-19　login.aspx 的页面效果

图 11-20　注册新用户

(2) 回到登录界面，输入刚刚注册成功的用户名和密码，点击“登录”按钮可以进入 index.aspx 页面，如图 11-21 所示。

序号	标题	求购	价格	发布日期	发布者	更多信息
1	第一件商品信息aa	转让	12	2007-11-11 11:21:42	jack	详细信息
3	程序员教程便宜卖了！！	求购	34	2007-11-20 19:35:20	tom	详细信息
4	这次发布的标题很长！！！！！！！！！！！！！！！	求购	56	2007-11-20 19:38:56	tom	详细信息
5	出售研究生	求购	100	2007-11-27 13:32:26	jack	详细信息
6	诺基亚原装立体声线绳耳机	求购	70	2007-11-27 13:33:27	jack	详细信息
7	大量物品转让	求购	1000	2007-11-27 13:34:17	jack	详细信息
8	酷睿2双核+1G内存+15液晶低价转让	求购	2000	2007-11-27 13:35:16	jack	详细信息
9	复印机打印机电脑	转让	2000	2007-11-27 13:36:05	jack	详细信息
10	批发冬用太阳能热水器	求购	1580	2007-11-27 13:38:18	jack	详细信息
11	我厂有一批库存	求购	1222	2007-11-27 13:39:06	jack	详细信息
12	转让＿冰箱电视洗衣机	求购	111	2007-11-27 13:40:54	tom	详细信息
13	家具+家电+急转让	求购	32423	2007-11-27 13:42:54	tom	详细信息
14	板式席梦思/铁艺席梦思床.各种床垫，高档大方	求购	3333	2007-11-27 13:43:40	tom	详细信息
15	Cotton Eye Joe原声大碟要卖!	转让	11	2007-12-3 0:00:00	tom	详细信息

图 11-21　index.aspx 页面

(3) 选择某条记录，点击详细信息，进入 detailsinfo.aspx 页面，如图 11-22 所示。

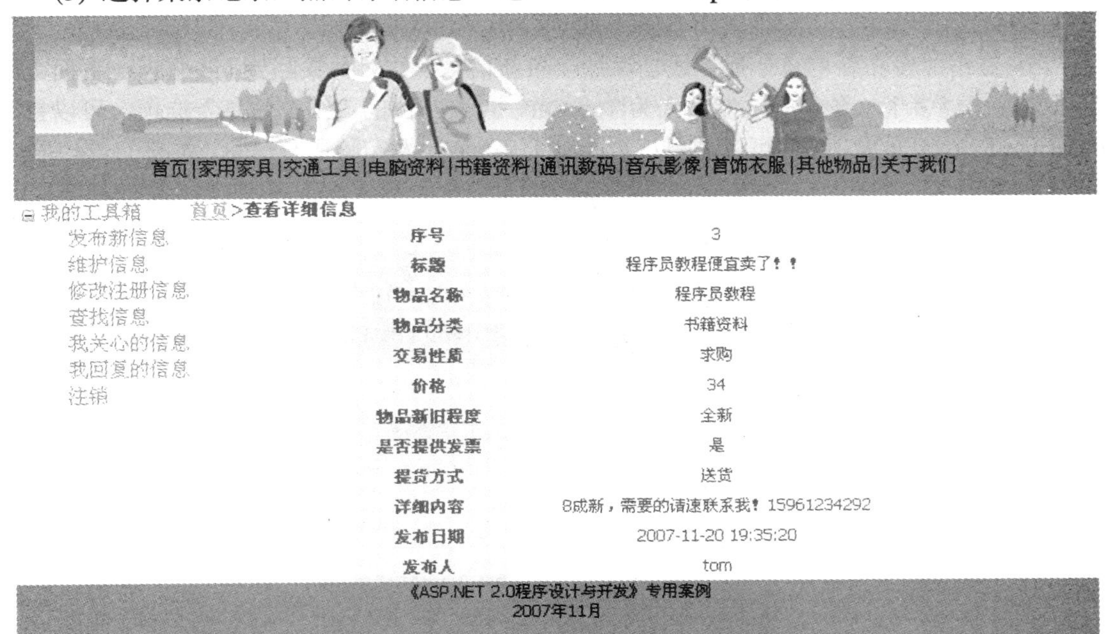

序号	3
标题	程序员教程便宜卖了！！
物品名称	程序员教程
物品分类	书籍资料
交易性质	求购
价格	34
物品新旧程度	全新
是否提供发票	是
提货方式	送货
详细内容	8成新，需要的请速联系我！15961234292
发布日期	2007-11-20 19:35:20
发布人	tom

图 11-22　detailsinfo.aspx 页面效果

(4) 点击左边树型列表中的“发布新信息”，打开 putinfo.aspx 页面，并在其中输入内容，效果如图 11-23 所示。

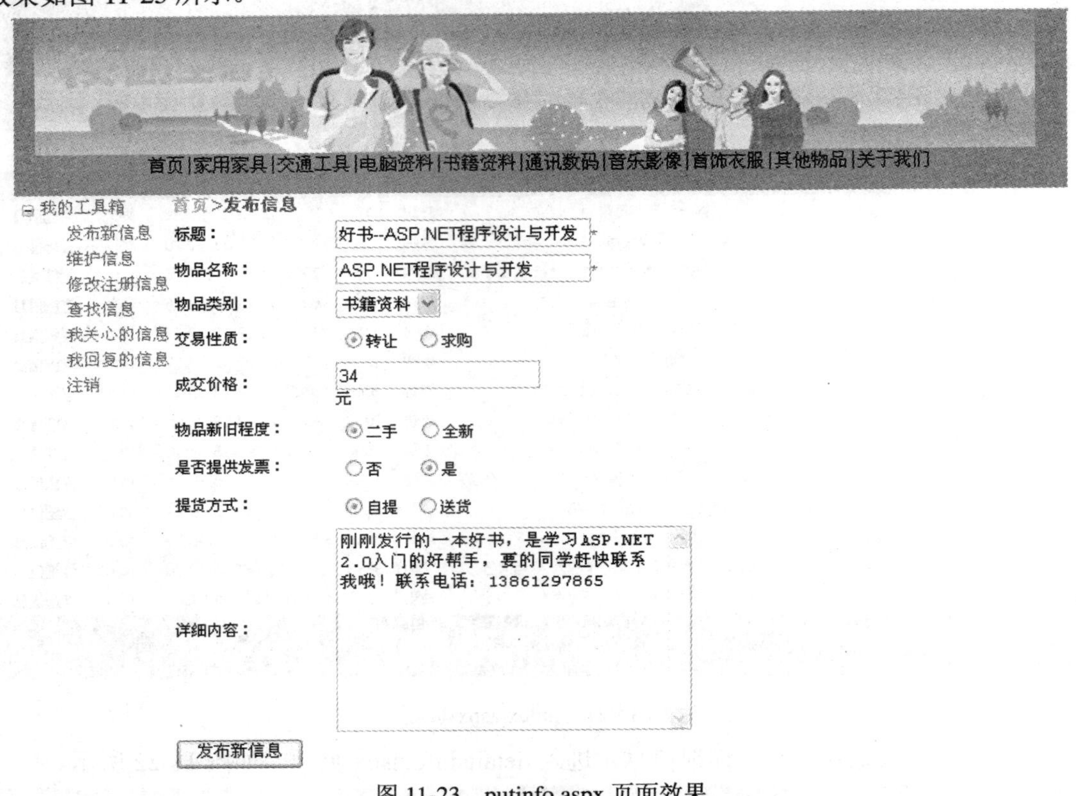

图 11-23　putinfo.aspx 页面效果

(5) 点击“发布新信息”后，成功添加一条新信息，这时如果回到 index.aspx 页面，则可以发现已经多了一条记录，发布人为 TomCat。点击左侧的“维护信息”选项，可以打开 manageinfo.aspx 页面，我们可以利用该页面维护 TomCat 发布的所有信息，如图 11-24 所示。

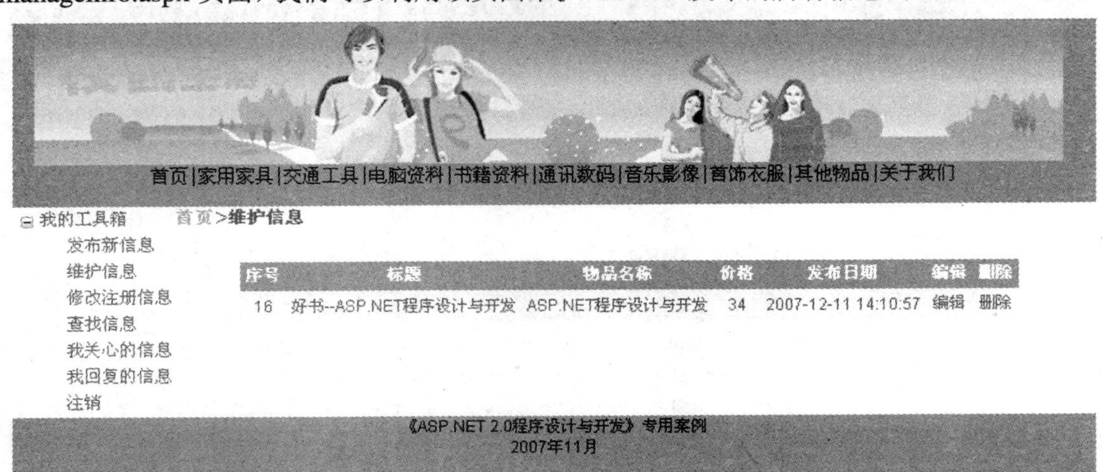

图 11-24　manageinfo.aspx 页面运行效果

(6) 点击“删除”按钮可以删除某条选中的信息，点击“编辑”按钮可以进入 manageinfodetails.aspx 页面，点击 manageinfodetails.aspx 页面的“编辑”按钮可以对信息进行编辑，如图 11-25 所示。

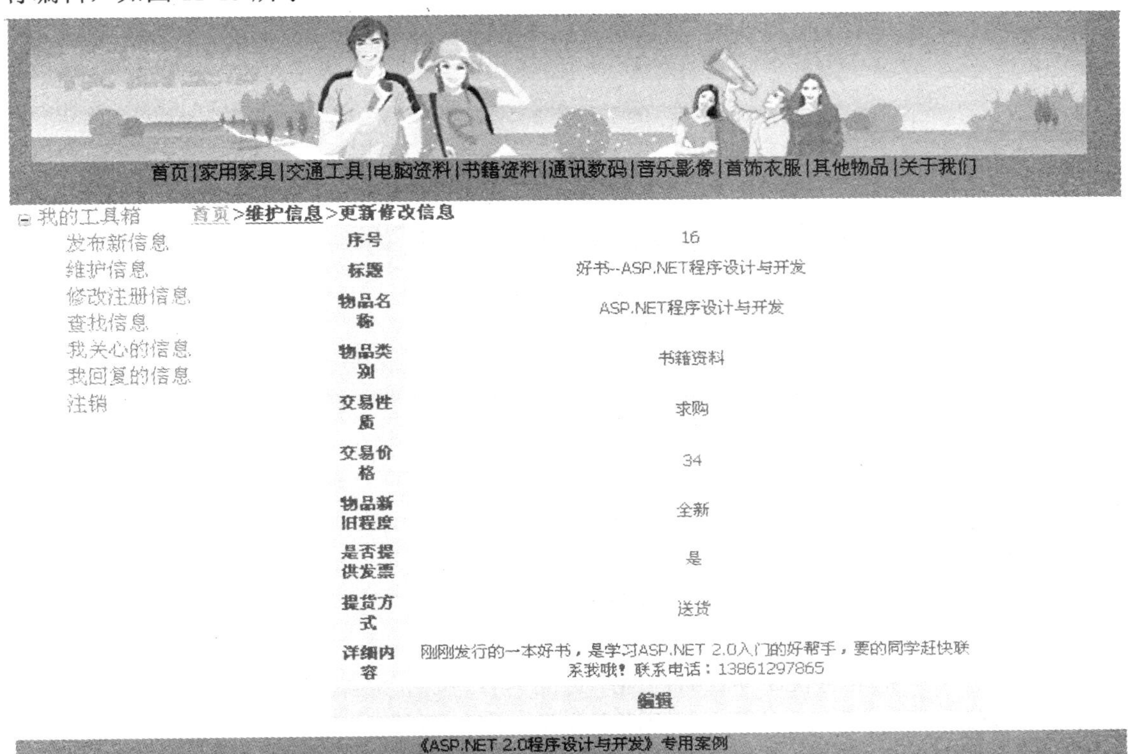

图 11-25　manageinfodetails.aspx 页面运行效果

(7) 点击左侧的“修改注册信息”可以修改密码，效果如图 11-26 所示。

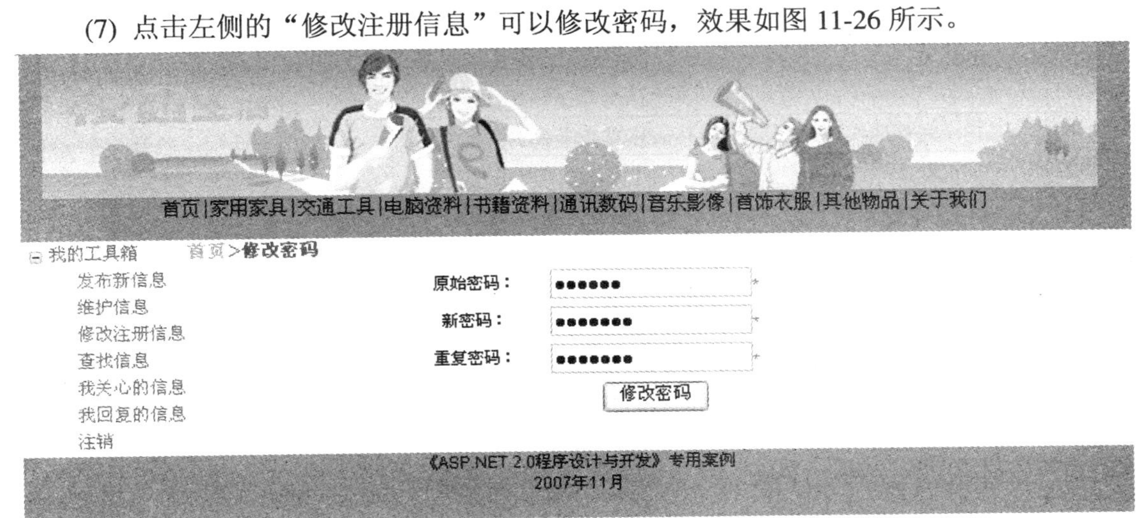

图 11-26　ChangePwd.aspx 页面运行效果

(8) 点击左侧的“查找信息”可以进入 searchinfo.aspx，在文本框中输入“ASP.NET”，并且选择分类为“书籍资料”，点击“查询分类信息”按钮，得到的结果如图 11-27 所示。

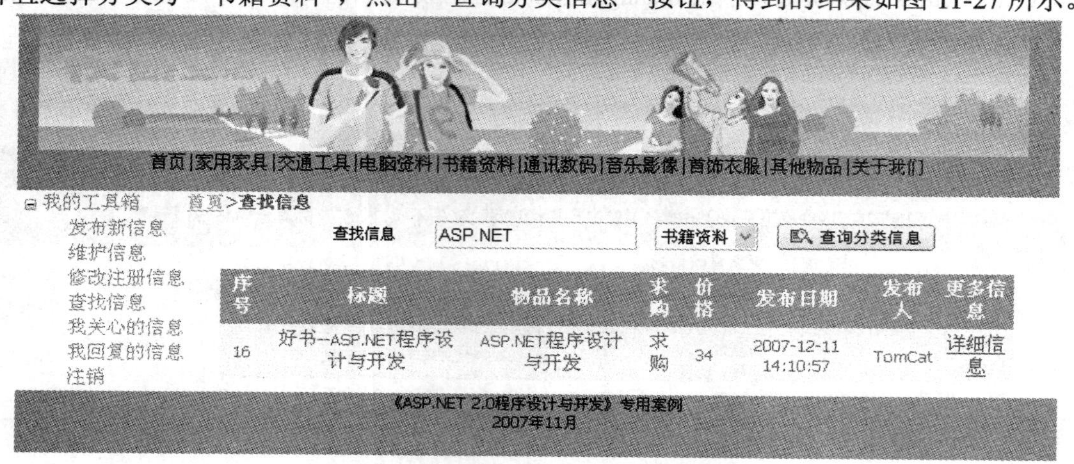

图 11-27 searchinfo.aspx 页面运行效果

(9) 点击“详细信息”可以查看该条记录的详细信息，打开 searchinfodetails.aspx 页面，效果和 manageinfodetails.aspx 页面的运行效果一样。

本章小结

本章通过一个完整的软件项目对前面所讲的内容进行了总结和概括。在实现过程中只给出了完整的代码和简单的步骤，希望读者在学习了前面的知识后，能动手实践一下，把这个案例实现出来。当然，本章给出的步骤并非唯一的实现方式，读者可根据自己所学的程度灵活实现，并且可以拓展其功能。

训练任务

标题	完整地实现校园二手物品信息发布平台
编号	11-1
要求	(1) 注册用户分等级，不同的会员可以查阅不同等级权限的信息。 (2) 增加管理员后台管理程序，管理员可以增、删、改信息，可以在后台发布指定位置的广告信息，可以管理注册用户，可以发布公告，可以增加友情链接等。 (3) 注册用户有信誉度，诚信及热心的注册用户可以获得一定的信誉度分值，发布信息时信誉度越高，受关注的可能越大。 (4) 注册用户可以对发布的信息进行回复，并可以点击“我回复的信息”进行查询。 (5) 对于注册用户曾经点击浏览过的信息，可以通过点击“我关心的信息”进行查询。
描述	在综合运用各章所学内容后，完整地实现本训练任务。
重要程度	高
备注	完整地实现本软件项目还需要使用到一些其他知识，如 Web.config 文件的配置、发布软件项目等。

标题	完整地实现××××工程招标网站改版项目
编号	11-2
要求	(1) 网站整体框架。新站导航栏包含首页、工程招标、工程预告、设备招标、公开招标、筹建项目、项目预告、工程追踪、中标列表、工程信息、地区工程、重点工程、长期项目、国际项目、投资政策、招标实务、企业天地、招标论坛，可在相互协商的基础上进行类目整合。 (2) 会员管理。除系统管理员外，还设置高级会员、初级会员、免费会员共四个等级，系统管理员具有最高权限，根据会员级别登录系统后享有不同权限。系统栏目设置收费区和免费区，注册会员默认为免费会员，可查看免费区内容，要查看收费区栏目需升级为初级会员或高级会员(由甲方提供)。 (3) 互动栏目。互动栏目有在线论坛子系统，注册会员群发邮件，客户留言等。可参考以下栏目：实务交流、商机推荐、展会信息、投诉建议(首页留一个按钮，如目前的意见反馈)、有问必答、在线调查。 (4) 备份设置，批量删除设置。历史数据清理可以进行分类和删除，备份文件名可以修改，可恢复到最新状态。在 FTP 下做一个可授权下载数据的子系统。
描述	在综合运用各章所学内容后，完整地实现本训练任务。
重要程度	中
备注	完整地实现本软件项目还需要使用到一些其他知识，如 Web.config 文件的配置、发布软件项目等。

附录 I

××××项目招标网站改版建设方案

甲方：××××信息服务有限公司(需方)
乙方：　　　　　　　　　　　　　(供方)

甲乙双方通过友好协商，就甲方现有www.xxxx.cn 的改版建设事宜达成如下协议。

一、概述

网站欲建成一个具有“实用性、安全性、可靠性、方便性、扩展性、先进性、标准化”的业务支撑平台，圆满完成网站改造设计目标。改造后的系统要求网络结构更加安全合理，服务器架构更加稳定实用，应用系统更加方便可靠，业务系统更加快速高效。整个系统应包含以下几个子部分：

(1) 信息发布子系统：(核心系统)包括网站最新信息发布、当日信息量和历史信息量统计。

(2) 会员管理子系统：可以添加、删除修改会员信息。

(3) 全文检索系统：站内数据库全文模糊检索的设计。

(4) 网络安全系统：包括数据存储备份恢复、系统监控、流量分析、应用审计等网络安全的设计。

二、系统架构

本网站考虑使用 Sql Server+ASP.NET 技术进行架构，基于浏览器界面，将信息采集、编辑、审核、发布和管理等功能集为一体，提供强大的网站内容管理功能，同时也符合国内媒体类网站的采编和管理流程，如图 1 所示。

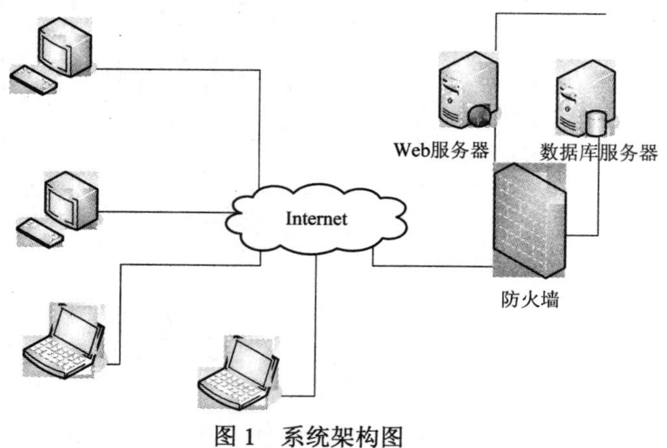

图 1　系统架构图

三、网站功能描述

1. 网站整体框架

网站导航栏包含首页、工程招标、工程预告、设备招标、公开招标、筹建项目、项目预告、工程追踪、中标列表、工程信息、地区工程、重点工程、长期项目、国际项目、投资政策、招标实务、企业天地和招标论坛，可在相互协商的基础上进行栏目整合。每个栏目的子栏目在没有特别说明的情况下可参照www.xxxx.cn网站的原设置。

2. 会员管理

除系统管理员外，还设置高级会员、初级会员和免费会员共四个等级，系统管理员具有最高权限，根据会员级别登录系统后享有不同权限。

系统栏目设置收费区和免费区，注册会员默认为免费会员，可查看免费区内容，要查看收费区栏目需升级为初级会员或高级会员(由需求方提供)。会员登录后，显示当前会员的相关信息，包括会员名、会员登录时间、会员级别等。管理员用户可对会员进行添加、删除、修改、申请升级审核等。

3. 信息发布系统

采用内容编辑子系统、信息输出子系统等模块完成信息发布、前台显示功能。本模块技术较成熟。

4. 关键字全文检索

为保证全文检索不对网站速度造成影响，时间段默认可以进行修改，根据需要调整。

站内检索包括工程招标(也包含工程预告、设备招标、公开招标)、筹建项目、项目预告、工程追踪，默认为两个月内信息的全文检索。

栏目检索包括各个栏目全文检索、字段检索、地区检索、行业检索、时间段检索等。按标题、地区、行业等在本地数据库进行检索，标题中检索到的关键字显示红色，如是全文检索得到的，则在标题后出现蓝色关键字。

5. 统计子系统

对当日、昨日、一周发布的信息量进行统计；统计当前在线流量；统计网站访问流量、来源、登录方式等；统计信息总点击量等；统计每个会员登录的点击情况。

6. 互动栏目

互动栏目包括在线论坛子系统、注册会员群发邮件、客户留言等。

可参考以下栏目：

实务交流
商机推荐
展会信息
投诉建议(首页留一个按钮，如目前的意见反馈)
有问必答
在线调查

7. 备份设置与批量删除设置

历史数据清理可以进行分类删除和分时删除，备份文件名可以修改，可恢复到最新状态。在 FTP 下做一个可授权下载数据的子系统。

8．栏目、会员权限等的设置

要求栏目的设置做到可动态增删，会员权限的设置(浏览栏目的范围)也要可变换。地区、行业、关键词、广告和栏目等的增删也要做成动态可修改。

四、具体要求

针对原网站的补充和修改如表 1 所示。

表 1　新旧网站对照及要求

旧站	新　站	上传格式	备　　注
工程招标	1. 工程招标	上传格式照旧	1 包含 1、2、3、4 内容，后台默认上传
	2. 工程预告	同上	工程招标选择为工程预告后上传
	3. 设备招标		由工程招标的设备工程行业自动生成
	4. 公开招标		由工程招标上传时选择生成
筹建项目	5. 筹建项目	上传格式照旧	时间段检索为(年月日-年月日)
	6. 项目预告	类似地区工程	时间段检索为(年月日-年月日)
工程追踪	工程追踪	增加两个选择栏	上传数据和检索栏中增加“联系人 中标金额”
招标周刊	中标列表	Execl 文件	人工做好后贴上，每月一表，高级会员可以打开文件
地区工程	地区工程	上传格式照旧	
重点工程	重点工程	上传格式照旧	西气东输用京沪高铁替代
十五项目	长期项目	上传格式照旧	
国际项目	国际项目	上传格式照旧	
投资政策	投资政策	上传格式照旧	
招标实务	招标实务	上传格式照旧	
企业天地	企业天地	上传格式照旧	
	招标论坛		http://bbs.xxxx.com/forum/
网站底栏	网站底栏	基本照旧	增加区号和邮政编码，其他具体内容待更新

检索功能：默认为全文检索，可参照 www.chinainfoseek.com。工程招标、筹建项目、工程追踪默认为全文检索，可以选择为标题检索，请参照www.chinainfoseek.com，其余栏目都默认为标题检索，无选择为全文检索，其余栏目请具体参照原先检索的设置。地区和行业可以选择，其他具体要求根据甲方提出为准。

行业分类：参见下面具体要求。

会员权限：用户权限判断看到不同的内容。

工程招标(初级会员及以上)

工程预告(中级会员及以上)

项目预告(高级会员及以上)

筹建项目(中级会员及以上)

工程追踪(初级会员及以上)

中标列表(高级会员)

设备招标(由工程招标中“设备工程”自动生成，注册会员自动开放)

其余栏目(注册即全部永久开放)：

地区工程

重点工程

长期项目

国际项目

投资政策

招标实务

五、网站后台

(1) 在线流量：数量、会员身份、单位名称、联系人、电话来自的途径(搜索引擎的地址等)和来自的城市。

(2) 当前在线会员状态：用户名、密码、单位名、联系人、电话、邮箱、最后一次登录时间、总登录次数、总查看信息总量(日常不用看的的栏目可隐藏)。

(3) 历史登录会员状态：用户名、密码、单位名、联系人、电话、邮箱、最后一次登录时间、总登录次数排序、总查看信息总量(日常不用看的栏目可隐藏)，会员累计点击量可以导出到 Excel 中。不同等级的会员可以限制每日的点击量，会员累计点击量可以导出到 Excel 中。管理员可以查看文章的总点击量，会员不需要。

(4) 上传信息每日统计表。

① 按日期报表；

② 工程招标和工程追踪按地区分类统计。

(5) 文章信息页面统一显示有“××××项目招标网 www.xxxx.cn”的落款。

(6) 上传发布的页面尽量个性化，少选择，发送完成后回到待上传页面，后台添加文章不用审核。

(7) 管理文章页面可以进行标题检索、地区检索、行业检索等，可以进行修改和删除，会员列表页面可以进行全文等各类检索、删除等。

(8) 记录管理员登录的操作日志。

(9) 备份设置，批量删除设置。历史数据清理可以进行分类删除和分时删除，备份文件名可以修改，可恢复到最新状态，保密设置。

(10) 页面。

① 要考虑页面相互间的链接，增加检索区、广告区、网站地图，考虑容易被搜索引擎抓取，带 BAIDU 等字符。

② 页面的落款、相似信息的提示、左右链接和广告。

(11) 广告发布，页面中部留一个可以做流动广告的空间，可以在后台添加、编辑，可以设置多个风格不同的弹出页面。

(12) 友情链接可在后台修改。

(13) 可以导出工程招标列表、工程追踪列表、筹建项目列表等，无需一页一页复制。

(14) 可以导出会员登录信息、浏览情况信息，如按照登录次数由多到少排序。

(15) 注册会员打开时页面的联系电话显示……，正式会员以上资格打开的页面显示联系电话。

(16) 各个版面有当日添加信息量的统计，如工程招标按照地区进行统计。

六、会员登录页面

(1) 显示会员资料管理、修改系统、注册日期和会员有效期限等信息。

(2) 定制服务邮箱：用每个定制的关键词进行全文检索(工程招标、筹建项目、工程追踪)，信息检索后结果显示在其中，实际上是会员登录后利用关键字检索的结果显示，本身是一个链接。

(3) 网站发布给不同等级会员的公告，可直接显示在本系统中。

(4) 其他服务，如目录条链接、广告服务链接等。

会员注册后可以与采购网共享会员资格，相同的帐号密码可登录两个网站。

七、性能约束

(1) 要保证打开网页的速度，由于部分栏目对注册会员开放将导致在线数量增加，打开页面数量上升，因此使用何种数据库要慎重。

(2) 全文检索速度，检索将默认为全文检索。

(3) 要方便日常维护和修改，比如栏目和行业可以添加、自主编辑发布等。

(4) 网页要容易被搜索引擎抓取，可以将某个页面命名为 BAIDUU、GOOOGLE 等。

(5) 要避免广告位被浏览器屏蔽。

(6) 网站导航要清晰，在每一页都放置一个主页链接，使用静态网页。

(7) 简洁、美观，重新设计网站徽标。

(8) 首页使用“历史数据”的链接，将两个月以前的“工程招标”、“工程追踪”等信息存进去。

(9) 考虑管理的便捷性，可以自主添加、删除一些栏目，特别是公告、广告、链接等。

(10) 空间租用和网站的匹配性。

(11) 网站的安全性设置。

(12) 会员档案和老网站现有信息等要可以导出到新系统中。

八、开发费用及版权归属

(1) 开发费用：甲方共向乙方支付××××人民币，共分三次支付，即合同签订完毕后，甲方向乙方支付整个开发费用的 30%，上传网站测试确认后支付 50%，验收确认完成后支付 20%。

(2) 开发时间：××××年××月××日～××××年××月××日。

(3) 网站验收时由乙方提供源程序代码给甲方，版权归甲方所有，但乙方可以将本项目案例用于学术研究、发表论文及其他非盈利用途。

甲方：××××信息服务有限公司(盖章)　　　　乙方：(盖章)

代表签字：　　　　代表签字：

附录Ⅱ

××××项目招标网站改版项目数据库设计

表1　用户表(users)

字段名称	字段类型	是否为空	主　键	描　述
ID	Int(Identity)	否	是	
Name	nchar(15)	否		用户名
pwd	nchar(20)	否		密码
roleID	tinyint	否		权限 ID
question	nchar(100)			问题
answer	nchar(100)			回答
area	char(15)			地区
companyname	char(100)			公司名称
linkman	char(15)			联系人
sex	char(10)			先生/小姐/女士
department	char(20)			部门
address	char(100)			地址
post	char(10)			邮编
email	char(50)			email
http	char(40)			公司主页
tel	char(20)			电话
fax	char(20)			传真
way	char(20)			途径
calling	char(20)			行业
products	ntext			产品或服务

表2　管理员表(admin)

字段名称	字段类型	是否为空	主　键	描　述
ID	Int(Identity)	否	是	
Name	nchar(15)	否		用户名
pwd	nchar(20)	否		密码

表 3　会员权限表(userrole)

字段名称	字段类型	是否为空	主　键	描　述
RoleID	tinyint		是	用 1、2、3 表示
RoleName	nchar(15)			角色对应的操作
link	nchar(20)	是		对应的链接

表 4　文章(article)

字段名称	字段类型	是否为空	主　键	描　述
ID	Int(Identity)	否	是	
Title	nchar(100)	否		标题
content	ntext	否		具体内容
Area	nchar(20)			地区
Calling	nchar(20)			行业
idate	nchar(20)			入库时间
linkman	nchar(20)			联系人
tel	nchar(15)			电话
typename	datetime			属于的栏目
shebei	ntext			所需设备
zbdw	char(50)			中标单位
zbje	char(10)			中标金额
roleID	tinyint	否		权限 ID

表 5　历史文章表(history)

字段名称	字段类型	是否为空	主　键	描　述
ID	Int(Identity)	否	是	
Title	nchar(100)	否		标题
content	ntext	否		具体内容
Area	nchar(20)			地区
Calling	nchar(20)			行业
idate	datetime			入库时间
linkman	nchar(20)			联系人
tel	nchar(15)			电话
typename	nchar(20)			分类
shebei	ntext			所需设备
flag	tinyint	否		权限 ID

表 6　地区表(area)

字段名称	字段类型	是否为空	主　键	描　述
ID	Int(Identity)	否	是	
areaname	nchar(20)	否		地区名字

表 7 行业表(calling)

字段名称	字段类型	是否为空	主 键	描 述
ID	Int(Identity)	否	是	
callingname	nchar(20)	否		行业名字

表 8 栏目表(lanmu)

字段名称	字段类型	是否为空	主 键	描 述
ID	Int(Identity)	否	是	
lanmu	nchar(20)	否		栏目名字

表 9 栏目行业表(lanmu_calling)

字段名称	字段类型	是否为空	主 键	描 述
lanmuID	int	否		栏目 ID
callingID	int	否		行业 ID

表 10 弹出窗口信息表(pop)

字段名称	字段类型	是否为空	主 键	描 述
ID	Int(Identity)	否	是	
info	ntext	否		弹出信息内容

表 11 招聘信息表(job)

字段名称	字段类型	是否为空	主 键	描 述
ID	Int(Identity)	否	是	
info	ntext	否		招聘信息内容

表 12 广告信息表(ad)

字段名称	字段类型	是否为空	主 键	描 述
ID	Int(Identity)	否	是	
title	nchar(100)	否		栏目名字
height	numeric			高度
width	numeric			宽度
path	ntext			路径

表 13 用户操作日志表(userlog)

字段名称	字段类型	是否为空	主 键	描 述
ID	Int(Identity)	否	是	
username	char(20)	否		招聘信息内容
thing	char(100)	否		操作名称
logintime	datetime	否		日志时间

表 14　发布标讯表(fbbx)

字段名称	字段类型	是否为空	主　键	描　述
ID	Int(Identity)	否	是	
username	char(20)	否		用户名
title	char(100)	否		标讯标题
bianhao	char(20)			招标编号
area		否		地区
endtime		否		截至日期
typename				标讯类别(栏目)
calling		否		行业
idate				报名时间
didian				报名地点
zige				投保资格
shoujia				标书售价
content		否		招标内容
daili				招标代理
yezhu		否		业主
address		否		地址
post		否		邮编
linkman		否		联系人
tel		否		电话
fax				传真
email				
bank				开户银行
bankname				开户名称
banknumber				银行帐号
rdate		否 getdate()		入库日期

表 15　意见反馈表(yjfk)

字段名称	字段类型	是否为空	主　键	描　述
ID	Int(Identity)	否	是	
company	nchar(100)	否		单位名称
linkman	char(20)			联系人
tel	char(20)			电话
fax	char(20)			传真
address	char(60)			单位地址
http	char(50)			单位网址
email	char(50)			
content	text			详细内容
rdate	datetime	getdate()		登录时间

附录III

ASP.NET 常用函数表

函 数 名 称	功 能
Abs(number)	取得数值的绝对值
Asc(String)	取得字符串表达式的第一个字符 ASCII 码
Atn(number)	取得一个角度的反正切值
CallByName (object, procname, usecalltype,[args()])	执行一个对象的方法、设定或传回对象的属性
CBool(expression)	转换表达式为 Boolean 形态
CByte(expression)	转换表达式为 Byte 形态
CChar(expression)	转换表达式为字符形态
CDate(expression)	转换表达式为 Date 形态
CDbl(expression)	转换表达式为 Double 形态
CDec(expression)	转换表达式为 Decimal 形态
CInt(expression)	转换表达式为 Integer 形态
CLng(expression)	转换表达式为 Long 形态
CObj(expression)	转换表达式为 Object 形态
CShort(expression)	转换表达式为 Short 形态
CSng(expression)	转换表达式为 Single 形态
CStr(expression)	转换表达式为 String 形态
Choose (index, choice-1[, choice-2, ... [, choice-n]])	以索引值来选择并传回所设定的参数
Chr(charcode)	以 ASCII 码来取得字符内容
Close(filenumberlist)	结束使用 Open 开启的档案
Cos(number)	取得一个角度的余弦值
Ctype(expression, typename)	转换表达式的形态
DateAdd(dateinterval, number, datetime)	对日期或时间作加减
DateDiff(dateinterval, date1, date2)	计算两个日期或时间间的差值
DatePart (dateinterval, date)	依接收的日期或时间参数传回年、月、日或时间
DateSerial(year, month, day)	将接收的参数合并为一个只有日期的 Date 形态的数据
DateValue(datetime)	取得符合国标设定样式的日期值，并包含时间
Day(datetime)	返回日期参数中的“日”
Eof(filenumber)	当抵达一个被开启的档案结尾时会传回 True
Exp(number)	返回 e 的 number 次方值
FileDateTime(pathname)	传回档案建立时的日期、时间
FileLen(pathname)	传回档案的长度，单位是 Byte

续表(一)

函 数 名 称	功　　能
Filter(sourcearray, match[, include[, compare]])	搜寻字符串数组中的指定字符串，若数组元素中含有指定字符串，则会将它们结合成新的字符串数组并传回。若要传回不含指定字符串的数组元素，则 include 参数设为 False。compare 参数用来设定搜寻时是否区分大小写，此时只要将 TextCompare 设为常数或 1 即可
Fix(number)	去掉参数的小数部分并传回
Format(expression[, style[, firstdayofweek[, firstweekofyear]]])	将日期、时间和数值资料转为每个国家都可以接受的格式
FormatCurrency(expression[,numdigitsafterdecimal [,includeleadingdigit]])	将数值输出为金额形态。参数为小数字数，includeleadingdigit 参数为当整数为 0 时是否补至整数字数
FormatDateTime(date[,namedformat])	传回格式化的日期或时间数据
FormatNumber(expression[,numdigitsafterdecimal [,includeleadingdigit]])	传回格式化的数值数据。numdigitsafterdecimal 参数为小数字数，includeleadingdigit 参数为当整数为 0 时是否补至整数字数
FormatPercent(expression[,numdigitsafterdecimal [,includeleadingdigit]])	传回转换为百分比格式的数值数据。Numdigitsafterdecimal 参数为小数字数，includeleadingdigit 参数为当整数为 0 时是否补至整数字数
GetAttr(filename)	传回档案或目录的属性值
Hex(number)	将数值参数转换为十六 进制值
Hour(time)	传回时间的小时字段，形态是 Integer
Iif(expression, truepart, falsepart)	当表达式的传回值为 True 时，执行 truepart 字段的程序，反之则执行 falsepart 字段
InStr([start,]string1, string2)	搜寻 string2 参数设定的字符出现在字符串的第几个字符，start 为由第几个字符开始寻找，string1 为欲搜寻的字符串，string2 为欲搜寻的字符
Int(number)	传回小于或等于接收参数的最大整数值
IsArray(varname)	判断一个变量是否为数组形态，若为数组，则传回 True，反之则为 False
IsDate(expression)	判断表达式内容是否为 DateTime 形态，若是则传回 True，反之则为 False
IsDbNull(expression)	判断表达式内容是否为 Null，若是则传回 True，反之则为 False。

续表(二)

函数名称	功　能
IsNumeric(expression)	判断表达式内容是否为数值形态，若是则传回 True，反之则为 False
Join(sourcearray[, delimiter])	将字符串数组合并为一个字符串，delimiter 参数用来设定在各个元素间加入新的字符串
Lcase(string)	将字符串转换为小写字体
Left(string, length)	由字符串左边开始取得 length 参数设定长度的字符
Len(string)	取得字符串的长度
Log(number)	取得数值的自然对数
Ltrim(string)	去掉字符串左边的空白部分
Mid(string, start[, length])	取出字符串中 strat 参数设定的字符后 length 长度的字符串，若 length 参数没有设定，则取回 start 以后的全部字符
Minute(time)	取得时间内容的分部分，形态为 Integer
MkDir(path)	建立一个新的目录
Month(date)	取得日期的月部分，形态为 Integer
MonthName(month)	依接收的月份数值取得该月份的完整写法
Now()	取得目前的日期和时间
Oct(number)	将数值参数转换为八进制值
Replace(expression, find, replace)	将字符串中 find 参数指定的字符串转换为 replace 参数指定的字符串
Right(string,length)	由字符串右边开始取得 length 参数设定长度的字符
RmDir(path)	移除一个空的目录
Rnd()	取得介于 0 到 1 之间的小数，如果每次都要取得不同的值，则在使用前需加上 Randomize 叙述
Rtrim(string)	去掉字符串右边的空白部分
Second(time)	取得时间内容的秒部分，形态为 Integer
Sign(number)	取得数值内容是正数或负数，正数传回 1，则在负数传回–1，0 传回 0
Sin(number)	取得一个角度的正弦值
Space(number)	取得 number 参数设定的空白字符串
Split(expression[, delimiter])	以 delimiter 参数设定的条件字符串来将字符串分割为字符串数组
Sqrt(number)	取得一数值的平方根

续表(三)

函数名称	功　能
Str(number)	将数字转为字符串后传回
StrReverse(expression)	取得字符串内容反转后的结果
Tan(number)	取得某个角度的正切值
TimeOfDay()	取得目前不包含日期的时间
Timer()	取得由 0:00 到目前时间的秒数，形态为 Double
TimeSerial(hour, minute, second)	将接收的参数合并为一个只有时间 Date 形态的数据
TimaValue(time)	取得符合国标设定样式的时间值
Today()	取得今天不包含时间的日期
Trim(string)	去掉字符串开头和结尾的空白
TypeName(varname)	取得变量或对象的形态
Ubound(arrayname[, dimension])	取得数组的最终索引值，dimension 参数是指定取得第几维度的最终索引值
Ucase(string)	将字符串转换为大写
Val(string)	将代表数字的字符串转换为数值形态，若字符串中含有非数字的内容，则会将其去除后，合并为一数字
Weekday(date)	取得参数中的日期是一个星期的第几天，星期天为 1，星期一为 2，星期二为 3，以此类推
WeekDayName(number)	依接收的参数取得星期的名称，可接收的参数为 1 到 7，星期天为 1，星期一为 2，星期二为 3，以此类推

参 考 文 献

[1] 罗斌. ASP.NET 2.0 数据库开发经典案例. 北京：中国水利水电出版社, 2008
[2] 李勇平. ASP.NET 2.0(C#)基础教程. 北京: 清华大学出版社, 2008
[3] [美]Damon Armstrong. 深入 ASP.NET 2.0 开发. 北京：人民邮电出版社, 2008
[4] 王院峰. 零基础学 ASP.NET 2.0. 北京：机械工业出版社, 2007
[5] 荣耀，瞿静文. ASP.NET 2.0 实战起步. 北京：机械工业出版社, 2007
[6] 张克非. ASP.NET 网络程序设计及应用. 北京：北京航空航天大学出版社, 2007
[7] 九洲书源，柴晟，王霖，等. ASP.NET 网络程序设计教程. 北京：清华大学出版社, 2007
[8] 马骏，等. ASP.NET 网页设计与网站开发. 北京：人民邮电出版社, 2007
[9] [美]Paul Sarknas. ASP.NET 2.0 电子商务高级编程(C#2005 版). 高猛，王海涛，译. 北京：清华大学出版社, 2007
[10] 邵鹏鸣. ASP.NET Web 应用程序设计及开发(C#版). 北京：清华大学出版社, 2007
[11] 贺伟，陈哲，龚涛，等. 新一代 ASP.NET 2.0 网络编程入门与实践. 北京：清华大学出版社, 2007
[12] 邵良彬. ASP.NET(C#)实践教程. 北京：清华大学出版社, 2007
[13] 朱晔. ASP.NET 第一步：基于 C# 和 ASP.NET 2.0. 北京：清华大学出版社, 2007
[14] 崔淼，马润成，梁云杰，等. ASP.NET 程序设计教程(C#版). 北京：机械工业出版社, 2007
[15] 吴晨，王霞，等. ASP.NET 2.0 数据库项目案例导航. 北京：清华大学出版社, 2007
[16] 谭振林. 道不远人：深入解析 ASP.NET 2.0 控件开发. 北京：电子工业出版社, 2007
[17] [美]Stephen Walther. ASP.NET 2.0 揭秘(卷 1). 北京：人民邮电出版社, 2007
[18] 常永英. ASP.NET 程序设计教程 C#版. 北京：机械工业出版社, 2007
[19] 杨云，王毅. ASP.NET 2.0 典型项目开发. 北京：人民邮电出版社, 2007
[20] [美]Stephen Walther. ASP.NET 2.0 揭秘(卷 2). 北京：人民邮电出版社, 2007
[21] [美]Thiru Thangarathinam. ASP.NET 2.0 数据库高级编程. 北京：人民邮电出版社, 2007
[22] [美]Randy Connolly. ASP.NET 2.0 网络应用开发核心技术. 刘红伟，李军，译. 北京：机械工业出版社, 2007
[23] 郑耀东. ASP.NET 2.0 编程指南. 北京：人民邮电出版社, 2007
[24] 李万宝. ASP.NET 2.0 技术详解与应用实例. 北京：兵器工业出版社, 2007
[25] 郭玉峰. ASP.NET 经典案例设计与实现. 北京：电子工业出版社, 2007
[26] 王建华，汤世明，谢吉容，等. ASP.NET 2.0 动态网站开发技术与实践. 北京：电子工业出版社, 2007
[27] 张国栋. 精通 ASP.NET 2.0 网站设计. 北京：中国电力出版社, 2007
[28] 网冠科技. ASP.NET 2.0+SQL Server 2005 网络应用编程二合一百例. 北京：机械工业出版社，2007

[29] [美]Fritz Onion，Keith Brown. Essential ASP.NET 2.0 中文版. 袁国忠，译. 北京：人民邮电出版社, 2007
[30] 王祖俪. ASP.NET Web 程序设计. 北京：中国水利水电出版社, 2007
[31] 郑霞，赵辉，徐慧. ASP.NET 2.0 编程技术与实例. 北京：人民邮电出版社, 2007
[32] 朱印宏. ASP.NET 2.0 基础与实例教程. 北京：中国电力出版社, 2007
[33] 武新华，刘彦明，秦连清. ASP.NET+SQL Server 典型网站建设. 北京：电子工业出版社, 2007
[34] 冯方. ASP.NET 2.0 上机练习与提高. 北京：清华大学出版社, 2007
[35] 吕洋波. ASP.NET 2.0 宝典. 北京：电子工业出版社, 2007
[36] [美]Imar Spaanjaars, Paul Wilton, Shawn Livermore. ASP.NET 2.0 经典案例教程. 北京：人民邮电出版社, 2007
[37] 刘乃丽. 精通 ASP.NET 2.0+SQL Server 2005 项目开发. 北京：人民邮电出版社, 2007
[38] 杨云，王毅. ASP.NET 2.0 程序开发详解. 北京：人民邮电出版社, 2007
[39] [美]Scott Mitchell. ASP.NET 2.0 入门经典. 北京：人民邮电出版社, 2007
[40] 林昱翔. 新一代 ASP.NET2.0 网站开发实战. 北京：清华大学出版社, 2007
[41] 陈冠军. 精通 ASP.NET2.0 企业级项目开发. 北京：人民邮电出版社, 2007
[42] 张庆华. ASP.NET2.0 完全自学手册. 北京：机械工业出版社, 2007
[43] 孔鹏. ASP+SQL Server 动态网站开发完全自学手册. 北京：机械工业出版社, 2007
[44] 张跃廷，王小科，许文武. ASP.NET 数据库系统开发完全手册. 北京：人民邮电出版社, 2007
[45] [美]Chris Hart，等. ASP.NET2.0 经典教程：C# 篇. 北京：人民邮电出版社, 2007
[46] 李万宝. ASP.NET2.0 技术详解与应用实例. 北京：北京希望电子出版社, 2007
[47] 杨天奇，等. ASP.NET 网络编程技术. 北京：机械工业出版社, 2006
[48] 郭瑞军，郭磬君. APS.NET2.0 数据库开发实例精粹. 北京：电子工业出版社, 2006
[49] [美]Bill Evjen. ASP.NET 2.0 高级编程. 4 版. 北京：清华大学出版社, 2006

软件工程(第二版)(邓良松) 22.00

软件技术基础(高职)(鲍有文) 23.00

软件技术基础(周大为) 30.00

嵌入式软件开发(高职)(张京) 23.00

～～～计算机辅助技术及图形处理类～～～

电子工程制图 (第二版) (高职) (童幸生) 40.00

电子工程制图(含习题集) (高职) (郑芙蓉) 35.00

机械制图与计算机绘图 (含习题集) (高职) 40.00

电子线路 CAD 实用教程 (潘永雄) (第三版) 27.00

AutoCAD 实用教程(高职)(丁爱萍) 24.00

中文版 AutoCAD 2008 精编基础教程(高职) 22.00

电子CAD(Protel 99 SE)实训指导书(高职) 12.00

计算机辅助电路设计Protel 2004(高职) 24.00

EDA 技术及应用(第二版)(谭会生) 27.00

数字电路 EDA 设计(高职)(顾斌) 19.00

多媒体软件开发(高职)(含盘)(牟奇春) 35.00

多媒体技术基础与应用(曾广雄) (高职) 20.00

三维动画案例教程(含光盘)(高职) 25.00

图形图像处理案例教程(含光盘) (中职) 23.00

平面设计(高职)(李卓玲) 32.00

～～～～～～～操 作 系 统 类～～～～～～～

计算机操作系统(第二版)(颜彬)(高职) 19.00

计算机操作系统(修订版)(汤子瀛) 24.00

计算机操作系统(第三版)(汤小丹) 30.00

计算机操作系统原理——Linux实例分析 25.00

Linux 网络操作系统应用教程(高职) (王和平) 25.00

Linux 操作系统实用教程(高职)(梁广民) 20.00

～～～～～～微 机 与 控 制 类 ～～～～～～

微机接口技术及其应用(李育贤) 19.00

单片机原理与应用实例教程(高职)(李珍) 15.00

单片机原理与应用技术(黄惟公) 22.00

单片机原理与程序设计实验教程(于殿泓) 18.00

单片机实验与实训指导(高职)(王曙霞) 19.00

单片机原理及接口技术(第二版)(余锡存) 19.00

新编单片机原理与应用(第二版)(潘永雄) 24.00

MCS-51单片机原理及嵌入式系统应用 26.00

微机外围设备的使用与维护 (高职) (王伟) 19.00

微机装配调试与维护教程(王忠民) 25.00

《微机装配调试与维护教程》实训指导 22.00

～～～～～数据库及计算机语言类～～～～～

C程序设计与实例教程(曾令明) 21.00

程序设计与C语言(第二版)(马鸣远) 32.00

C语言程序设计课程与考试辅导(王晓丹) 25.00

Visual Basic.NET程序设计(高职)(马宏锋) 24.00

Visual C#.NET程序设计基础(高职)(曾文权) 39.00

Visual FoxPro数据库程序设计教程(康贤) 24.00

数据库基础与Visual FoxPro9.0程序设计 31.00

Oracle数据库实用技术(高职)(费雅洁) 26.00

Delphi程序设计实训教程(高职)(占跃华) 24.00

SQL Server 2000应用基础与实训教程(高职) 22.00

Visual C++基础教程(郭文平) 29.00

面向对象程序设计与VC++实践(揣锦华) 22.00

面向对象程序设计与C++语言(第二版) 18.00

面向对象程序设计——JAVA(第二版) 32.00

Java 程序设计教程(曾令明) 23.00

JavaWeb 程序设计基础教程(高职) (李绪成) 25.00

Access 数据库应用技术(高职) (王趾成) 21.00

ASP.NET 程序设计与开发(高职)(眭碧霞) 23.00

XML 案例教程(高职)(眭碧霞) 24.00

JSP 程序设计实用案例教程(高职)(翁健红) 22.00

Web 应用开发技术：JSP(含光盘) 33.00

～～～～电子、电气工程及自动化类～～～～

电路(高赟) 26.00

电路分析基础(第三版)(张永瑞) 28.00

电路基础(高职)(孔凡东) 13.00

电子技术基础(中职)(蔡宪承) 24.00

模拟电子技术(高职)(郑学峰) 23.00

模拟电子技术(高职)(张凌云) 17.00

数字电子技术(高职)(江力) 22.00

数字电子技术(高职)(肖志锋) 13.00

数字电子技术(高职)(蒋卓勤) 15.00

数字电子技术及应用(高职)(张双琦) 21.00

高频电子技术(高职)(钟苏) 21.00

现代电子装联工艺基础(余国兴) 20.00

微电子制造工艺技术(高职)(肖国玲) 18.00

书名	定价
Multisim电子电路仿真教程(高职)	22.00
电工基础(中职)(薛鉴章)	18.00
电工基础(高职)(郭宗智)	19.00
电子技能实训及制作(中职)(徐伟刚)	15.00
电工技能训练(中职)(林家祥)	24.00
电工技能实训基础(高职)(张仁醒)	14.00
电子测量技术(秦云)	30.00
电子测量技术(李希文)	28.00
电子测量仪器(高职)(吴生有)	14.00
模式识别原理与应用(李弼程)	25.00
信号与系统(第三版)(陈生潭)	44.00
信号与系统实验(MATLAB)(党宏社)	14.00
信号与系统分析(和卫星)	33.00
数字信号处理实验(MATLAB版)	26.00
DSP原理与应用实验(姜阳)	18.00
电气工程导论(贾文超)	18.00
电力系统的MATLAB/SIMULINK仿真及应用	29.00
传感器应用技术(高职)(王煜东)	27.00
传感器原理及应用(郭爱芳)	24.00
测试技术与传感器(罗志增)	19.00
传感器与信号调理技术(李希文)	29.00
传感器技术(杨帆)	27.00
传感器及实用检测技术(高职)(程军)	23.00
电子系统集成设计导论(李玉山)	33.00
现代能源与发电技术(邢运民)	28.00
神经网络(含光盘)(侯媛彬)	26.00
电磁场与电磁波(曹祥玉)	22.00
电磁波——传输·辐射·传播 (王一平)	26.00
电磁兼容原理与技术(何宏)	22.00
微波与卫星通信(李白萍)	15.00
微波技术及应用(张瑜)	20.00
嵌入式实时操作系统μC/OS-Ⅱ教程(吴永忠)	28.00
音响技术(高职)(梁长垠)	25.00
现代音响与调音技术 (第二版) (王兴亮)	21.00
~~~~~~通信理论与技术类~~~~~~	
专用集成电路设计基础教程(来新泉)	20.00
现代编码技术(曾凡鑫)	29.00
信息论、编码与密码学(田丽华)	36.00
信息论与编码(邓家先)	18.00
密码学基础(范九伦)	16.00
通信原理(高职)(丁龙刚)	14.00
通信原理(黄葆华)	25.00
通信电路(第二版)(沈伟慈)	21.00
通信系统原理教程(王兴亮)	31.00
通信系统与测量(梁俊)	34.00
扩频通信技术及应用(韦惠民)	26.00
通信线路工程(高职)	30.00
通信工程制图与概预算(高职)(杨光)	23.00
程控数字交换技术(刘振霞)	24.00
光纤通信技术与设备(高职)(杜庆波)	23.00
光纤通信技术(高职)(田国栋)	21.00
现代通信网概论(高职)(强世锦)	23.00
电信网络分析与设计(阳莉)	17.00
~~~~~仪器仪表及自动化类~~~~~	
现代测控技术 (吕辉)	20.00
现代测试技术(何广军)	22.00
光学设计(刘钧)	22.00
工程光学(韩军)	36.00
测试技术基础 (李孟源)	15.00
测试系统技术(郭军)	14.00
电气控制技术(史军刚)	18.00
可编程序控制器应用技术(张发玉)	22.00
图像检测与处理技术(于殿泓)	18.00
自动检测技术(何金田)	26.00
自动显示技术与仪表(何金田)	26.00
电气控制基础与可编程控制器应用教程	24.00
DSP 在现代测控技术中的应用(陈晓龙)	28.00
智能仪器工程设计(尚振东)	25.00
面向对象的测控系统软件设计(孟建军)	33.00
计量技术基础(李孟源)	14.00
~~~~~~自动控制、机械类~~~~~~	
自动控制理论(吴晓燕)	34.00
自动控制原理(李素玲)	30.00
自动控制原理(第二版)(薛安克)	24.00
自动控制原理及其应用(高职)(温希东)	15.00
控制工程基础(王建平)	23.00

书名	定价
控制工程基础(王建平)	23.00
现代控制理论基础(舒欣梅)	14.00
过程控制系统及工程(杨为民)	25.00
控制系统仿真(党宏社)	21.00
模糊控制技术(席爱民)	24.00
运动控制系统(高职)(尚丽)	26.00
工程力学(张光伟)	21.00
工程力学(项目式教学)(高职)	21.00
理论力学(张功学)	26.00
材料力学(张功学)	27.00
工程材料及成型工艺(刘春廷)	29.00
工程材料及应用(汪传生)	31.00
工程实践训练基础(周桂莲)	18.00
工程制图(含习题集)(高职)(白福民)	33.00
工程制图(含习题集)(周明贵)	36.00
现代设计方法(李思益)	21.00
液压与气压传动(刘军营)	34.00
先进制造技术(高职)(孙燕华)	16.00
机电传动控制(马如宏)	31.00
机电一体化控制技术与系统(计时鸣)	33.00
机械原理(朱龙英)	27.00
机械工程科技英语(程安宁)	15.00
机械设计基础(岳大鑫)	33.00
机械设计(王宁侠)	36.00
机械设计基础(张京辉)(高职)	24.00
机械 CAD/CAM(葛友华)	20.00
机械 CAD/CAM(欧长劲)	21.00
AutoCAD2008 机械制图实用教程(中职)	34.00
画法几何与机械制图(叶琳)	35.00
机械制图(含习题集)(高职)(孙建东)	29.00
机械设备制造技术(高职)(柳青松)	33.00
机械制造技术实训教程(高职)(黄雨田)	23.00
机械制造基础(周桂莲)	21.00
机械制造基础(高职)(郑广花)	21.00
特种加工(高职)(杨武成)	20.00
数控加工与编程(第二版)(高职)(詹华西)	23.00
数控加工进阶教程(张立新)	30.00
数控加工工艺学(任同)	29.00
数控加工工艺(高职)(赵长旭)	24.00
数控机床电气控制(高职)(姚勇刚)	21.00
机床电器与 PLC(高职)(李伟)	14.00
电机及拖动基础(高职)(孟宪芳)	17.00
电机与电气控制(高职)(冉文)	23.00
电机原理与维修(高职)(解建军)	20.00
供配电技术(高职)(杨洋)	25.00
金属切削与机床(高职)(聂建武)	22.00
模具制造技术(高职)(刘航)	24.00
塑料成型模具设计(高职)(单小根)	37.00
液压传动技术(高职)(简引霞)	23.00
发动机构造与维修(高职)(王正键)	29.00
汽车典型电控系统结构与维修(李美娟)	31.00
汽车底盘结构与维修(高职)(张红伟)	28.00
汽车车身电气设备系统及附属电气设备(高职)	23.00
汽车单片机与车载网络技术(于万海)	20.00
汽车故障诊断技术(高职)(王秀贞)	19.00
汽车使用性能与检测技术(高职)(郭彬)	22.00
汽车电工电子技术(高职)(黄建华)	22.00
汽车电气设备与维修(高职)(李春明)	25.00
汽车空调(高职)(李祥峰)	16.00
现代汽车典型电控系统结构原理与故障诊断	25.00

~~~~~~~~~其 他 类~~~~~~~~~

书名	定价
电子信息类专业英语(高职)(汤滟)	20.00
移动地理信息系统开发技术(李斌兵)(研究生)	35.00
高等教育学新探(杜希民)(研究生)	36.00
国际贸易理论与实务(鲁丹萍)(高职)	27.00
技术创业：新创企业融资与理财(张蔚虹)	25.00
计算方法及其 MATLAB 实现(杨志明)(高职)	28.00
大学生心理发展手册(高职)	24.00
网络金融与应用(高职)	20.00
现代演讲与口才(张岩松)	26.00
现代公关礼仪(高职)(王剑)	30.00
布艺折叠花(中职)(赵彤凤)	25.00

欢迎来函来电索取本社书目和教材介绍！　通信地址：西安市太白南路 2 号　西安电子科技大学出版社发行部
邮政编码：710071　　邮购业务电话：(029)88201467　　传真电话：(029)88213675。
~~~~~~~~~